手工皮雕基础

LEATHER CARVING BASICS

〔日〕高桥创新出版工房✿编著

周以恒✿译

北京科学技术出版社

本书图片摄影　二见勇治
Photographed by Yuji Futami

CONTENTS
目　录

2 作品简介
4 何谓皮雕
5 皮雕基础知识
6 适合皮雕的皮革
7 工具和染料
12 印花工具的种类与名称

17 基础篇
18 基本技法
18 1. 旋转刻刀的使用及保养方法
22 2. 刻刀线
24 3. 打印花
28 唐草纹皮雕
29 1. 绘图
31 2. 刻刀线
33 3. 打印花
41 4. 最终修饰
42 5. 染色和润饰
45 染色和润饰的方法
45 1. 华丽风格：
液体染料→皮革亮光乳液→
油性染料→皮革亮光乳液
46 2. 质朴风格：
动物油→皮革亮光乳液→
油性染料→皮革亮光乳液
47 3. 清新风格：
动物油→皮革亮光漆
48 4. 简约风格：
油性染料→皮革亮光乳液
49 5. 各种润饰方法比较
50 印花组合
50 1. 只使用一种印花：网格印花
54 2. 使用两种印花：叶脉印花和装饰印花
57 3. 用多种印花组合出复杂的图案
60 日本皮艺社是怎样的地方?

61 进阶篇
62 原创唐草纹皮雕
74 谢尔丹风格皮雕（基础）
100 切割工艺
104 谢尔丹风格皮雕（进阶）
122 人物动物皮雕
138 原创综合性皮雕

158 皮雕作品图鉴

皮雕大师访谈 & 作品展示
72 小屋敷清一老师
120 大冢孝幸老师、大山耕一郎老师
136 三浦志保老师
156 岛崎清老师

第28页 唐草纹皮雕（基础）

制作者：小屋敷清一 （日本皮艺学园主任讲师）

学习皮雕基本技法的同时，在长皮夹上雕刻唐草纹基本图案。

第62页 原创唐草纹皮雕

制作者：小屋敷清一 （日本皮艺学园主任讲师）

小屋敷老师极具原创性的唐草纹皮雕与谢尔丹风格的皮雕具有不一样的美感。

作品简介 INTRODUCTION

从基础的唐草纹皮雕，到热门的谢尔丹风格的皮雕、人物动物皮雕等，按照艺术家的原创图案，根据个人水平挑战一下皮雕制作吧！

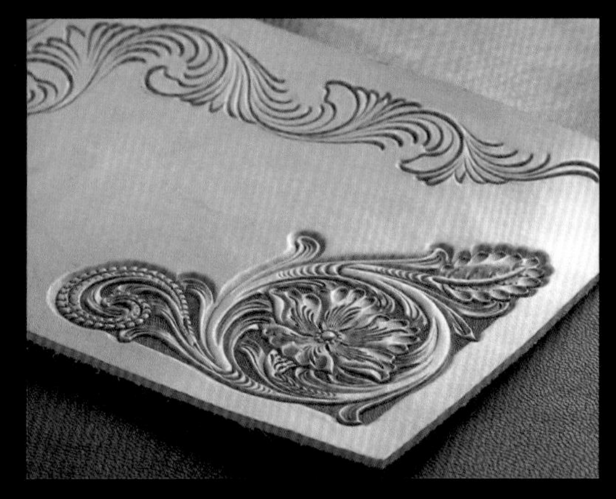

第74页 谢尔丹风格皮雕（基础）

制作者：大冢孝幸

学习如何在一个小角落巧妙地搭配谢尔丹风格皮雕的图案要素——花朵、叶子和涡卷。

第104页 谢尔丹风格皮雕（进阶）

制作者：大冢孝幸

以长皮夹的图样为原型，介绍包含三朵花的图案的雕刻方法和网格印花的制作方法。

第122页

人物动物皮雕

制作者：三浦志保（志皮雕工房）

来自擅长制作富有艺术感的人物动物皮雕的三浦老师，将介绍人物动物皮雕中基础的羽毛皮雕。

第138页

原创综合性皮雕

制作者：岛崎清（西玛皮艺学校）

学习在杯垫上雕刻岛崎老师原创的唐草纹图案。

第150页

原创综合性皮雕

制作者：岛崎清（西玛皮艺学校）

学习在长皮夹上雕刻岛崎老师原创的唐草纹和羽毛图案。

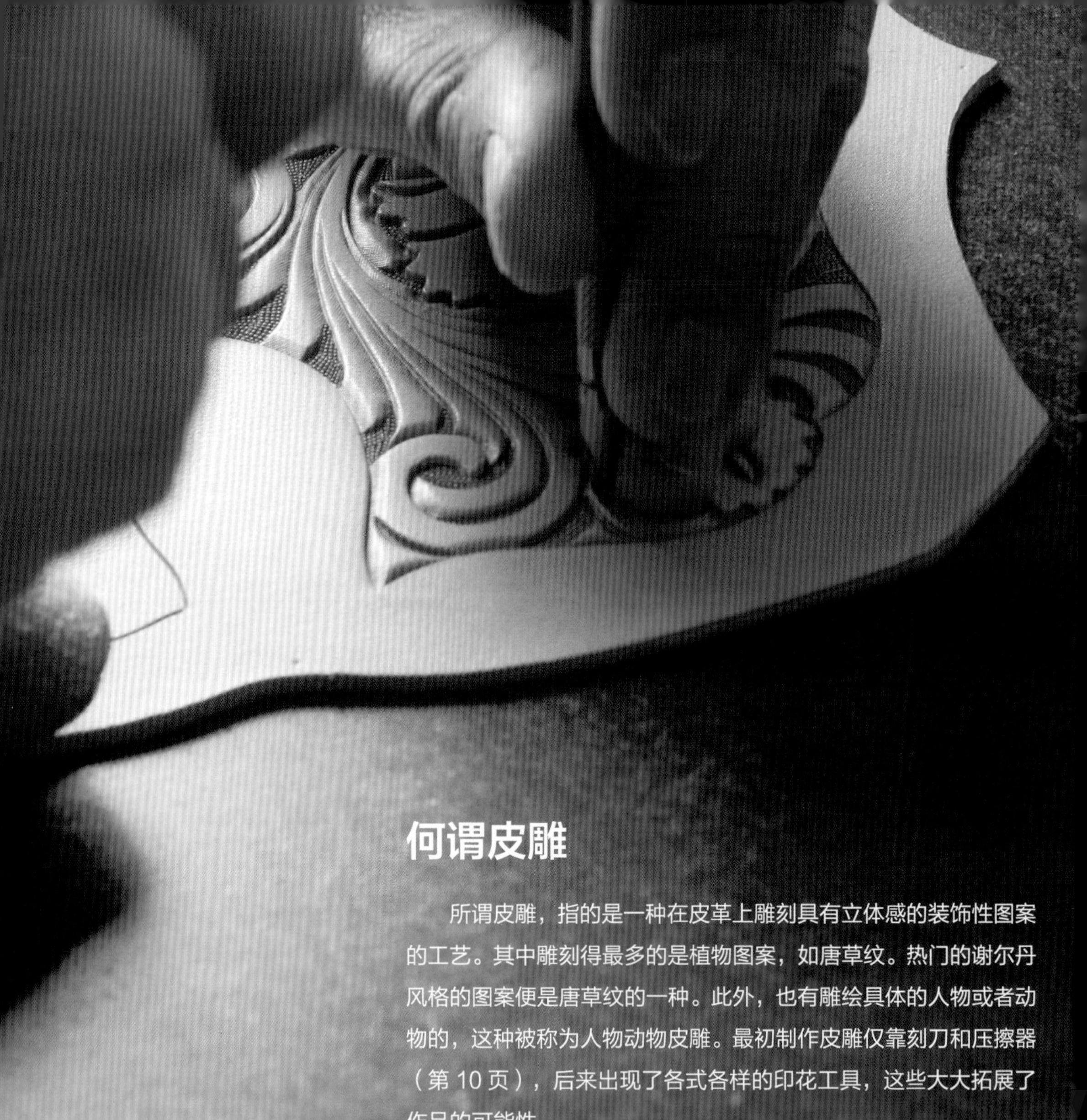

何谓皮雕

所谓皮雕，指的是一种在皮革上雕刻具有立体感的装饰性图案的工艺。其中雕刻得最多的是植物图案，如唐草纹。热门的谢尔丹风格的图案便是唐草纹的一种。此外，也有雕绘具体的人物或者动物的，这种被称为人物动物皮雕。最初制作皮雕仅靠刻刀和压擦器（第 10 页），后来出现了各式各样的印花工具，这些大大拓展了作品的可能性。

皮雕制品最早是宫廷用品，后盛兴于美国西部牛仔之中，主要用于装饰马鞍等马具。二战后，皮雕被美军带到了日本，本是军人借以打发闲暇时间的皮雕工艺在日本逐渐得到推广。最初，工具和相关书籍都只有舶来品。之后，以日本皮艺社为首的制造商开始推出日本自己制造的工具和编写的书籍。后来，随着赴美留学人数的增加，谢尔丹等风格的皮雕逐渐在日本得到推广。

如今，皮雕作为一种彰显个性的方式，受到了越来越多的手工皮具爱好者的喜爱。

BASIC KNOWLEDGE

皮雕基础知识

在正式开始前，让我们先了解一下皮雕的三要素：植鞣革、皮革含水量和印花工具。我们要在掌握这些知识的基础上通过实践积累经验和知识。

■ 关于植鞣革

动物皮在作为皮革使用前需进行防腐处理（即鞣制处理），具体可分为利用植物单宁进行处理的植鞣法和用三价铬进行处理的铬鞣法。经过相应处理的皮革分别被称为植鞣革和铬鞣革。其中适合皮雕的是植鞣革，因为只有植物单宁才能使打上印花的部分颜色变深，从而突显图案的立体感。无论植鞣革的颜色如何——原色的、黑色的或是茶色的——染色后均可用来制作皮雕。但需要注意的是，并不是所有的植鞣革都适合雕刻（如阿根廷植鞣革，因其回弹得厉害，印花打上去看起来不太明显）。

■ 关于皮革含水量

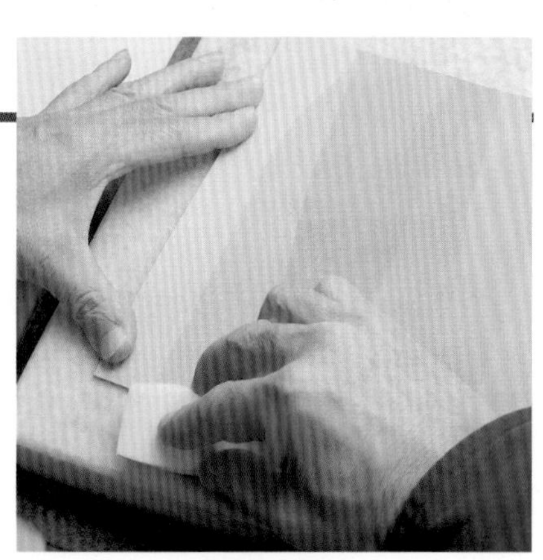

制作皮雕前，往往需要用海绵等将皮革表面打湿。这是因为干燥的皮革难以呈现印花图案。然而，水分过多不仅会增加加工难度，打上印花后皮革还容易回弹，结果就是制作者白费了一番工夫。因此，我们需要将皮革含水量调整到适当的程度——至于何谓“适当”，取决于所用皮革的种类、状态、厚度以及制作者的感觉，很难一概而论，只能靠实践不断积累经验。另外，皮革打得太湿的话并不是只要晾干就好，因为晾的过程中皮革中的油分会流失，皮质会变差。

■ 关于印花工具

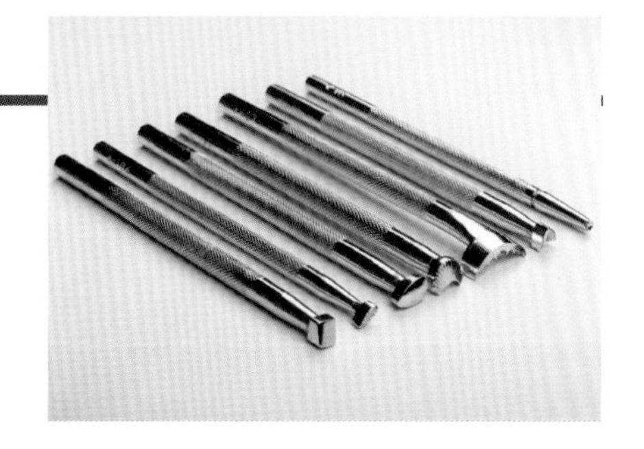

印花工具有好几百种，其材质、制造商不同，品质也不尽相同。印花工具并非越贵越好。无论国产还是进口的，即使型号相同，个体之间也会有细微的差异。所以，重要的是掌握每种工具的特征，然后依据特征灵活操作。

LEATHER FOR CARVING
适合皮雕的皮革

不是所有皮革都适合皮雕。下面将介绍日本皮艺社（Craft 社）常用的几种皮雕皮革。每种皮革都有自己的特性，我们要在掌握这些特性的基础上选择合适的皮革。

■ 日本皮艺社皮雕专用皮革

这是最适合皮雕的皮革，打印花的力道会在皮革上如实地体现出来。这种皮革比较柔软，打出的印花不易复原，图案也会清晰地显现出来。这种皮革略带咖啡色，染色后略微发暗，由美国赫尔曼橡树皮革公司（Hermann Oak Leather）生产。

■ 本鞣牛皮

与一般手工艺专用的皮革相比，这种皮革的颜色偏浅茶。保养方法与马鞍革相同。因为没有上釉加工，所以看起来缺乏光泽，但是涂上润色剂的话，就与其他皮革没有什么差异了。

■ 精选（SC）皮雕专用皮革

这种皮革颜色偏白，染色后显色会更明显。旋转刻刀在这种皮革上切出的切口容易闭合，所以初学者可能会觉得制作起来比较困难。另外，这种皮革打完印花后比较容易恢复原状，所以打印花的力道要稍大一些。

■ 马鞍革

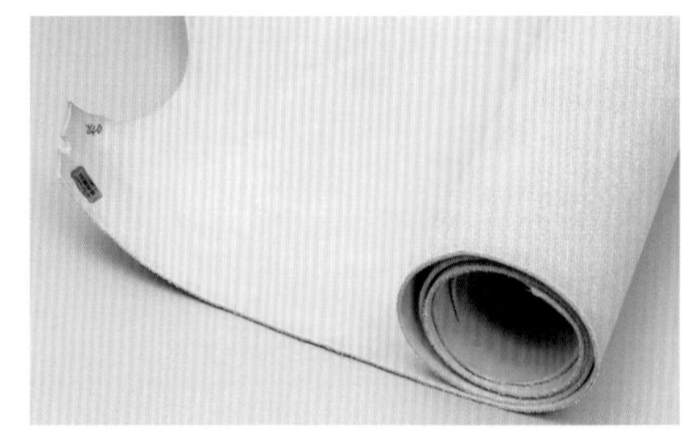

这种皮革颜色较深，上色方面与日本皮艺社皮雕专用皮革的特质相仿。因为表面经过了上釉加工，所以一开始会不太容易渗水。一旦在皮革上打好水，打印花就没问题了。和日本皮艺社皮雕专用皮革相比，马鞍革不易伸展。

TOOL & DYE

工具和染料

制作皮雕前需将工具和染料准备好。下面介绍的这些工具和染料不必一次性准备齐全，但我们仍有必要事先了解一下各种工具和染料的用途。

皮雕虽说也是手工皮艺技法的一种，但与手缝技法很不一样，这一点从所用工具和染料方面就可以看出来。下面介绍的工具和染料中，两者共用的大概只有橡胶板、毛毡垫和铁笔等少数几种，其他的几乎都是皮雕专用工具。其中，最基本的工具是旋转刻刀和印花工具。

旋转刻刀从供初学者使用的到供专家使用的分为好几种；刀头根据皮革的厚度、图案的精密度也分为许多种。而印花工具根据花纹、材质和制造商的不同，种类更是多达数百种。不过，作为初学者，先准备一把旋转刻刀、少数几种印花工具、大理石以及皮雕锤等基本工具即可。待熟练后再根据皮雕图案添置印花工具和旋转刻刀的刀头。

大理石（大号）
打印花时用来垫在皮革下面。大理石表面经过了镜面处理，在上面处理皮革比较容易。

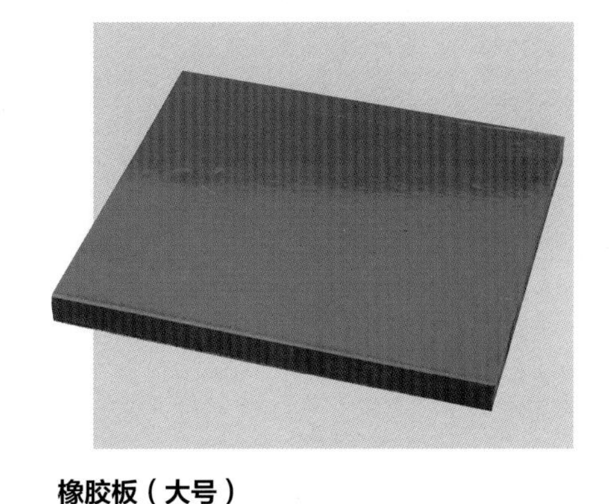

橡胶板（大号）
打印花时用来垫在皮革下面，材质较硬，可替代大理石。用菱錾在手缝皮具上打孔时用来垫在皮革下面，在手工皮艺中可谓一板两用。

毛毡垫
用来垫在大理石或橡胶板下面，可以有效防震并隔音。

描图纸（大号）
用于将图案描到皮革上。虽然只有薄薄的一层，但是即使在润湿的皮革上使用也不易破损。
图示规格：62.5cm×88cm

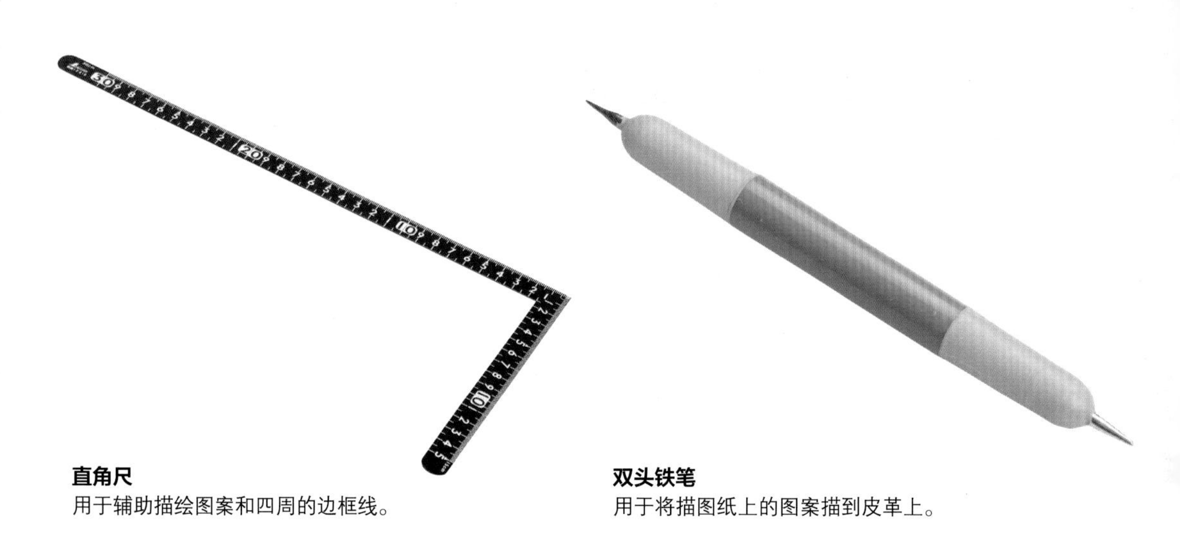

直角尺

用于辅助描绘图案和四周的边框线。

双头铁笔

用于将描图纸上的图案描到皮革上。

旋转刻刀

用于在皮革上刻出图案的轮廓，是制作皮雕最基本的工具之一。图中从左到右依次为：初学者专用旋转刻刀、专家使用的旋转刻刀的刀身及替换刀头。

旋转刻刀的替换刀头

替换刀头有各种尺寸和样式，从窄刀头到宽刀头，从精密图案专用刀头到薄皮革专用刀头，应有尽有。

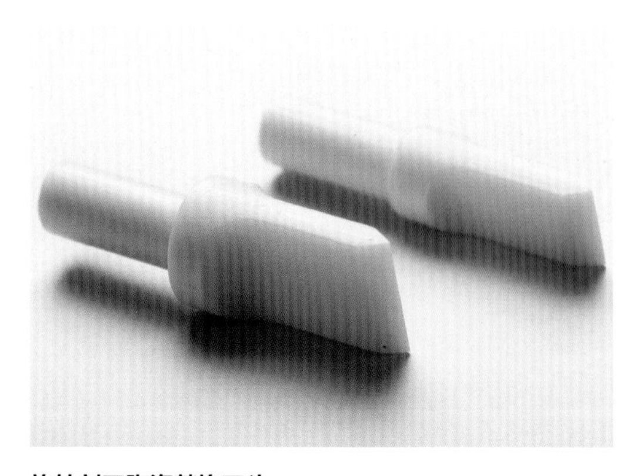

旋转刻刀陶瓷替换刀头

用陶瓷制成的替换刀头的刀刃无须磨，不过价格高昂。但这种刀头保养简单，很受女性欢迎。

皮雕锤

用于敲打印花。不同厂家生产的皮雕锤重量不一，多在 400~500 g 之间，也有 700 g 左右的。

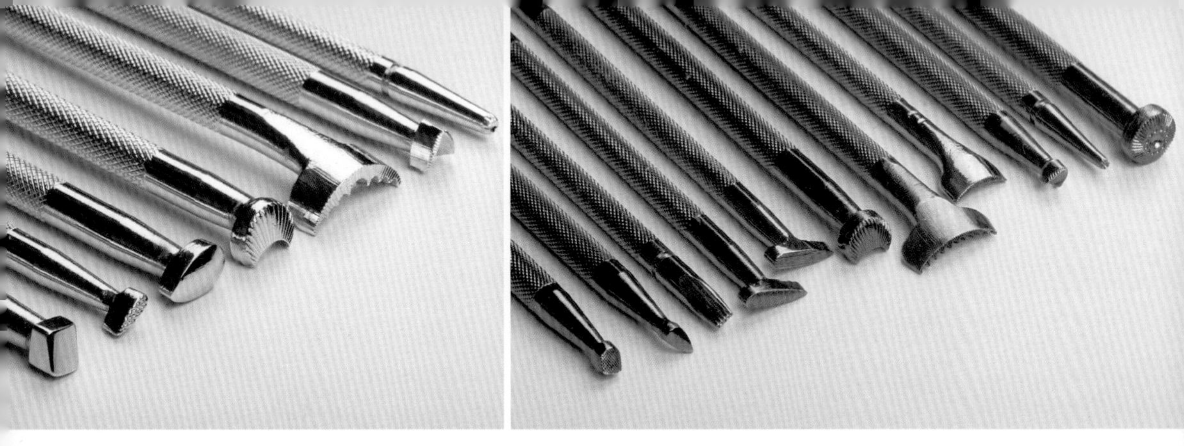

印花工具

用于在润湿的皮革上打花纹。左图为基本印花工具，右图为日本皮艺社为谢尔丹风格皮雕设计制造的 SK 印花工具。此外，印花工具按材质等也分为不同的系列，如不锈钢系列等。目前总量已超过 400 种。

高密度海绵

用于为皮革打水。为方便使用，买回来后通常自行切割成小块。也是制作皮雕的必备工具之一。

碗

用于盛放清水。配合高密度海绵，在皮雕制作之前和制作期间使用。

防伸展内里

刻刀线和打印花时用于防止皮革伸展变形。贴在皮革毛面（背面），打完印花剥离即可。

玻璃板

用于将贴好的防伸展内里压平、压紧。制作手缝皮具时可以替代橡胶板垫在皮革下面，以便切割。

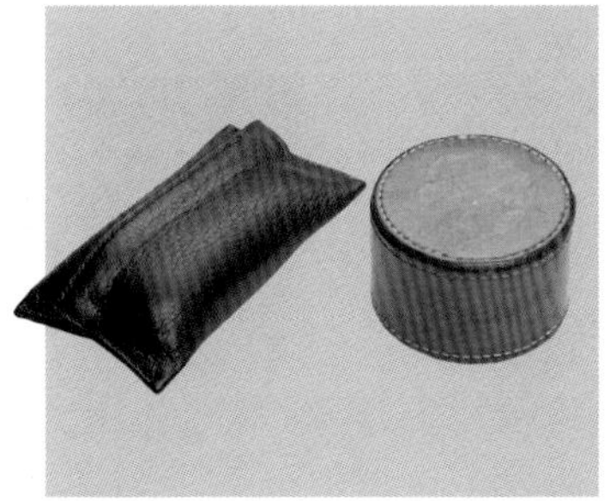

镇石

用于固定皮革或描图纸。为了避免弄脏或弄伤皮革，多用皮革制成。市面上很少有成品出售，需自行制作。

角度调整器

磨刀时用于将刀刃固定在适当的角度。一旦确定好角度，就可以将其固定好，以便下次迅速上手磨。

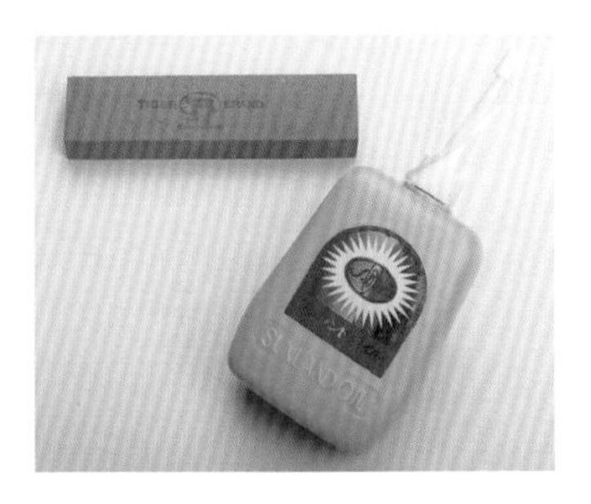

磨刀石和磨刀油
用于磨旋转刻刀的刀刃。磨刀时，先将磨刀油滴在磨刀石上，再将刀刃磨锋利。

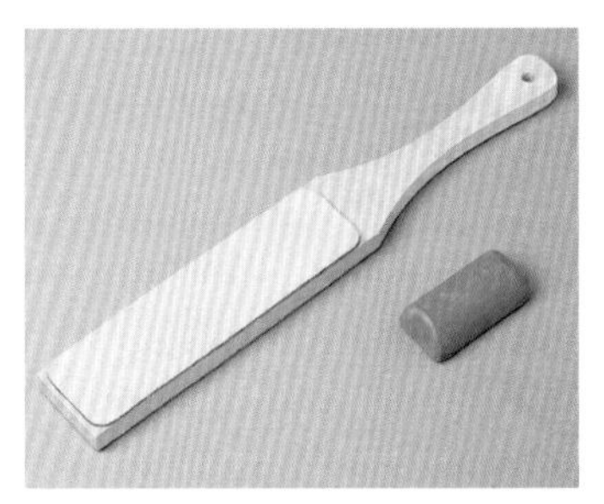

磨刀板和磨刀膏
用于去除附着在旋转刻刀刀刃上的单宁或油脂。磨刀板上要涂上磨刀油和磨刀膏再使用。

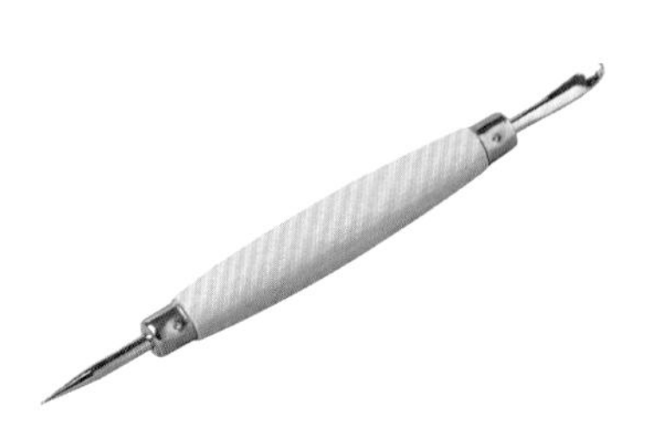

压擦器
制作人物动物皮雕时用于直接在皮革上压擦出图案，或用于将旋转刻刀刻出的线条修整平滑。

染料
用于为唐草纹皮雕的阴影部分上色，或是在人物动物皮雕上染颜色。左侧的是酒精性染料，显色艳丽；右侧的是盐基染料，耐光度更高。

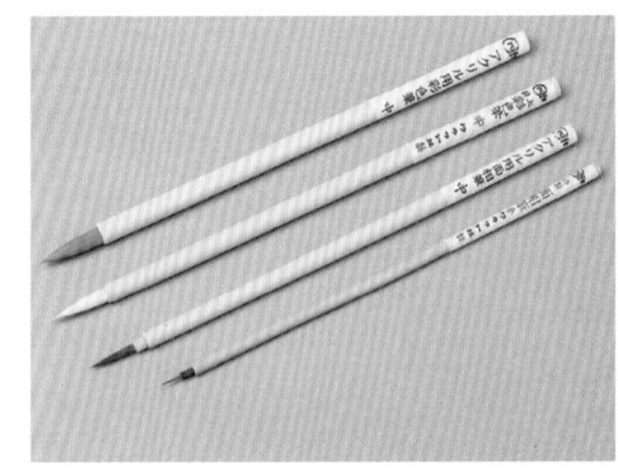

毛笔
用于配合染料上色，分为水彩笔、水粉笔和面相笔等，需根据染料选择使用。面相笔用于给背景染色。

丙烯颜料（12 色装）
水溶性染料。若想增加光泽度，可掺入显色剂，这样染出的皮革就会更有光泽。图示的是 12 色装的。

油性染料
在印花和刀线处都可以使用，可以制造阴影，呈现复古的感觉。

牛脚油
印花打完后涂抹，用来为皮革增加油分。有加脂牛脚油和 100% 纯牛脚油之分，前者添加了树脂成分。

羊毛片

剪裁带毛的羊皮制成的工具。用于给皮革上加脂剂，有黑色、白色和黄色等各种颜色的。

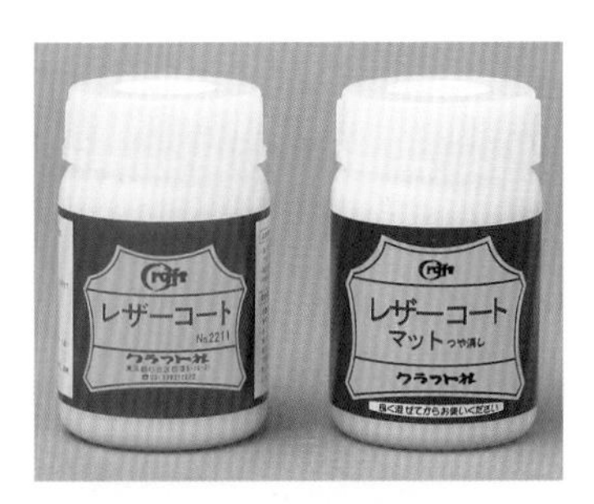

皮革亮光乳液、皮革雾面乳液

上油性染料前用作防染剂和保护剂。皮革亮光乳液能增加柔软度和光泽感，而雾面乳液则能使皮革呈现出雾面效果。

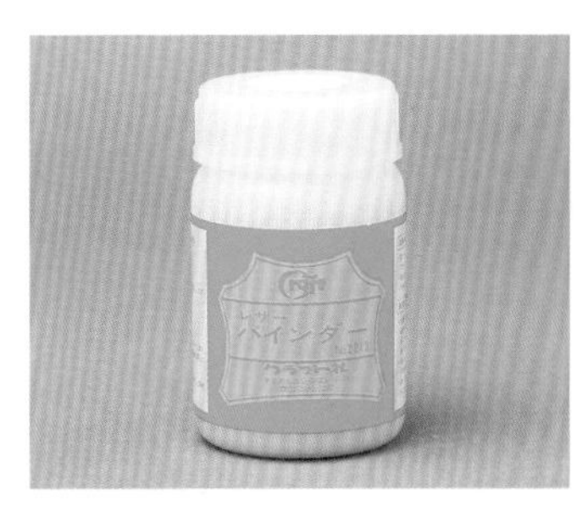

皮革保养剂

用作皮革亮光漆的打底剂。附着在皮革表层，可以有效地防止龟裂和褪色。

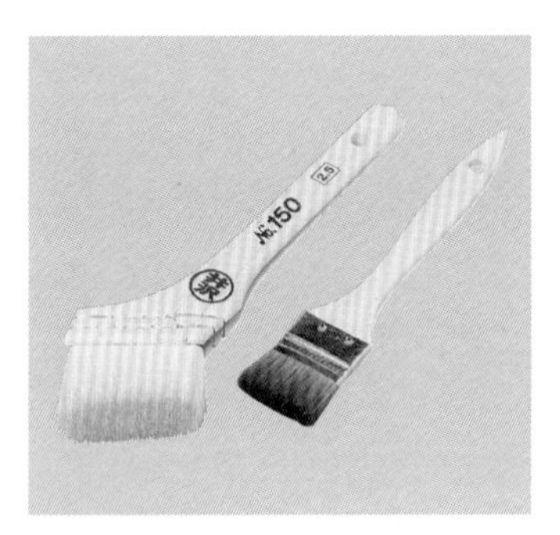

软毛刷、扁毛刷

软毛刷用于涂抹水性涂料，扁毛刷用于涂抹皮革亮光漆。

皮革亮光喷漆、皮革亮光漆

用来上光的、具有防褪色和防水效果的润色剂。使用前要先用皮革亮光乳液或皮革保养剂打底。

皮革防水喷雾

这种防水喷雾不仅可以用于皮革制品，也可用于布艺制品。使用喷雾有助于涂抹得更均匀。

皮艺配件套装

除了标配的 7 支印花工具、木槌、橡胶板、毛毡垫和黏合剂之外，还包括日本皮艺社生产的皮革专用染料和钥匙包等。

皮雕工具套装

包括 A104、B200、C431、P206、S705、V407 等 6 支印花工具、旋转刻刀、橡胶板、木槌和杯垫用的皮革等，均是皮雕入门工具。

STAMPING TOOLS

印花工具的种类与名称

下面将介绍日本皮艺社出售的各类印花工具——从常见的印花工具到日本独家生产的不锈钢印花工具，从让你轻松体验打印花乐趣的谢尔丹风格的 SK 印花工具到谢尔丹当地产的 SS 印花工具等，种类十分丰富。

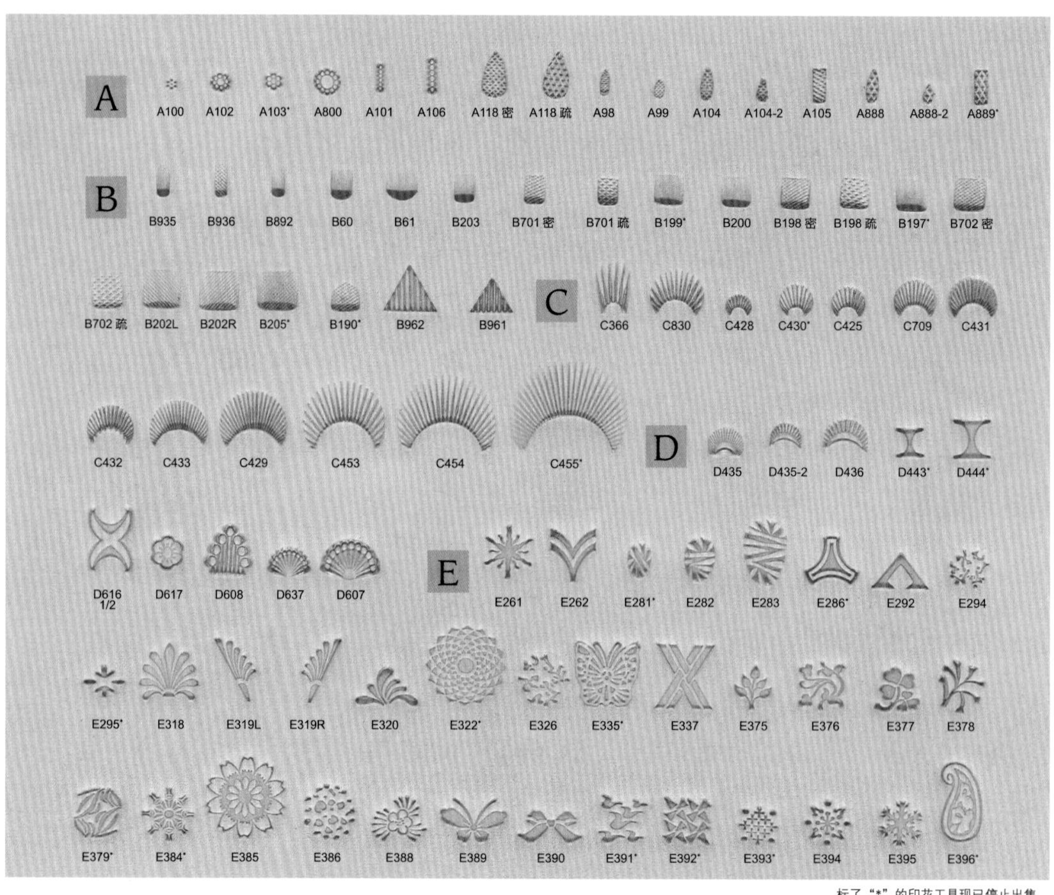

标了“*”的印花工具现已停止出售。

A 背景印花　B 打边印花　C 装饰印花　D 边框印花　E 非常规印花
F 造型印花　G 几何印花　H 收尾印花　J 花蕊印花　K 新型印花

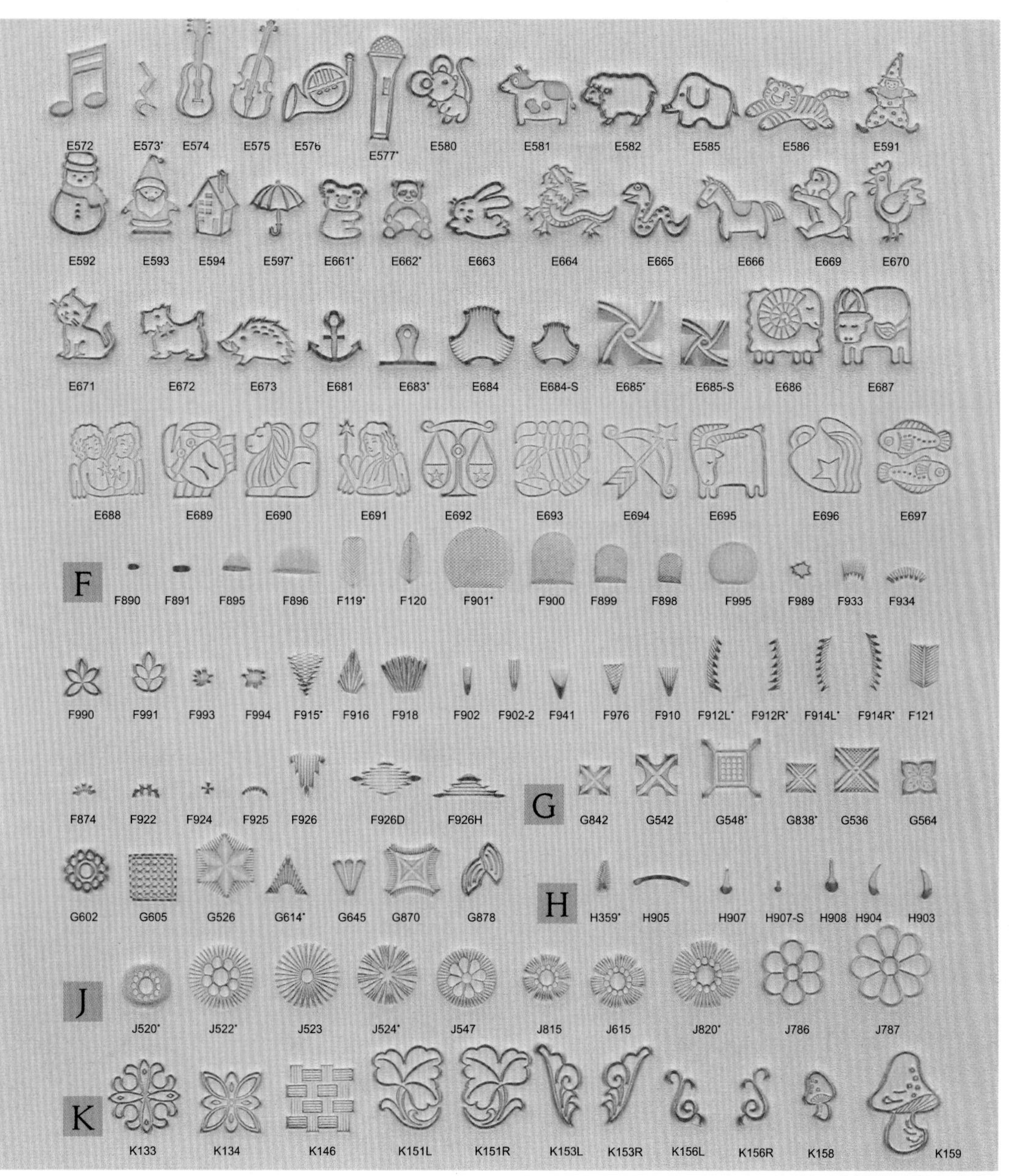

标了“*”的印花工具现已停止出售。

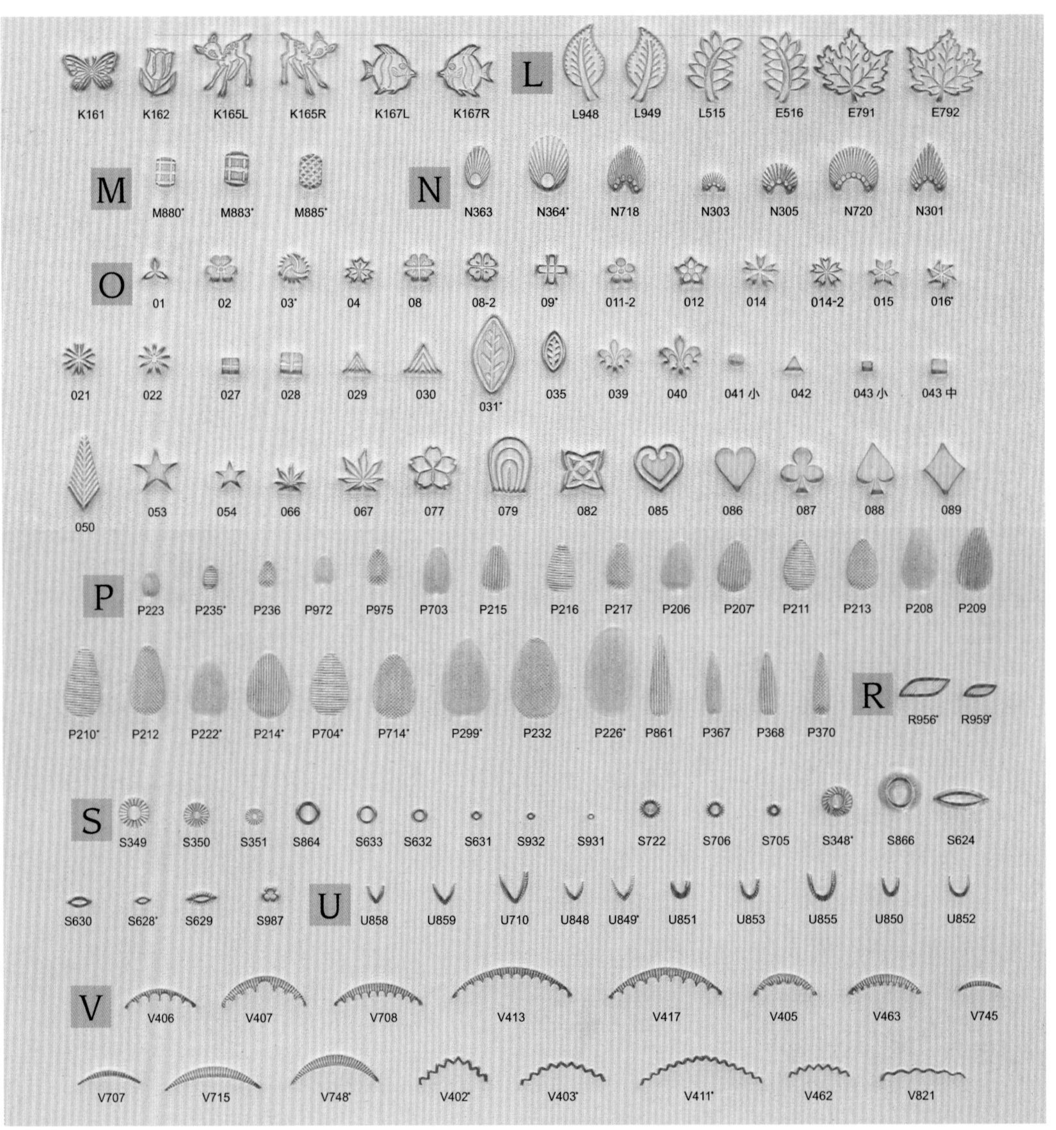

标了“*”的印花工具现已停止出售。

L 叶子印花　M 背景辅助印花　N 装饰辅助印花　O 原创印花　P 阴影印花
R 绳纹印花　S 种子印花　U 马蹄印花　V 叶脉印花　W 花朵印花
X 网格印花　Y 花茎印花　Z 特殊印花

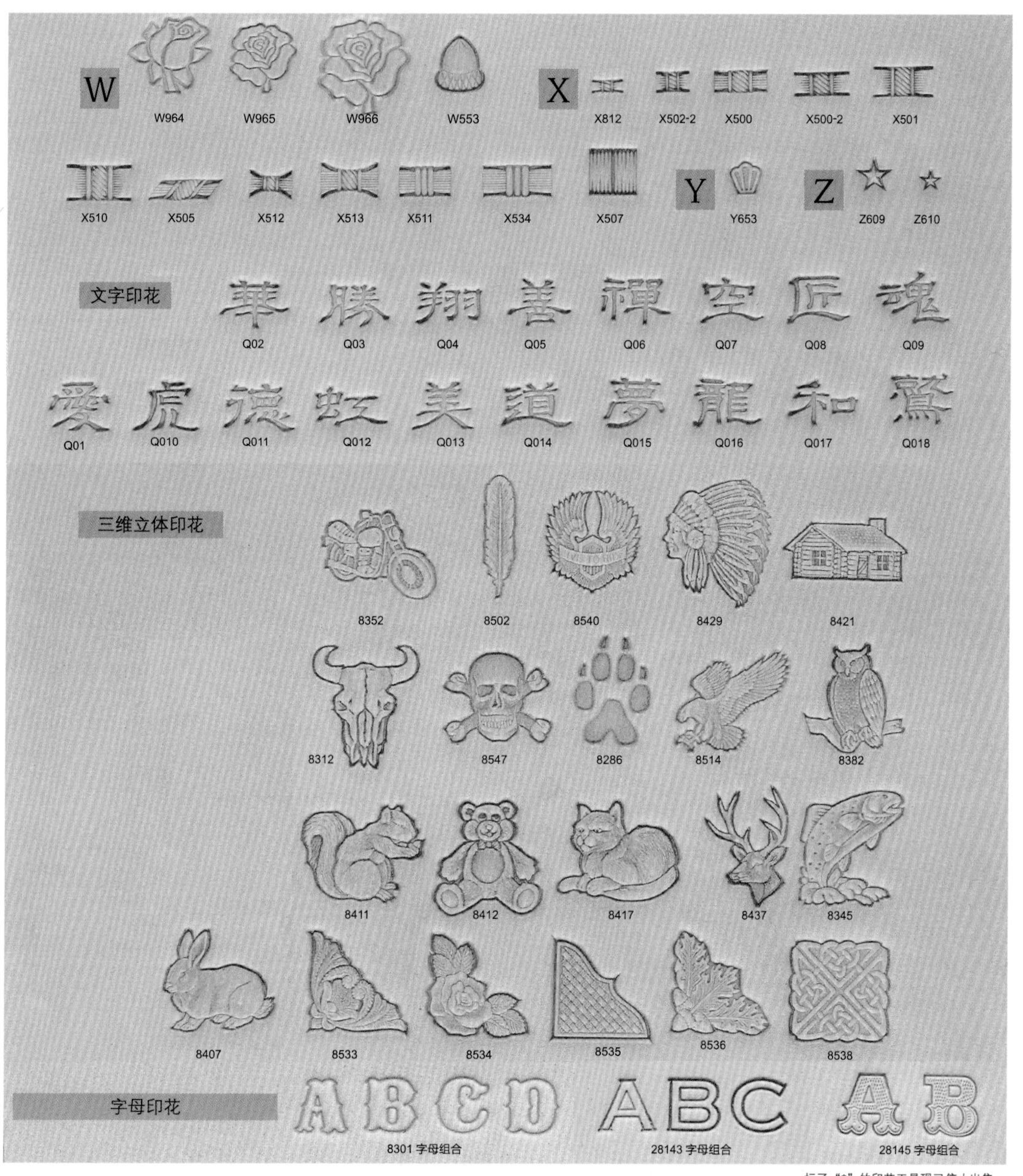

标了"*"的印花工具现已停止出售。

■ 谢尔丹风格的印花

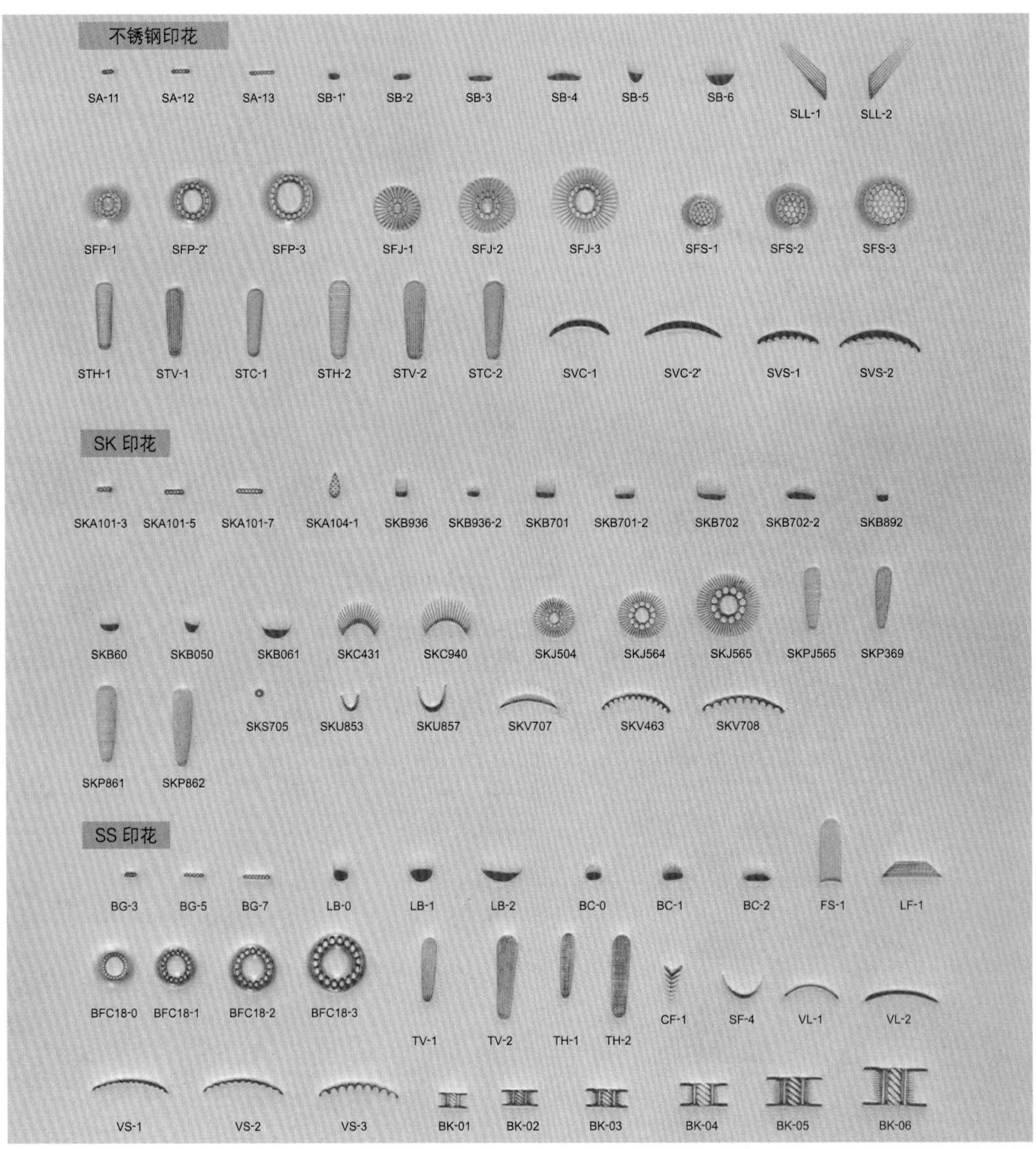

标了“*”的印花工具现已停止出售。

BASIC TECHNIC
基础篇

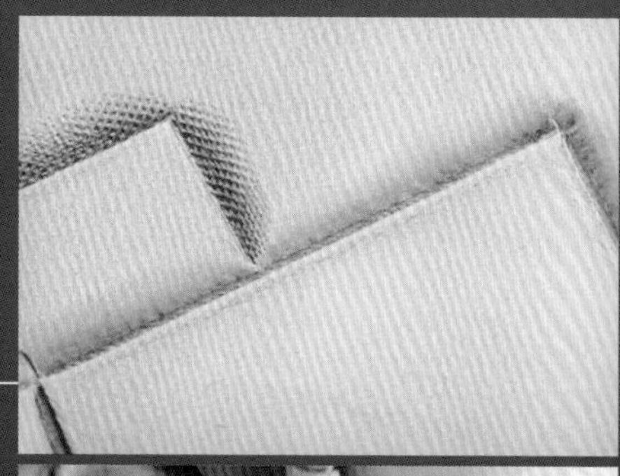

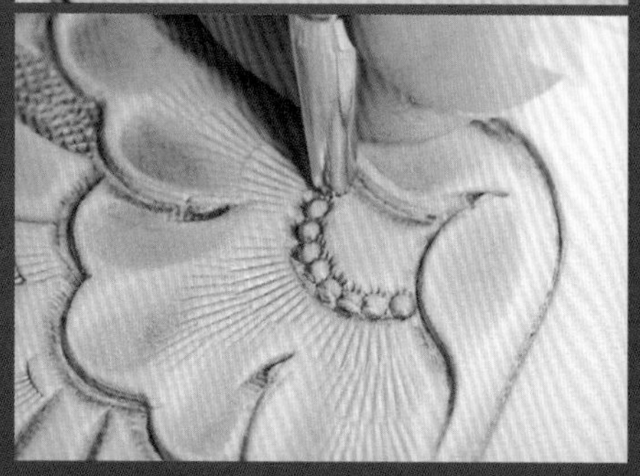

作为一种将各种纹饰等图案雕刻在皮革上的装饰工艺，皮雕的制作工序十分简单：先用旋转刻刀刻出轮廓，再用印花工具沿轮廓线打上印花，以增加立体感。乍看之下似乎很简单，但越简单的事，往往越考验制作者的基本功。为了做出栩栩如生的皮雕，制作时不要急于求成，最好先弄清工具的使用方法及不同印花的特性，然后照着比较简单的图案反反复复地进行练习。

BASIC TECHNIC

基本技法

本章将针对旋转刻刀及印花工具这两种最基本也是最重要的皮雕工具的使用方法进行详细的指导说明。

皮雕技法大体分为两类：一类是用旋转刻刀切割图案的技法，另一类是用各种印花工具让图案呈现出立体感的技法。而说到制作时所使用的工具，仅旋转刻刀就种类各异，印花工具的种类更是超过400种。虽说选购皮雕工具本身也是一种乐趣，但即使买到了心仪已久的工具，如果不知道正确的使用方法也无法让工具充分发挥其价值。另外，疏于保养或保养不当也会影响使用效率和效果。为此，我们将工具的使用方法和保养方法等基本技法独立成章，并请来有着丰富教学经验的小屋敷老师进行指导。本章具体包括三部分：旋转刻刀的使用及保养方法、用旋转刻刀刻刀线的方法以及印花工具的使用方法。

千万不要忽视磨刀这项准备工作，不仅因为锋利的刀用起来更顺手，也因为钝刀会使人不自觉地用力过猛，反而比锋利的刀更危险。亲自保养工具还有一个益处——借由保养加深与工具的相处及交流，从而更深刻地体会皮雕艺术的奥妙。磨好刀并做好其他准备工作后，终于可以正式着手制作了？不，别着急，我们还安排了在皮革上刻圆形和为正方形打上印花两项练习，建议先在碎皮料上反复练习基本功，逐步熟悉力道与角度。等到觉得满意后再进入下一章的学习——唐草纹皮雕的制作实践。

1. 旋转刻刀的使用及保养方法

旋转刻刀用于刻出皮雕作品中必不可少的轮廓线。它和一般刻刀的使用方法有很大不同，所以我们将先介绍一下旋转刻刀的构造和使用方法，然后学习其保养方法。

▪ 拆卸方法

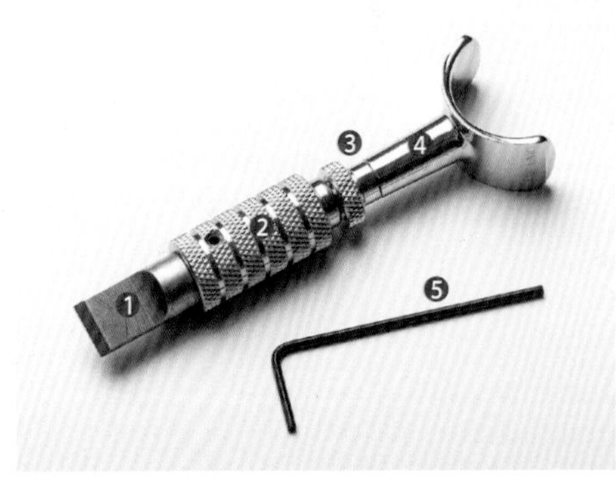

❶刀头
❷刀柄
❸调节螺栓
❹轴
❺六角螺丝扳手

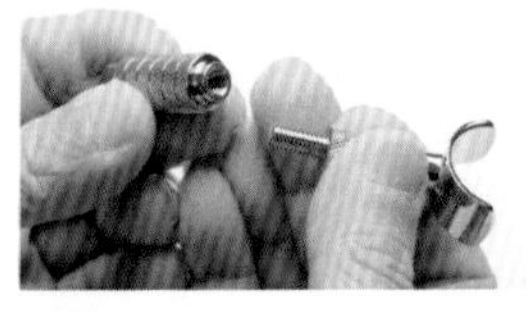

1 旋转调节螺栓，将其从刀柄上转出。

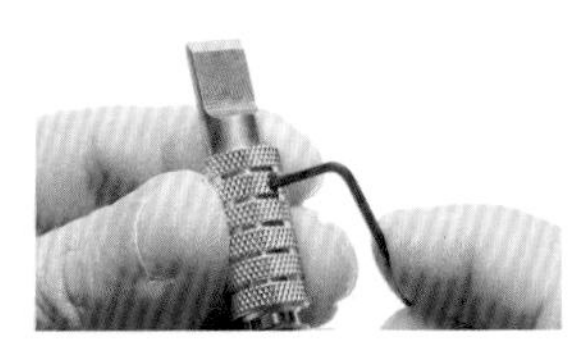

2 找到固定刀头和刀柄的螺孔，用六角螺丝扳手将刀头取下。

3 如果只是想调整长度或更换刀头，进行到这一步即可。

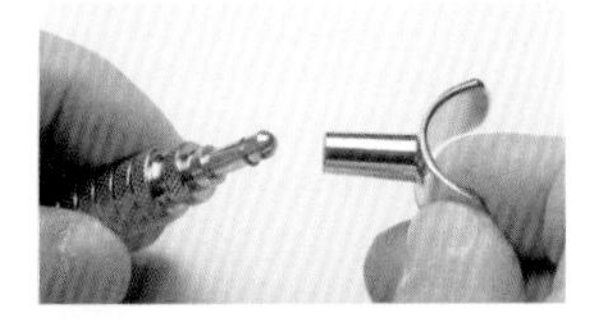

4 如果轴的活动不顺畅，先将调节螺栓从轴上取下。

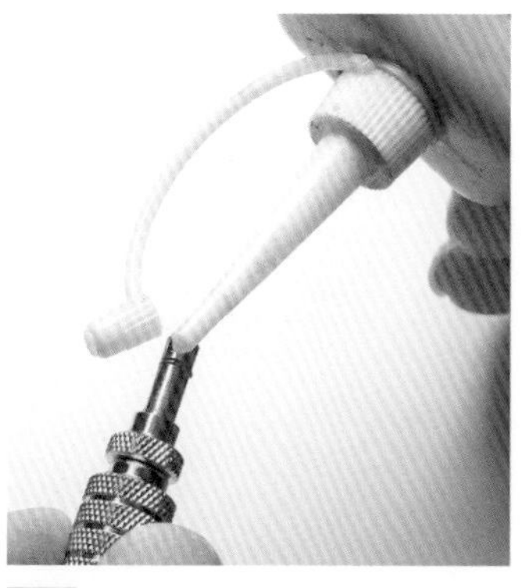

5 然后，给调节螺栓顶部的沟槽上油，再重新装上轴。这样轴的活动就会顺畅很多。

POINT.1

想增加长度的话，可使用两个调节螺栓

将调节螺栓从刀柄上转下，将另一个螺栓安装上去。

为防止螺栓松动，将两个螺栓上下拧紧固定。

▪磨刀方法

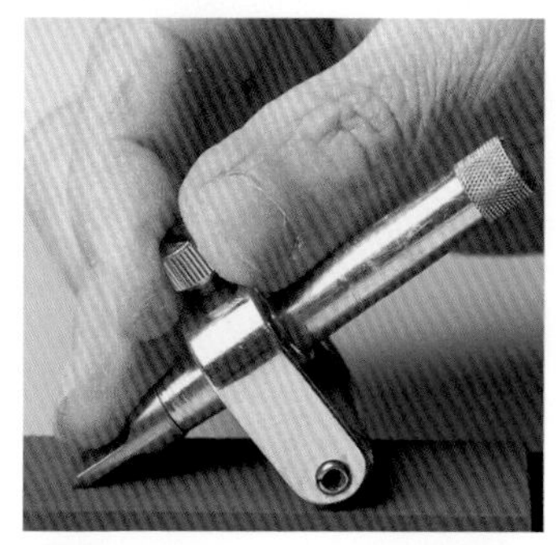

1 在磨刀石上放上角度调整器，将从刀柄上取下的刀头插入角度调整器中。

2 固定在 60°～65° 之间，使刀刃的斜面与磨刀石紧密贴合。检查：若只有刀刃的尖与磨刀石接触，或如果刀刃的尖未与磨刀石接触，都将无法正确磨刀。这时就需要重新调整角度。

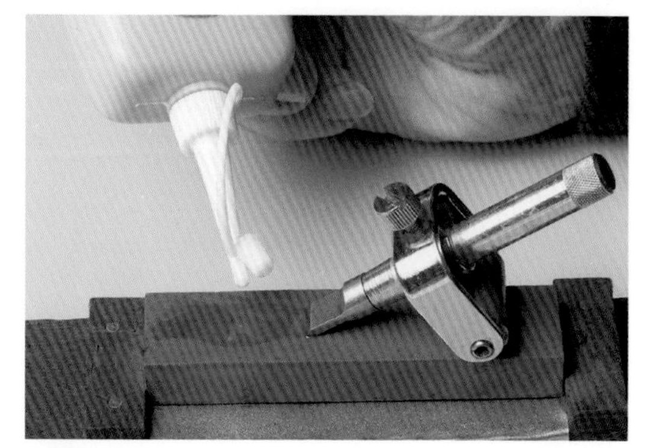

3 开始磨刀前，先在磨刀石上滴几滴磨刀油作为润滑油。

4 用双手扶住角度调整器，开始磨刀。注意：向外推时用力，拉回时放松，仅扶住角度调整器即可。一面磨 10 个来回左右就换到另一面，两面交替磨。

5 当刀刃上出现纵向的纹路时，表明已经磨得很锋利了。此时刀刃上还残留了些许毛刺，需要用更精细的工具进一步磨制，使其平滑。

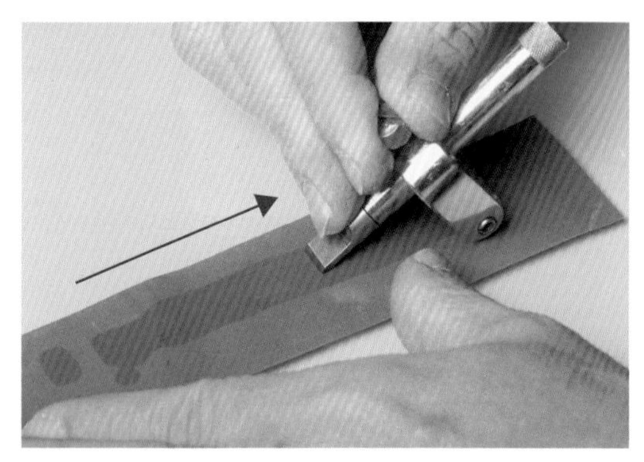

6 准备好 600~1000 目的砂纸，在上面滴几滴磨刀油，将刀刃斜面贴合砂纸，反复摩擦。与磨刀石的使用方法不同，这次要朝自己的方向用力磨。另一面也进行同样的操作即可去除毛刺。

7 最后，换用磨刀板来去除纵向的纹路。先在磨刀板上涂抹磨刀油和磨刀膏。

8 将刀刃斜向固定，顺着箭头所示方向磨，使刀头保持稳定更容易去除纹路。

9 磨制完成。刀刃上的纵向纹理消失，呈现出光滑的刃面。新买的刀头也可按步骤 6~8 进行磨制，锋利程度会明显提升。

POINT.2 制作过程中如何恢复刀刃的锋利度?

在磨刀板表面涂抹磨刀膏后磨制即可。注意：此时不要加磨刀油，否则容易弄脏皮革和手。

■握法

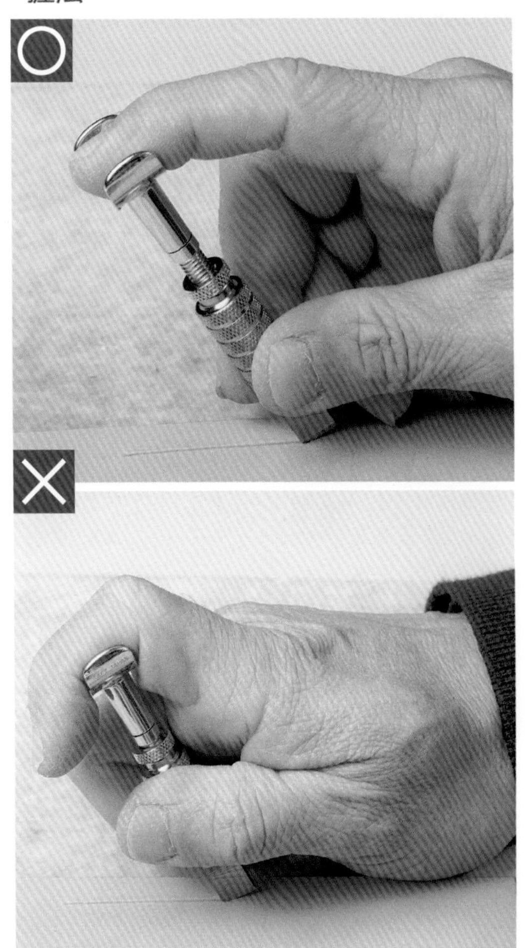

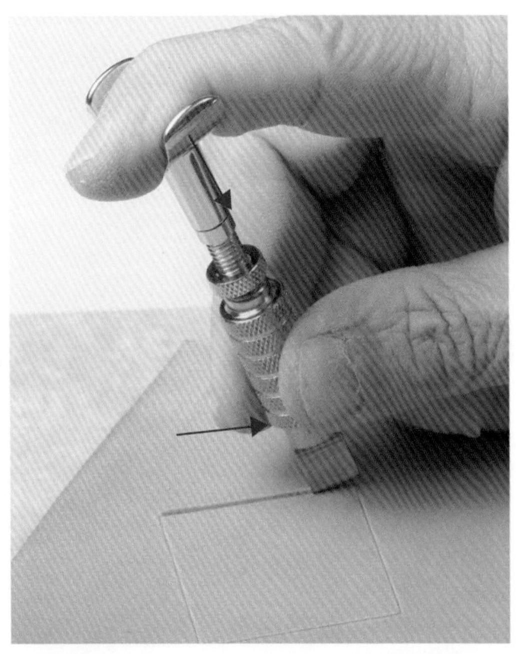

用拇指和中指握住刀柄，将食指的第一指节搭在轴上，小指抵在皮革上充当切割时的支撑点。切割时由远及近，即朝靠近自己的方向切割。在此过程中，手要稍微前倾。适当的切割深度为皮革厚度的 1/3~1/2。

如左图所示，如果轴的位置太低，整体长度太短，手指就会过多地压在旋转刻刀上，刀刃就无法灵活移动。所以在切割前要先根据自己手指的长度来调节轴的长度。

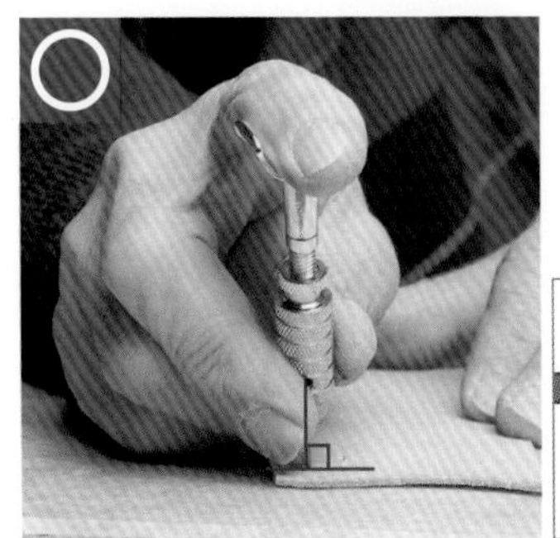

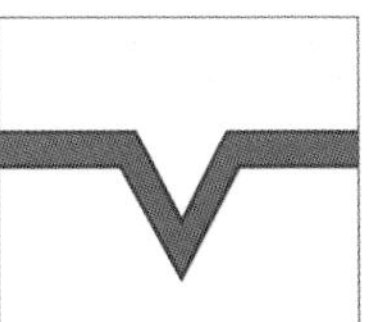

刀刃所在的平面应与皮革垂直。因为旋转刻刀的刀刃是双面的，只有垂直切入皮革，即切面呈均等的 V 形，切出的线条才漂亮。

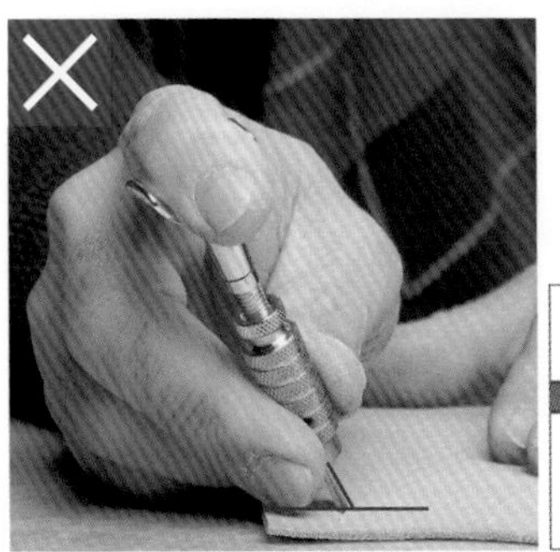

技术还不娴熟时，切割时常常会停下来确认切面是否呈 V 形，继续切割时刀刃就有可能倾斜。一旦刀刃倾斜，切面也会倾斜，所以停顿后尤其要留心刀刃是否垂直。

2. 刻刀线

本节将练习如何在打湿的皮革上用旋转刻刀刻出直线和曲线。皮革的湿润程度、刀刃前倾的角度等会影响切入的深度，这个练习的目的是帮你确定合适的切入深度，并掌握微调的诀窍，从而随时都能刻出理想的刀线。

▪ 为皮革打水

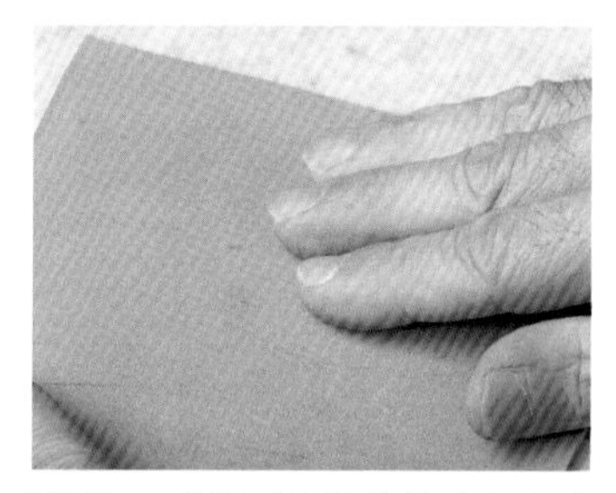

1 准备薄厚适宜的皮革（马鞍革、日本皮艺社皮雕专用皮革等均可），用海绵蘸取清水擦拭皮革的毛面和粒面（表面）。这样可使皮革变得柔软，更易雕刻。

2 几分钟后海绵的擦痕便会消失。触摸一下，表面有湿润感即可。

POINT.1

充分打湿、均匀打湿

选取同一张皮革上含水量不同的三个地方，分别用相同的力道切割，结果会怎样呢？如图所示，右边含水量最高，切痕也最深；越往左含水量越低，切痕也随之变浅。这是因为含水量越高，皮革越柔软，切割起来也越省力。所以，充分地润湿皮革吧！但要注意擦拭均匀。

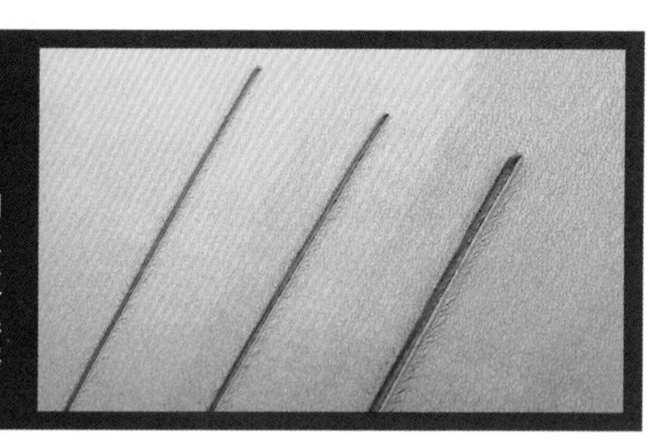

▪ 刻直线

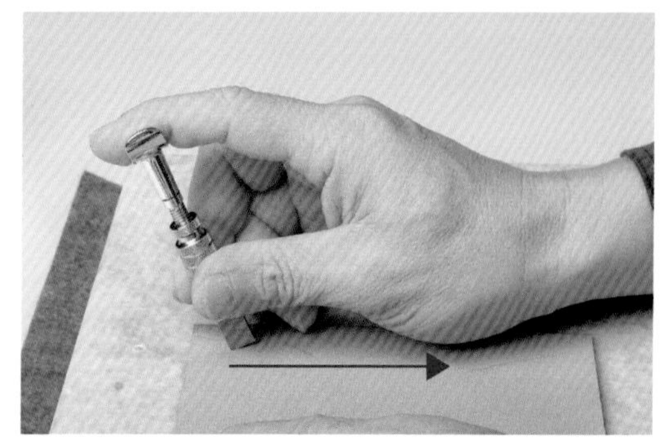

3 将手腕轻贴在皮革上，用均匀的力道往自己的方向拉旋转刻刀，这样就可以刻出流畅的直线。建议利用碎皮料反复练习。

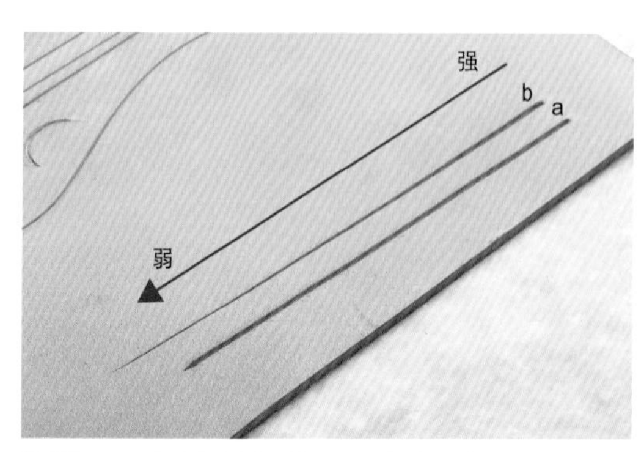

4 a是用均匀的力道切割出来的切痕，b则是用淡出法切割出来的切痕，即用力切入皮革后逐渐松劲，切痕便会由深变浅，呈现出渐变的效果。

■ 刻曲线

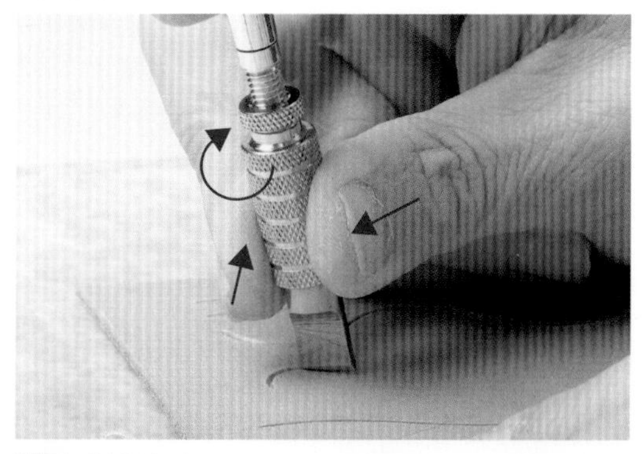

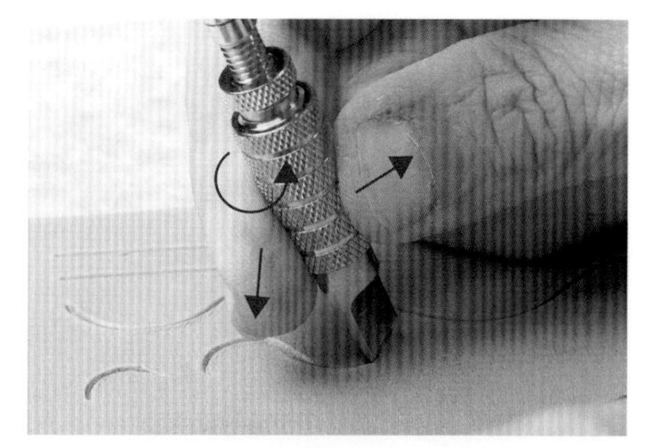

5 刻曲线时，为了让刀刃活动自如，刀身要比刻直线时更前倾。这是因为倾斜的幅度越大，越容易切入皮革。切割时，中指负责让刀柄保持稳定，拇指则负责旋转刀柄，决定行进的方向。两个手指各司其职，才能刻出圆润的曲线。在这个过程中，中指和拇指的力道分配也很重要，这就要靠勤加练习来把握了。

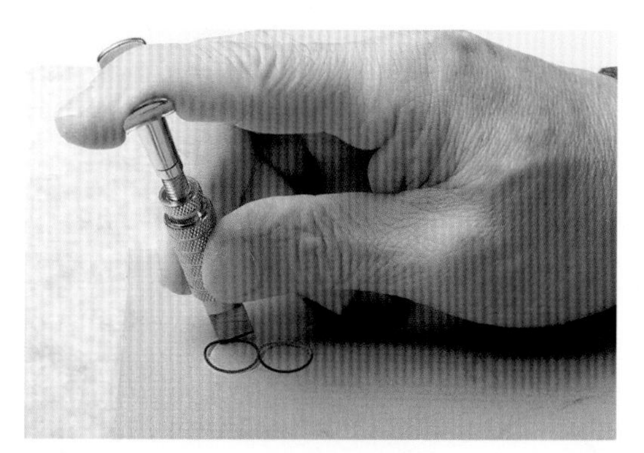

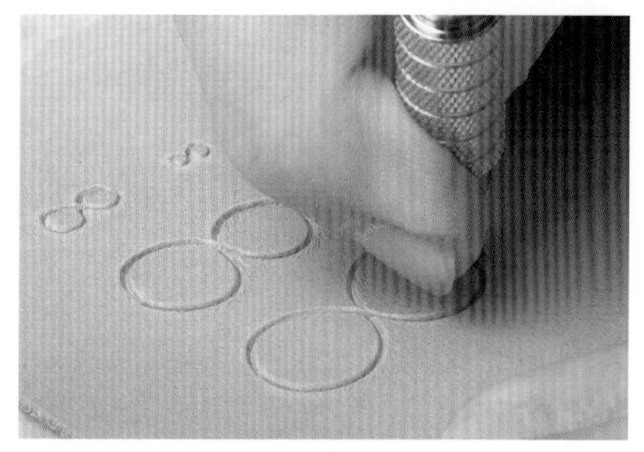

6 练习：刻圆形。先活动刀刃刻出一个 S 形，再刻一个倒 S 形，组合起来便是两个圆形。反复练习，直到可以刻出各种大小的漂亮圆形为止。

POINT.2 刀刃的角度

1 皮革的厚度不同，切割时刀刃角度也应有所不同。一般情况下，刀刃与皮革呈 30° 锐角比较适宜。

2 角度较小时，虽然操作起来会比较平稳，但开始时不容易切入皮革，也不利于转向。

3 角度较大时，刀刃便会深入皮革。此时几乎只有刀尖与皮革接触，刻曲线时会比较容易。

3. 打印花

本节将以简单的正方形为例，讲解如何用三种基本的印花工具（打边印花、阴影印花和背景印花）敲打出具有立体感的图案。敲打印花工具的力道和角度不同，打出的图案也会呈现出不同的效果，在挑战唐草纹等较为复杂的图案前，先通过为正方形打印花的练习找到自己满意的效果吧！

■ 刻轮廓

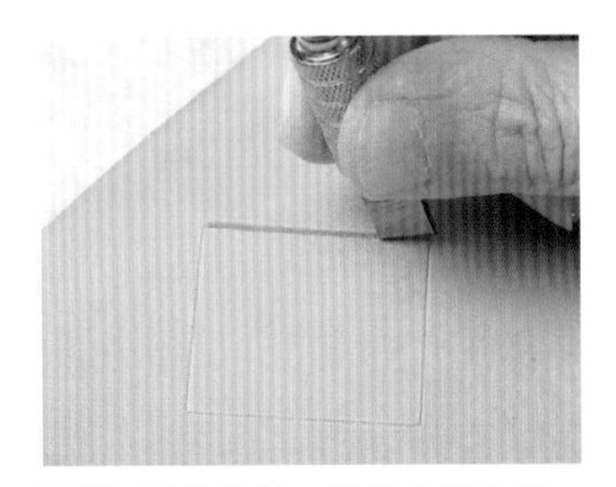

1 将皮革打湿，置于大理石上。在皮革上摆好纸型，用铁笔沿纸型边缘描出轮廓线。

2 用旋转刻刀沿轮廓线切割，切割出四条直线。

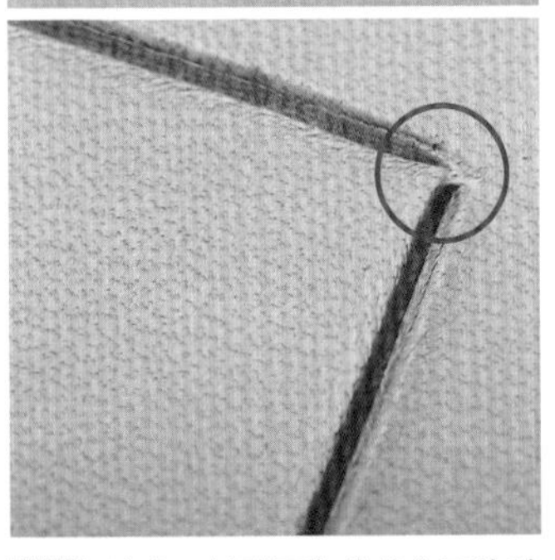

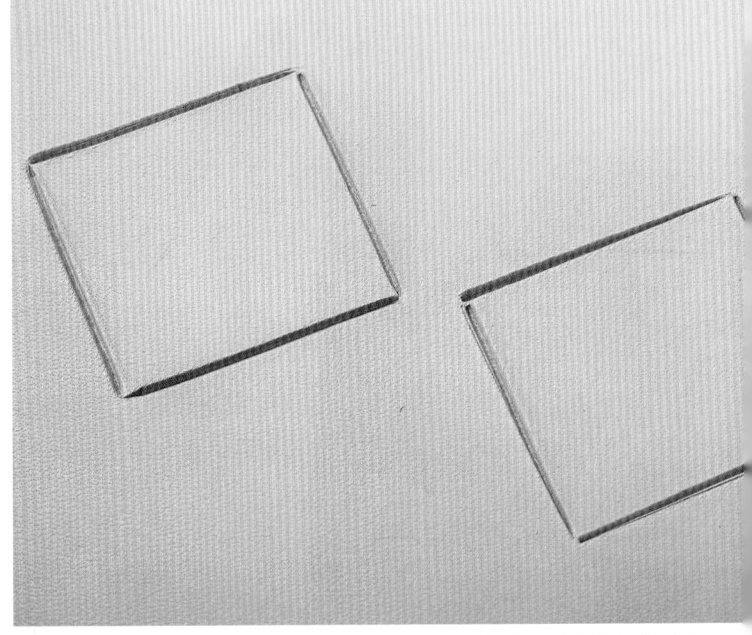

3 注意：快到两条线的交叉处时停止，否则交叉处会因连接基底的面积过少而容易脱落。

4 如果想呈现出不同的效果，可以分别用均匀的力道（左）和淡出法（右）切割。力道均匀会让图案显得稳重有力，淡出法则会让图案显得优美动人。

■打边印花

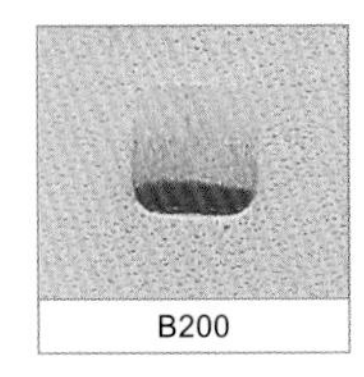

<平纹>

沿切割线打上打边印花，原本的图案便会呈现出立体感。通常打在图案的外侧。

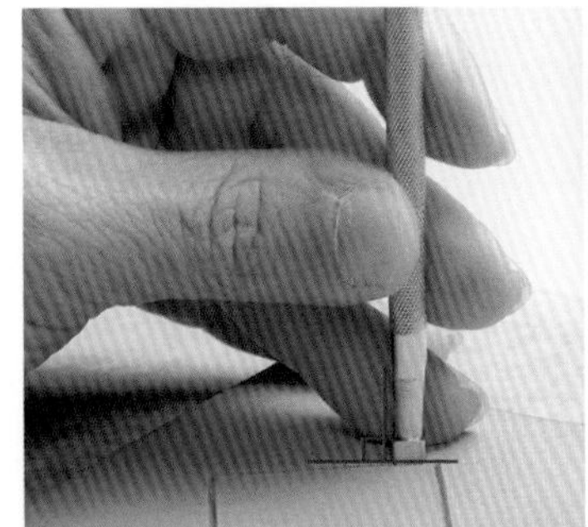

1 调整皮革的朝向，使即将敲打的部分位于自己的正前方。如图所示将印花工具对准切割线。

2 用皮雕锤敲打印花，每次移动 1~2mm。保持印花垂直于皮革，敲打时无须太用力，用均匀的力道连续敲打即可。

POINT.1

减小移动间隔

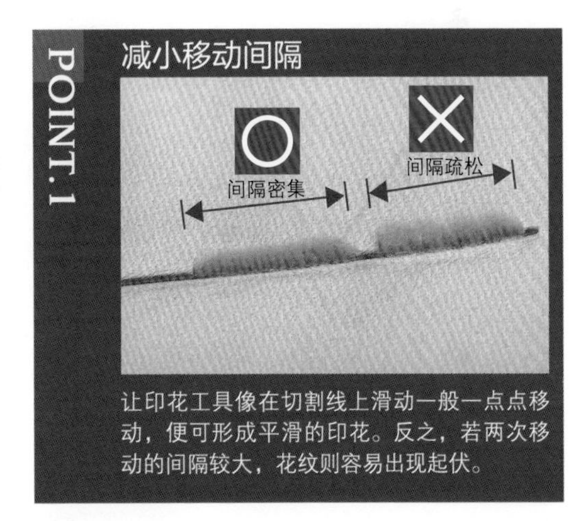

让印花工具像在切割线上滑动一般一点点移动，便可形成平滑的印花。反之，若两次移动的间隔较大，花纹则容易出现起伏。

POINT.2

完成交叉处的敲打

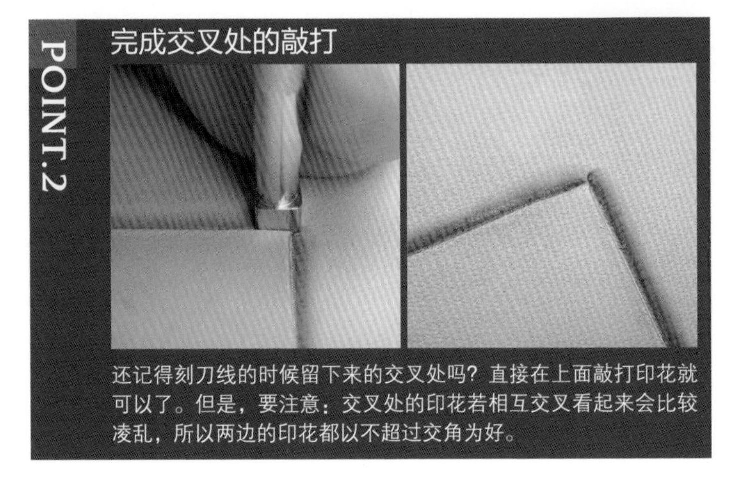

还记得刻刀线的时候留下来的交叉处吗？直接在上面敲打印花就可以了。但是，要注意：交叉处的印花若相互交叉看起来会比较凌乱，所以两边的印花都以不超过交角为好。

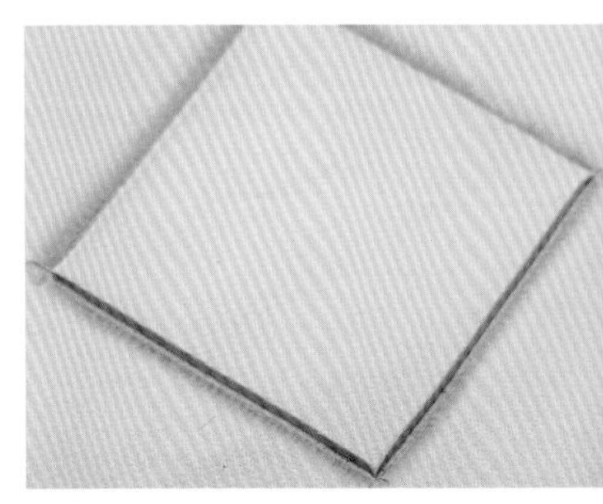

3 这是用均匀的力道打出来的印花。边缘的凹陷使正方形图案更加突出，仿佛浮于皮革之上。

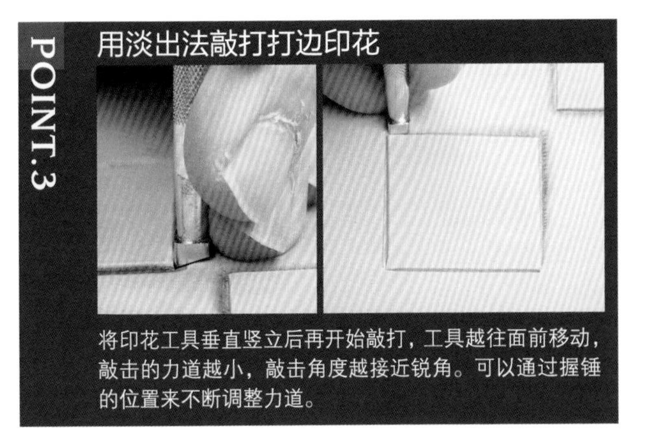

POINT.3

用淡出法敲打打边印花

将印花工具垂直竖立后再开始敲打，工具越往面前移动，敲击的力道越小，敲击角度越接近锐角。可以通过握锤的位置来不断调整力道。

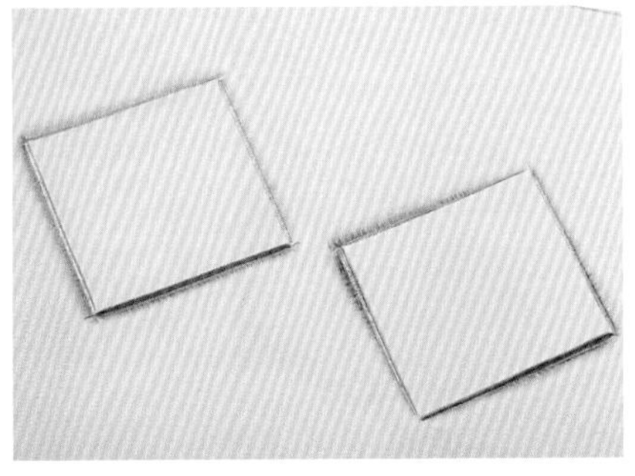

4 左侧是用相同的力道打出的打边印花，右侧是用淡出法打出的打边印花。图案相同，给人的感觉却大不相同。

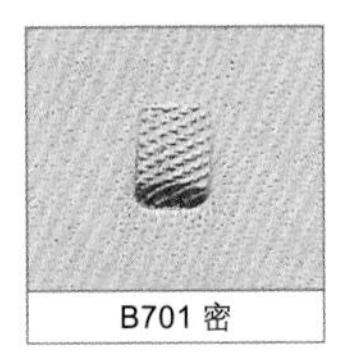

B701 密

< 网纹 >

除了平纹外，打边印花还可以选择网纹的。和平纹相比，网纹的阴影更明显，因而立体感也更强。

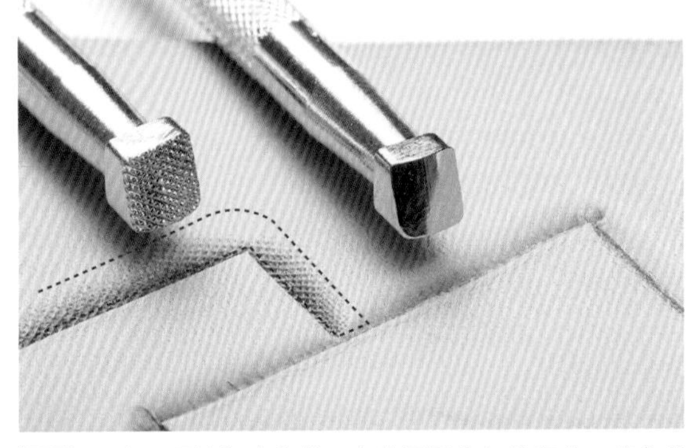

5 左边是网纹打边印花，右边是平纹打边印花。将它们灵活运用在不同的地方，可以提升皮雕的表现力。

▪ 阴影印花

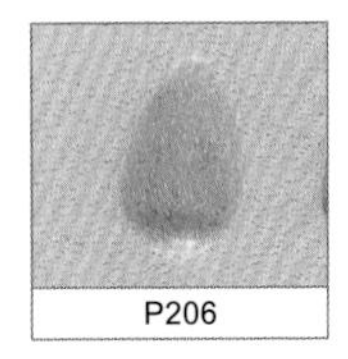

P206

< 平纹 >

阴影印花是为皮革表面增添变化的一种印花工具，主要用于表现凹凸感。将比较圆润的一面朝向自己，就可以开始敲打了。

1 在打过打边印花的地方进行练习。敲打方法与打边印花相同，即每次移动1~2mm，滑动着连续敲打。在阴影印花的映衬下，原本硬朗的线条变得柔和而自然。

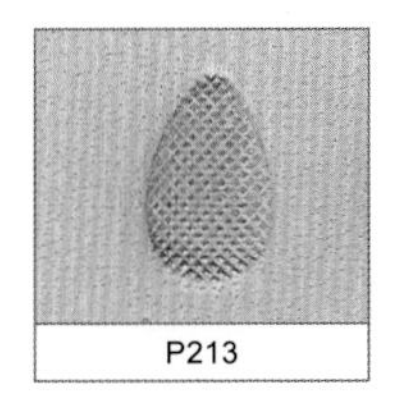

< 网纹 >

这种印花工具用于制作网纹阴影，使用方法和平纹阴影印花一样。

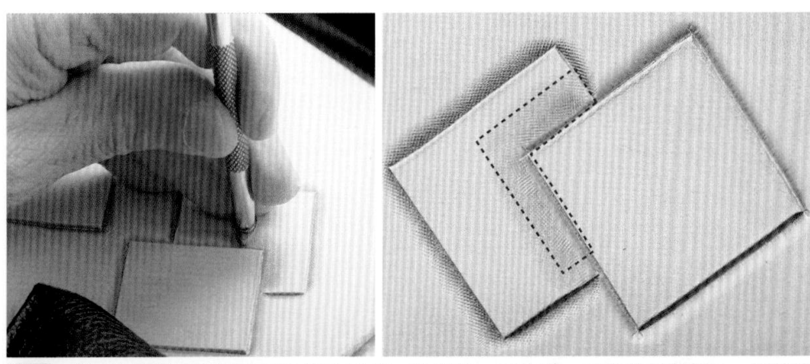

2 用网纹阴影印花配合网纹打边印花，效果统一而和谐。和平纹阴影相比，网纹阴影的立体感更强。

▪ 背景印花

< 网纹 >

为突显主体图案，可用背景印花在图案下层制造大面积阴影。虽说是作陪衬，也丝毫不能马虎。只有将切割线之间的空间毫无间隙地填满，才能做出漂亮的背景。

1 大面积敲打后，皮革会因为反复受冲击而被拉伸，所以最好从轮廓线开始，逐渐将中心填满。所谓填满，一定要丝毫不漏，敲打至轮廓的最边缘。

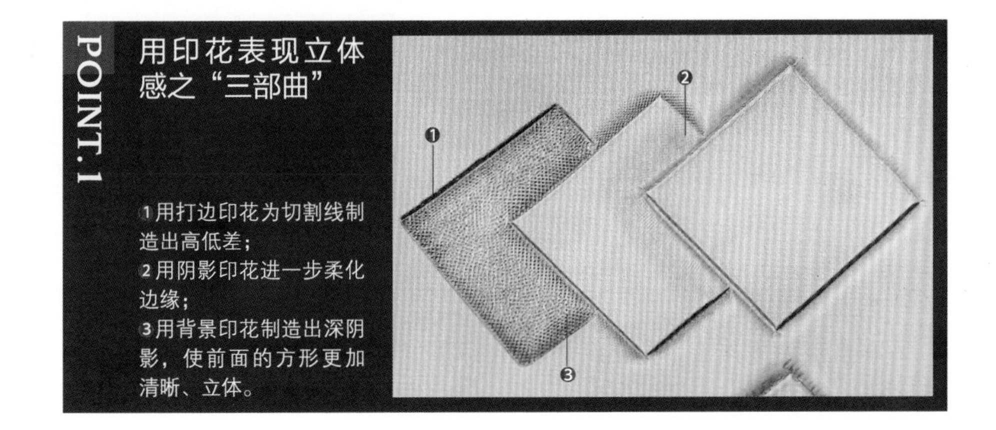

POINT.1

用印花表现立体感之“三部曲”

1 用打边印花为切割线制造出高低差；
2 用阴影印花进一步柔化边缘；
3 用背景印花制造出深阴影，使前面的方形更加清晰、立体。

BASIC TECHNIC

唐草纹皮雕

本章我们将以流行的唐草纹为例展示皮雕制作的完整流程。其间不仅需要综合运用上一章学到的刻刀线及打印花的技法，还会学到有关绘图、染色及润饰等的新技法。

唐草纹是中国的传统纹饰，以华丽的花朵为主体，辅以卷曲多变的枝叶和涡卷等，可谓一种复杂的组合纹饰。每位皮雕艺术家对唐草纹都有自己不同的诠释，我们平时应注意观察各式各样的皮雕作品，分析一种图案是由哪种或哪几种印花工具组合打成的，这就是进步的捷径，也是皮雕学习的乐趣所在。

通过本章的讲解，你将不仅学会观察皮雕作品，还将明白使用每一种印花工具时应注意哪些方面以及该如何用力等。建议先用碎皮料反复练习，不过，如果你对自己的基本功很有自信，不妨直接在皮具上进行挑战。

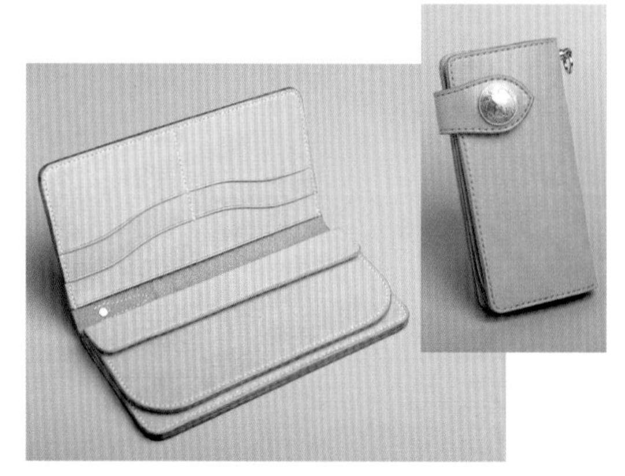

本章的皮雕图案是假定用于此长皮夹上的。

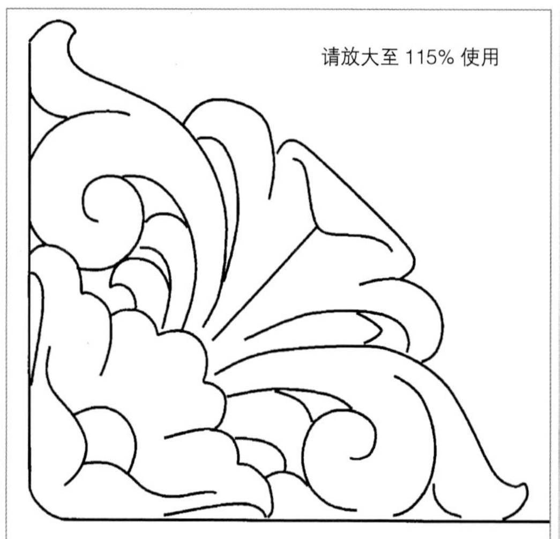

左图为图样，右图为皮雕成品。等你认真读完本章的内容，就会理解每根线条是如何成形的以及其中的阴影及凹凸为什么在这个地方而不在那个地方。

1. 绘图

唐草纹的魅力之一便在于用花朵、涡卷和叶子等能组合出千变万化的图案。作为练习最好先参考现有图样，待见识得多了，便可尝试原创图样。那时，你会发现皮雕的世界无限广阔。

■善用描图纸

1 在网格纸上描出皮夹的轮廓。留下 3cm 的折线处和 1cm 的空白。

2 选择轮廓内的一角来设计图案，这里选择了左下角，注意图案不要超出边框线的中点。

3 在设计好的唐草纹上放上防水描图纸描图，同样选择左下角。

4 描完后将描图纸对折，在描图纸的另一侧（右侧）再描一遍。这样就描好一对对称的唐草纹了。

5 如图将大理石、皮革、描图纸和皮夹纸型按照由下至上的顺序依次放好。用铁笔在皮革上画出皮夹的轮廓。此外，还要在四条边框线的中点上做上标记。万一标记得不准确，精心做好的皮雕将可能因错位而白白浪费，所以千万要留意。

6 接下来先为皮革打水。与刻刀线时不同，皮革太湿润的话会很难描出清晰的线条，所以用海绵蘸水时要比平常蘸得少一些。要注意打均匀。待皮革表面湿润后，将描好图的描图纸放在皮革上，并用胶带将描图纸固定住。描图时最好先描边框线，再描唐草纹。描唐草纹时不必追求完美，因为刻刀线时可能会进行微调。

7 这是描线完成的样子。为了确保没有漏描，可以时不时地翻开描图纸进行确认。

2. 刻刀线

刻刀线的顺序很有讲究。要先完成边框的切割，再按照花朵→涡卷→叶子的顺序切割。至于为什么要遵从这个顺序，继续读下去你就会明白了。

■ 边框

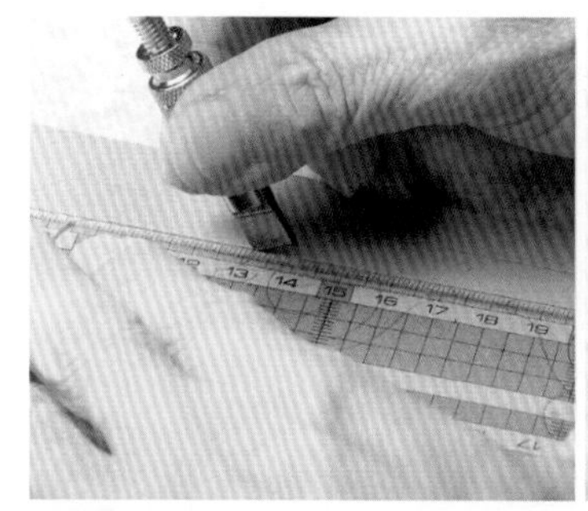

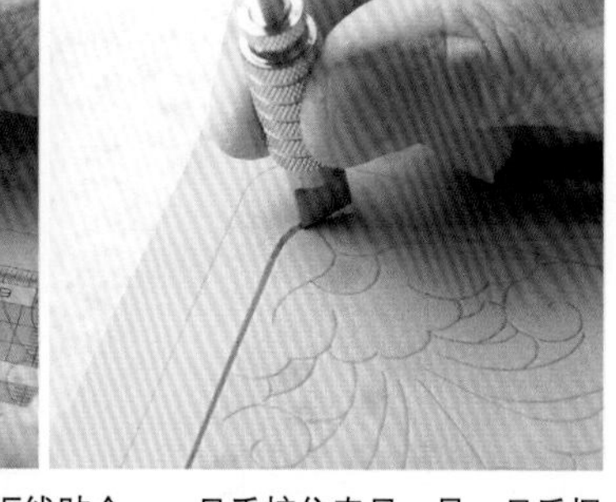

1 刻刀线之前，将皮革充分地打湿，使水分均匀渗透到皮革深处。

2 等皮革润湿后，将直尺与边框线贴合。一只手按住直尺，另一只手握住旋转刻刀沿直尺切割，切入深度为皮革厚度的 1/2 ~ 2/3。切割时由远及近，即向自己的方向滑动。如果线条转向，应转动皮革，使线条重新与自己的身体垂直。

■ 花朵

3 刻出边框后，首先刻花朵，因为花朵是本图案的主体。先主后次可以在不同走向的线条交叉时保证主体图案的流畅性，从而突显主体图案。对于花朵这类柔美的图案，建议用淡出法进行切割——由外至内，由深至浅，仿佛所有线条最终汇聚到一点上。注意在两条线相交处留下些许空隙，使线条彼此不交错。

▪涡卷 & 叶子

4 再次强调：为了便于切割，先检查皮革是否是正对雕刻者。调整好朝向后，一只手握住旋转刻刀，另一只手按住皮革将其固定。涡卷的切割同样采用淡出法：从涡卷的中心出发，越靠近花瓣，力量越轻柔……一定要在大脑中想象出它们的延长线交汇在一点的样子（就这个图案而言应交汇在花朵部分），这样不同线条就会淡出得自然而均匀。

5 叶子的切割方法同上。用淡出法由四周向中心切割出具有韵律感的线条。

6 这是切割完成的样子。如果旋转刻刀的使用方法正确，切面会呈漂亮的 V 形。

3. 打印花

无论打边印花、阴影印花还是背景印花，每一种印花工具的图案和大小各不相同。这里我们给出的示例只是其中一种组合，大家完全可以按照自己的喜好尽情发挥。

▪ 防止皮革变形

1 打印花时的冲击容易致使皮革伸展变形，所以事先最好在皮革毛面上贴上防伸展内里（如果买不到，可用双面胶代替）。

2 用木质刮刀（也可以用玻璃板）一点一点地按压防伸展内里，使它与皮革贴合紧密。但是，注意，要慢慢用力，切不可一下用力过猛，否则防伸展内里反而会剥落或者容易翻起。

▪ 打边印花

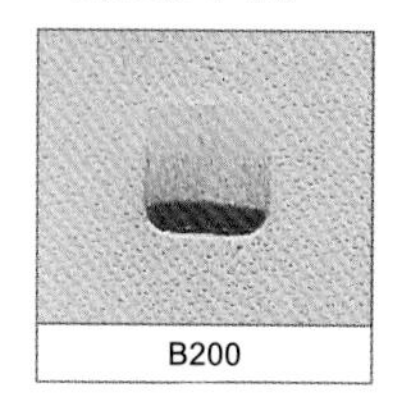
B200

<平纹>

这里我们选用平纹印花来打边——通过使线条内缘凹陷来使图案相对凸出。除了平纹印花，还可以选择网纹印花、条纹印花等。

3 再次将皮革打湿。将毛毡垫和大理石垫在皮革下方，皮革上则压上固定用的镇石，为打印花做好准备。确认皮革充分润湿后，沿边框线内侧用皮雕锤连续敲打。此处配合刀线使用淡出法，敲打时需要将印花工具略微向外倾斜。每次移动 1~2mm 为佳，前后两次敲打会有重叠的部分。

4 从位于最上层的线条开始敲打。就这个图案而言，位于最上层的是图片中离我们最近的两片花瓣。应沿着花瓣的刀线由内而外敲打打边印花。敲打的力道要随刀线的粗细进行调节。

5 接着在涡卷和叶子上打印花。与花朵一样，沿着刀线从涡卷的根部（靠近花朵那侧）往涡卷中心敲打。

6 这是打完印花的样子。打边印花如同阴影一样覆盖在深处的花纹上，使整个图案的立体感更强。

▪背景印花

<网纹>

打上背景印花，就能明显区分出图案和背景。A104 印花呈水滴状，我们可以好好利用它大小不一的两个头——狭小的地方用尖头敲打，宽阔的地方用圆头敲打。

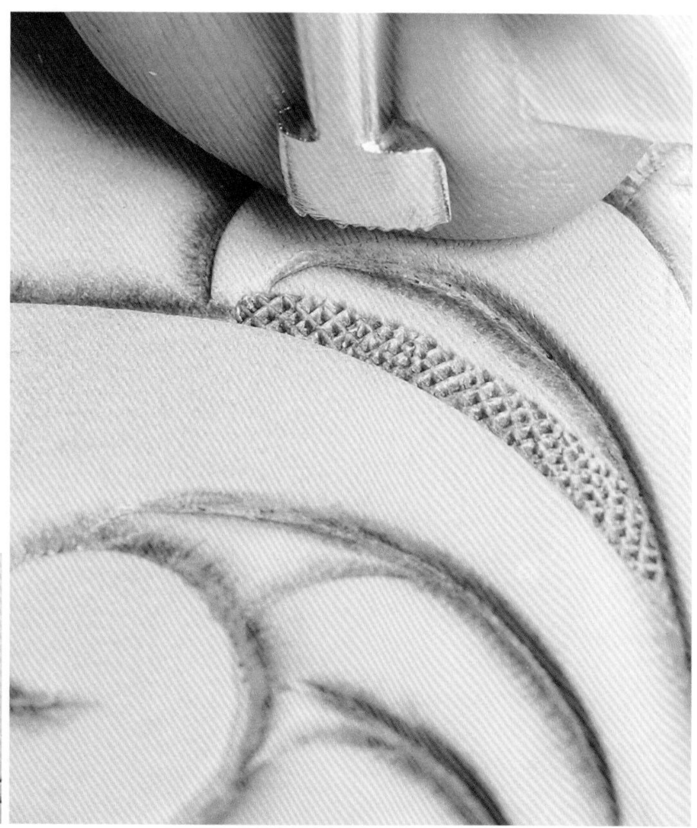

1 将印花工具竖直握好，从四周开始，用皮雕锤沿刀线不留空隙地连续敲打。当线条转向时，印花工具也要随之转向。印花离刀线太远，或印花跨过刀线都不太美观，最好紧贴着刀线敲打。

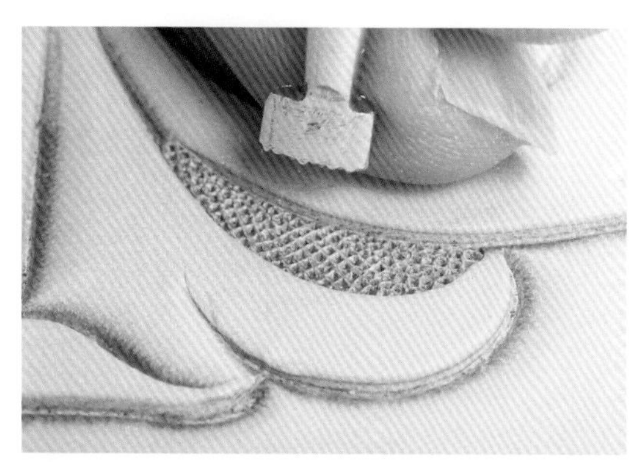

2 沿四周敲打一圈后，剩下的部分从边缘处开始敲打。因为背景印花可以适当重复敲打，所以不用特别仔细地规划敲打次序。

3 这是在花朵和涡卷的间隙打完背景印花的样子。打上背景印花的地方，颜色明显变深，整个图案的层次感也明显了。

■ 装饰印花

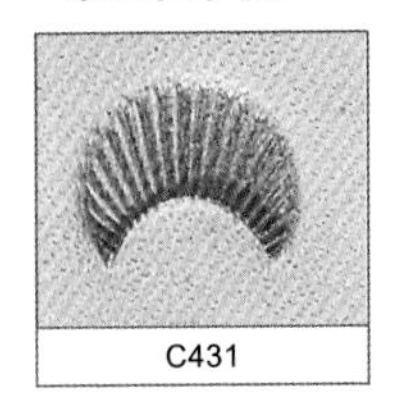
C431

装饰印花用于为花瓣和叶脉等部分增加质感。敲打时的力道和角度不同，即使使用相同的印花工具也能打出效果不同的花纹。

1 先打涡卷部分。将印花工具凹进去的一侧朝向自己，配合涡卷的弧线倾斜印花，从根部向中心旋转敲打。

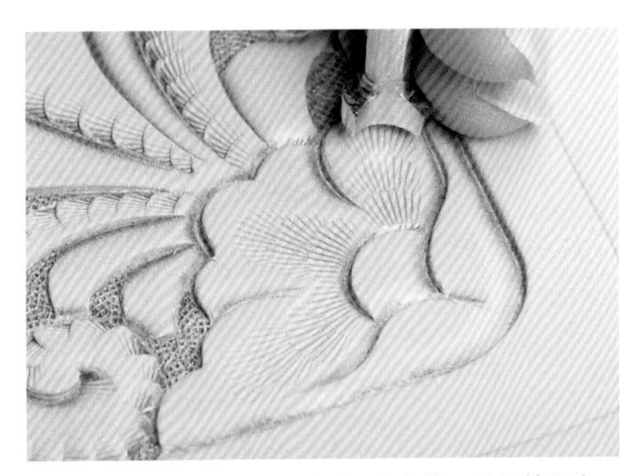

2 在花瓣部分打印花时则要让印花工具保持竖直，使之完全贴住皮革，从花瓣根部向花瓣延展的方向呈放射状敲打。

3 这是为涡卷、叶脉右侧及花瓣打完装饰印花的样子。

■阴影印花

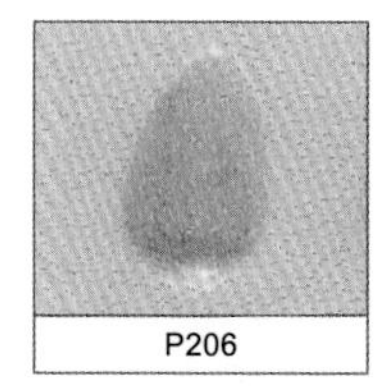

P206

＜平纹＞

在花瓣部分打上凹陷的阴影印花，可以让花瓣像鼓起来一样，更有真实感。这种印花一般单独使用，有时也会和装饰印花一起叠加使用。

1 将阴影印花工具的圆头朝向花瓣的扇形饰边，往花朵中心方向敲打。关键在于把握好阴影与刀线的间距。注意，既不要压到刀线，也不要离刀线太远以免失真。

2 处理涡卷部分时，将印花工具的尖头朝向自己，沿着旋涡的弧线顺畅地滑动着敲打。这里使用了淡出法，打得时候要逐渐减小力道。

3 这是整体打完阴影印花后的效果。如果还想对阴影的效果进行微调，可以使用压擦器。

■叶脉印花

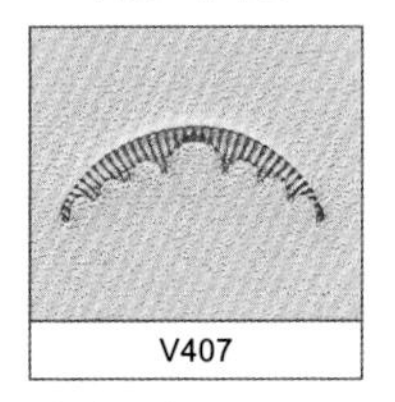

叶脉印花呈月牙形，但使用时通常会将工具倾斜，只用半边来敲打。

1 叶脉印花除了用于表现叶脉的立体感，还可用于为枝茎线条和花瓣线条等收尾。

2 处理叶脉部分时，将叶脉印花的一端贴在叶脉上，另一端略微扬起，从叶子根部开始，如图所示倾斜着往叶尖处敲打。打出漂亮的叶子的秘诀在于不要让两个印花间隔得太远。

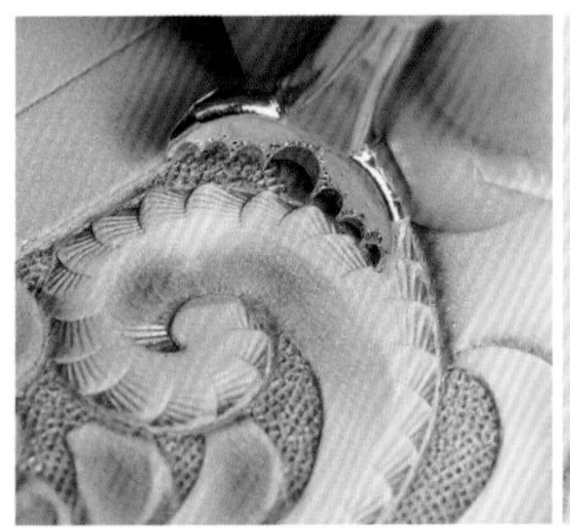

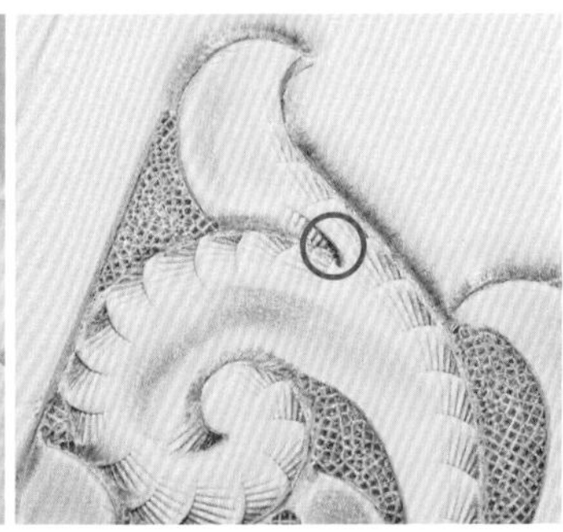

3 处理涡卷等时，注意要让叶脉印花的弧线配合图案的弧线。此外，给线条收尾时，为了不让打上去的面积过大，只使用印花工具的尖端部分就可以了。

4 对线条进行了有着重的收尾后，图案显得张弛有度。

▪马蹄印花

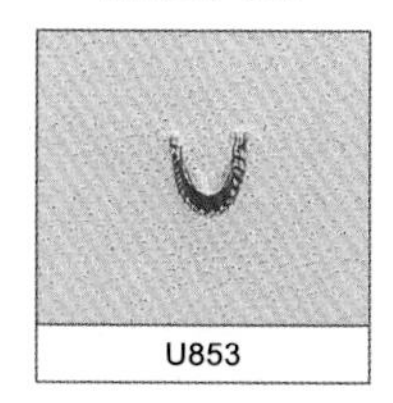

马蹄印花，顾名思义呈马蹄状，常用于叶脉印花之后，为收尾处增添余韵。注意：过于用力敲打的话会刺穿皮革，请注意控制力道。

1 将马蹄印花的尖头朝向自己，敲打时让印花工具朝自己一侧倾斜。如果想让花纹逐渐变浅，敲打皮雕槌的力道应逐渐减小。一般来说，打出的印花间隔小一些效果更好。

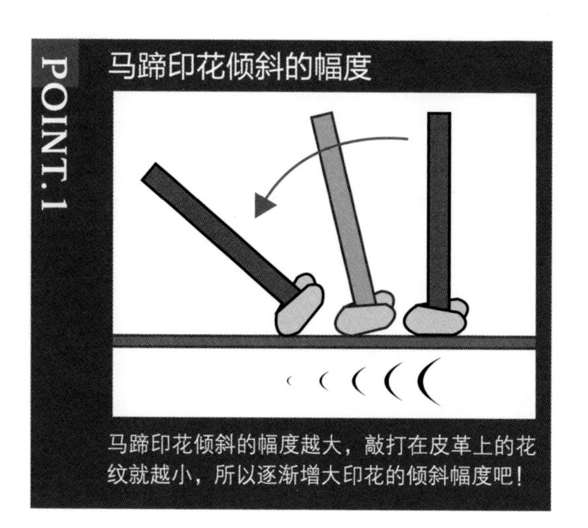

POINT.1 马蹄印花倾斜的幅度

马蹄印花倾斜的幅度越大，敲打在皮革上的花纹就越小，所以逐渐增大印花的倾斜幅度吧！

2 这是打上马蹄印花后的效果。敲打的次数和力道取决于个人喜好，保证花纹两边均衡就好。

■种子印花

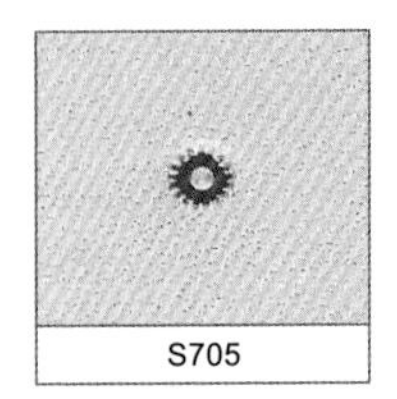

种子印花用于在花朵或涡卷中心打印花。注意：因其尖端很细，太用力敲打会刺穿皮革。

1 从四周往中心敲打。种子间尽量不要留空隙，一个挨一个紧凑地敲打。注意不要重叠敲打，才能打出漂亮的图案。

POINT.1

均匀润湿

打上印花的地方凹凸不平，水不容易渗进去。这时如果用海绵擦拭或者用喷雾喷水，一定要耐心地等一段时间，让水充分渗进去。

2 这是打上种子印花后的效果。

4. 最终修饰

最终修饰也称最终切割或修饰切割，即用旋转刻刀对作品进行最后雕琢。染色前需要进行最终修饰，从而使作品更加生动。修饰前先确认旋转刻刀的锋利程度，并确保皮革充分润湿并呈现柔软的状态。

▪ 修饰

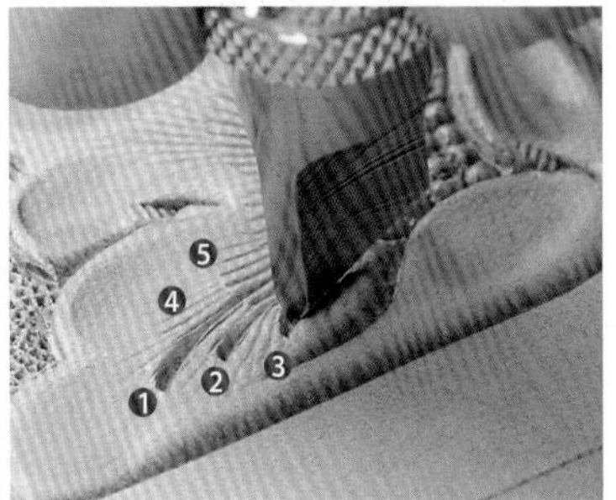

1 花瓣部分从中心线①开始修饰切割。将刀刃以锐角深深地刺入皮革，沿着花纹的方向刻弧线，同时慢慢地将角度拉大直至刀刃垂直，朝向自己的方向淡出。越往外侧走，线条要刻得越短、越细，如②③和④⑤。①～⑤的线条朝向要一致，刻线时要想象②～⑤的延长线最终会交汇在①的延长线上。

2 涡卷部分从涡卷中心出发向根部切割。切割的时候不必一口气到底，可分成数段，每段有强有弱，会显得更生动。

3 这是最终修饰完成的效果。线条或线条的延长线全部汇聚至花朵中心，整体图案便会呈现出统一感。

5. 染色和润饰

用染料为打好印花的皮雕上色，会使图案更突出。下面介绍的是皮雕制作中最常用的一种染色方法——液体染料 + 油性染料。

■ 剥离防伸展内里

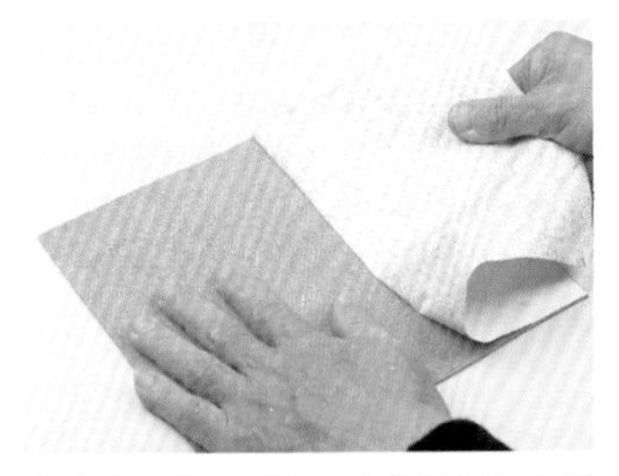

将防伸展内里剥掉。注意要顺着皮革纤维的方向剥，这样可以减少起毛。

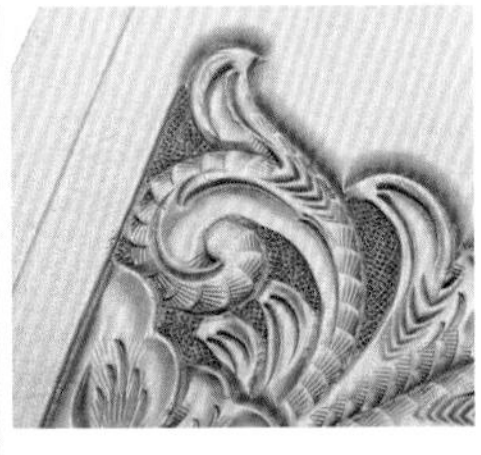

这是最终修饰完成的完整的皮雕图案。此时还未上色。

■ 用酒精性染料上色

1 将酒精性染料倒入小碟子，用面相笔蘸取染料。

2 在打过背景印花的部分涂上染料。

3 小心不要染到背景印花旁边的印花。

4 和左侧没有上色的部分相比，右侧的图案上色后清晰了许多。

5 将左边同样上色后，图案完全从背景中浮现了出来。

POINT.1

也可以用盐基染料

盐基染料即碱性染料，和酒精性染料相比，它的显色度更好，颜色更鲜艳，但相对容易脱色。酒精性染料的颜色较为柔和，其优势在于耐光度更佳，阳光照射后不易脱色。

■涂上油性染料

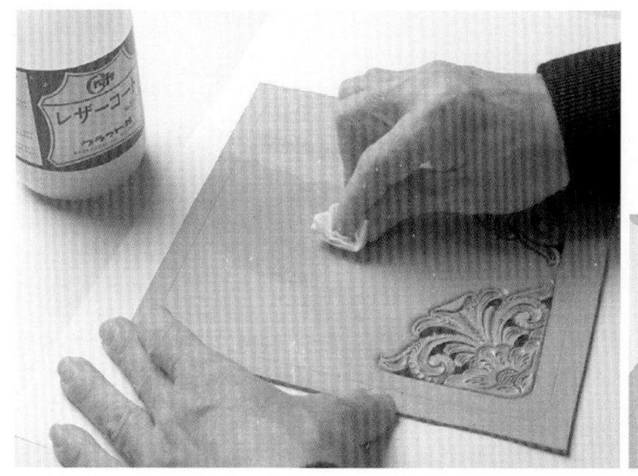

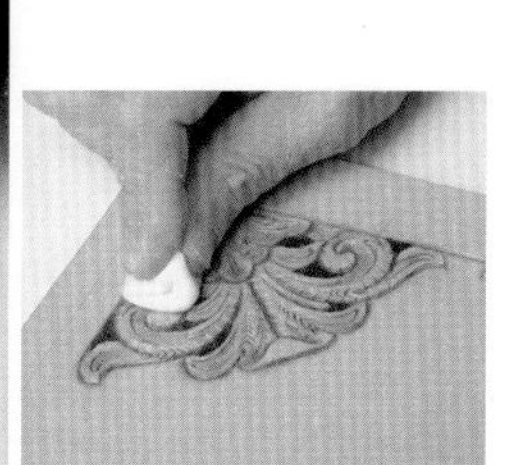

6 涂上油性染料前要先将皮革晾干，并充分涂抹上皮革亮光乳液。皮革亮光乳液也是一种润色剂，有固色及防止被染色的功效。

7 皮革亮光乳液干了以后皮革会呈现出自然的光泽。

8 接下来，用牙刷蘸取油性染料。

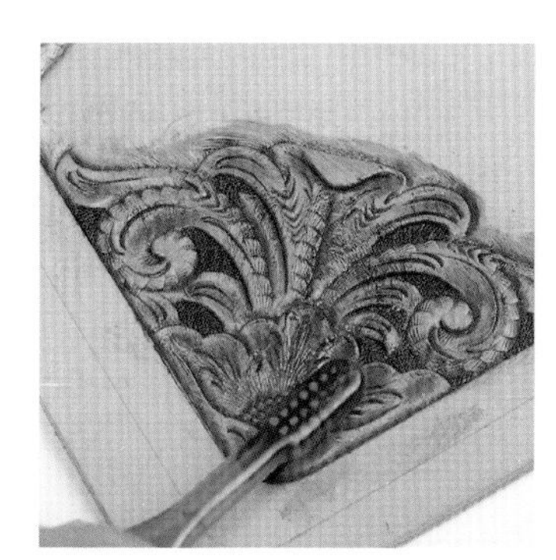

9 由于油性染料中含有单宁，尽量只在雕刻处涂抹。

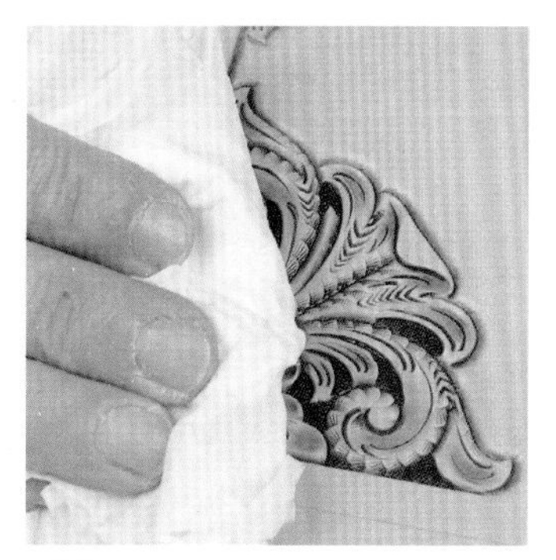

10 涂好油性染料后，趁着还未风干，用干布擦一下。

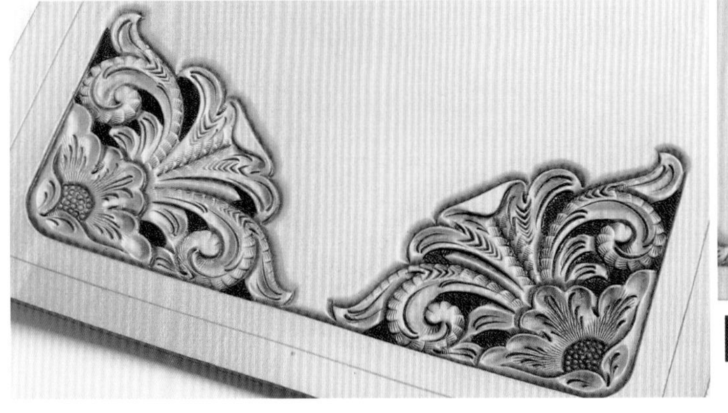

11 和左侧没有涂过油性染料的图案相比，右侧涂过油性染料的图案中的印花和刀线都更清晰。

12 将左侧的皮雕部分也同样涂上油性染料，并尽量擦拭干净。

13 涂过油性染料之后，再涂一遍皮革亮光乳液。这时还需擦去多余的油性染料。

14

等皮革亮光乳液干了后，皮雕作品便全部完成了。皮雕图案经过染色后更加清晰，也更加生动。

BASIC TECHNIC

染色和润饰的方法

在完成作品的雕刻后，对其进行染色和润饰是很普遍的做法。染色和润饰的方法很多，不同方法塑造出的作品风格各异，不妨亲自动手，逐一体会吧！

皮雕的染色和润饰是一个相互交叉的过程，通常会先润饰，再染色，最后再进行润饰，但为了追求特殊效果，也可以不按这个顺序操作。

用于染色的染料包括液体染料（酒精性染料和盐基染料）、油性染料和膏状染料，动物油也有一定的染色作用。由于每种染料的物理特性不同，上色效果也有很大差异。可以用于润饰的有动物油、皮革亮光漆、皮革亮光乳液和皮革雾面乳液等。它们主要起防染色和上油等保养皮革的作用，另外，它们对成品的光泽也有影响，但效果不如染料那么明显。

下面我们将以同一个图案为例来介绍四种常用的染色和润饰方法，这样它们之间的风格[①]差异便可一目了然。建议读者从中选择自己中意的风格来尝试。如果这里没有你喜欢的，那就继续尝试别的，直到找到自己想要的效果。

这次选取的皮雕图案是用于皮带上的，图片中是打完印花并最终修饰完成的样子。接下来我们将采用不同的方法来进行染色和润饰。效果截然不同，一起拭目以待吧！

1. 华丽风格：液体染料→皮革亮光乳液→油性染料→皮革亮光乳液

这种风格采用的是最基础的染色方法，既会用到液体染料，也会用到油性染料，上色十分饱满。液体染料用于背景印花部分，油性染料用于为其他印花部分制造阴影。

1 将液体染料倒在小碟子中，用面相笔蘸取染料，在碟沿抹去多余的染料。

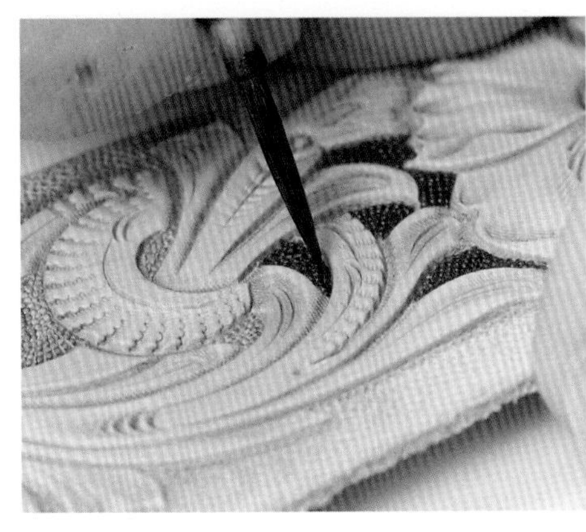

2 小心地在背景印花上涂上液体染料。图案中间用面相笔涂，外侧较宽的部分先用面相笔涂外框，再用粗头笔涂其他地方。

① 对这四种风格的理解目前并无定论，此处的定义主要是为了方便读者进行对比。——编者注

3 涂完液体染料后，用干布蘸取皮革亮光乳液，充分地涂抹在皮革上。

4 然后，用牙刷蘸取油性染料涂抹其他印花部分。趁油性染料未干，用干布或羊毛片擦拭。

5 擦干后，再次涂抹皮革亮光乳液。

6 由于图案四周也涂上了液体染料，所以图案将更加突显。当然，也可以选择不涂四周。

2. 质朴风格：动物油→皮革亮光乳液→油性染料→皮革亮光乳液

接下来我们将不使用液体染料，只用动物油和油性染料来染色。虽然颜色不如使用液体染料时浓重，但动物油和油性染料自然的着色效果可以使图案呈现出质朴的风格。

1 用羊毛片蘸取牛脚油（动物油），均匀地涂抹整个图案。

2 涂上牛脚油后整体感觉骤然不同。可以反复多次涂抹，涂抹的次数越多，色调越深。

3 牛脚油完全渗透后，再涂上皮革亮光乳液。

4 接下来，用牙刷蘸取油性染料刷作品表面。

5 趁油性染料未干，用干布或羊毛片进行擦拭。

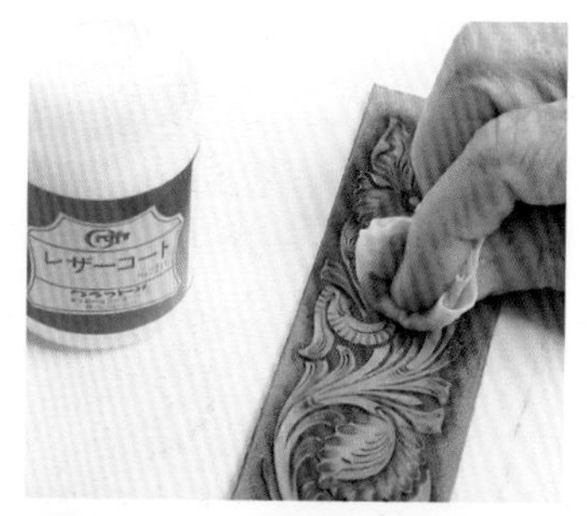

6 最后，一边涂抹皮革亮光乳液，一边擦去多余的油性染料。

7 动物油和油性染料共同制造出自然的效果，让皮雕焕发出原始而质朴的光彩。

3. 清新风格：动物油→皮革亮光漆

再接下来我们将不使用液体染料，也不使用油性染料，而只用动物油来上色。这种方法可以最大限度地突显皮革原本的颜色。

1 用羊毛片在作品上涂满牛脚油。

2 等动物油充分渗透后，在上面涂上皮革亮光漆。注意不要涂太厚，否则容易龟裂。

3 如图所示，皮革亮光漆如果涂得薄厚均匀，作品会呈现出自然的效果。也可以通过增加动物油的涂抹次数来加深最终的显色效果。

4. 简约风格：油性染料→皮革亮光乳液

最后我们采用的是直接涂油性染料的方法。通过让油性染料直接接触皮革表面，更能清晰地突显阴影，有一种毫不做作的效果。

1 用牙刷在皮革表面直接刷上油性染料。

2 趁油性染料未干，用干布等擦拭。此时颜色十分浓重。

3 擦掉多余的油性染料后，再涂上皮革亮光乳液。

4 虽然涂皮革亮光乳液时会抹掉部分油性染料，但是整个作品看起来仍很有深度。

5. 各种润饰方法比较

最后我们将采用了不同染色及润饰方法制成的作品并排摆在一起，比较彼此间的差异。我们将明显地看出，即使在相同的皮革上雕刻相同的图案，也会因染色和润饰方法不同，而使得最终效果大为不同。

因为面向男性的皮革用品中原色比彩色更受欢迎，所以这里只以原色为例进行了介绍，但实际上染料的颜色非常丰富。由于皮雕作品兼具手工艺品与艺术作品的特性，一件理想的作品不仅需要精细的手工操作，选择合适的染色和润饰方法也会大大影响作品最终的效果。所以，在掌握了基本操作方法后，一定要多尝试各种染色和润饰方法，这样才能充分表现出不同作品的风骨。

STAMPING

印花组合

不刻刀线，只凭借印花工具也能敲打出复杂而有趣的图案。下面我们将学习如何巧妙地用几种基本的印花工具玩出花样。

虽然很多皮雕作品是由刀线与印花配合而成的，但其实只组合使用印花工具，也能制作出精彩的作品，甚至只用一两种印花工具就可以做到。其中，一些经典的组合图案需要使用某些固定的印花工具，但你可以充分发挥想象力，将不同的印花工具进行组合创作出更多的图案。这也是皮雕制作的一大魅力吧！

1. 只使用一种印花：网格印花

网格印花常常与雕刻的纹饰搭配使用，制作时的关键是：在准确的位置敲打印花。印花工具的敲打方法很简单，但我们也只有遵守基本的原则，才能制作出好的网格印花作品。

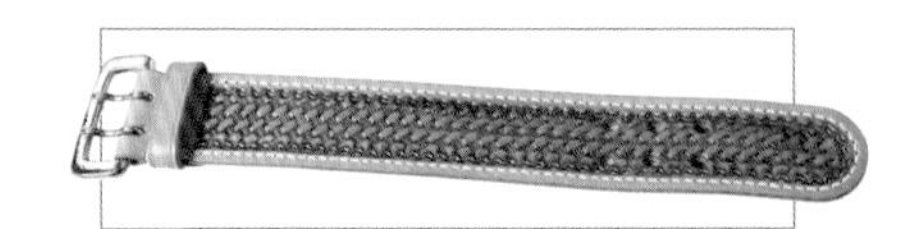

网格印花可以被称为印花的基础，上图就是用网格印花制作的腕带。多数情况下，最后会用皮革亮光乳液和油性染料来染色和润饰。

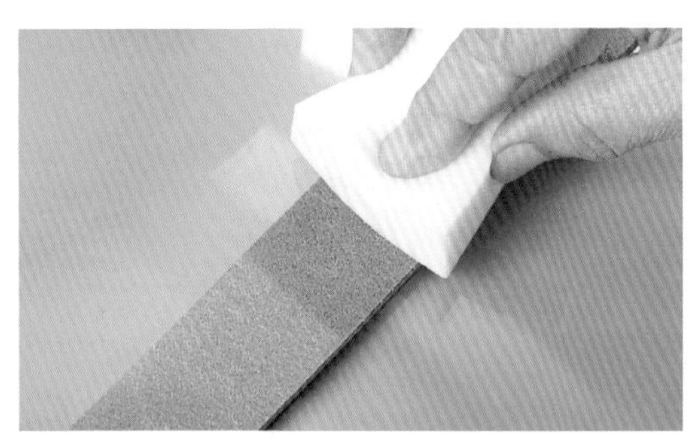

1 用高密度海绵将即将打上印花的皮革表面打湿。

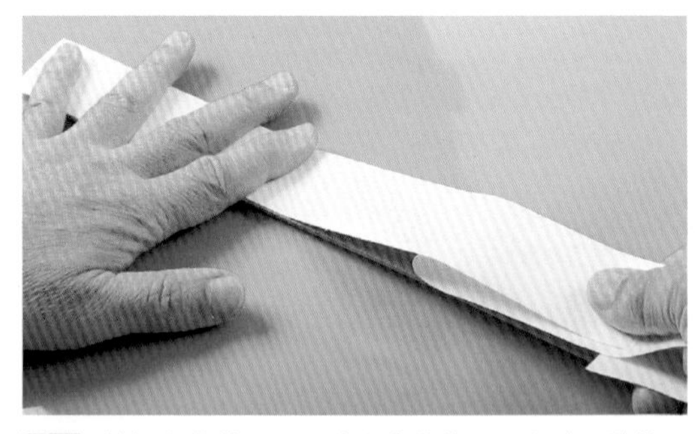

2 敲打印花前，为了防止皮革伸展，应贴上防伸展内里。

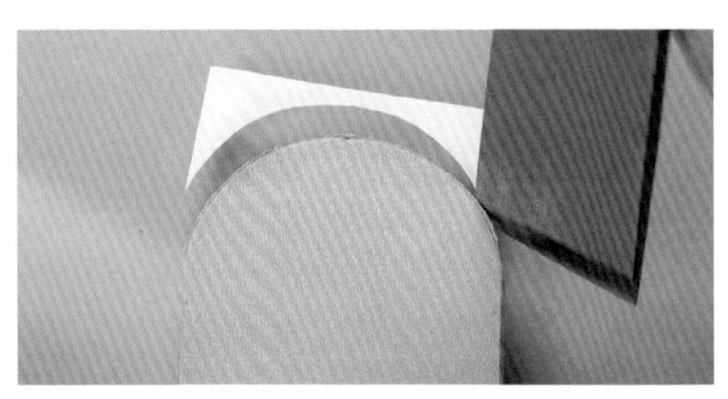

3 贴上防伸展内里后，将超出皮革的部分裁掉。

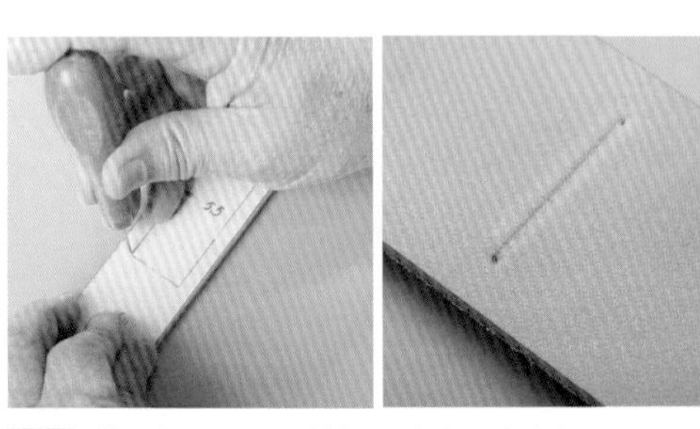

4 放上纸型，在要敲打部分的终点处做上记号。

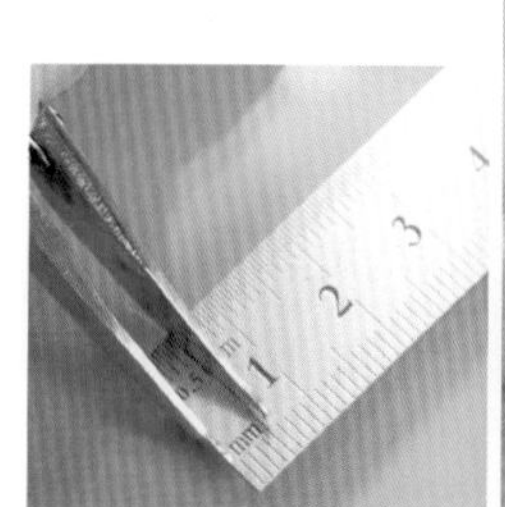

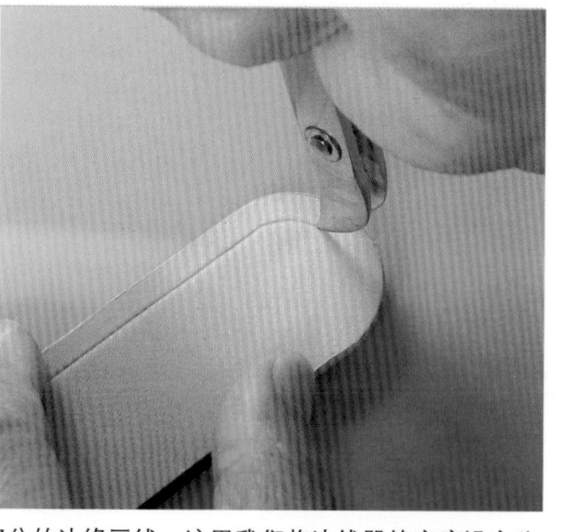

5 用边线器沿要敲打部分的边缘画线。这里我们将边线器的宽度设定为5.5mm。

6 边线器画出的轮廓的内侧就是要敲打的部分。

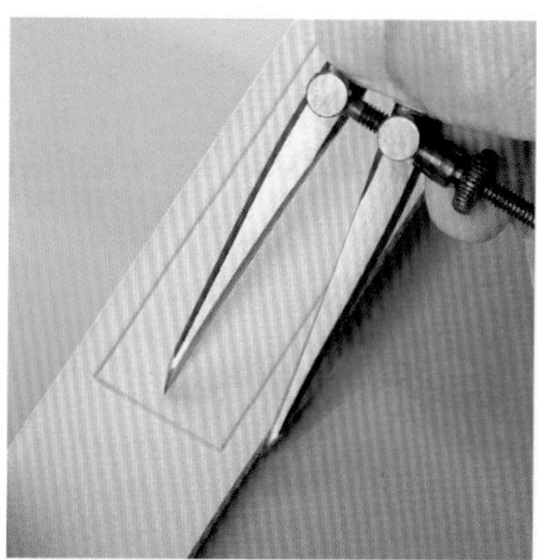

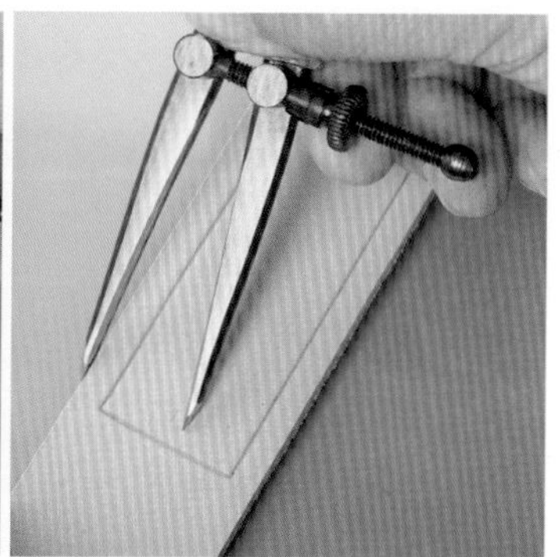

7 利用间距规来确定中心线：将间距规打开至适当的宽度，找到与两侧边框线距离相等的地方。

8 这个地方就是图案的中心线所在处，在此做个记号。

9 将间距规调整为正好到中心点的宽度，轻轻画出一条直线，即为中心线。

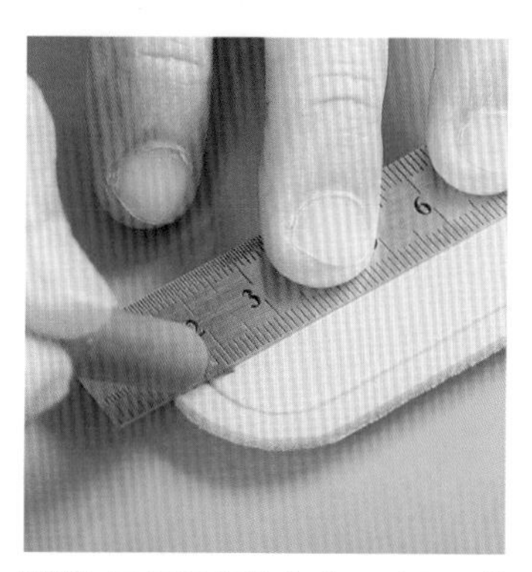

10 因间距规的宽度不适用于曲线部分，所以换用直尺和铁笔沿中心线画延长线。

11 画好中心线后，再次润湿皮革。注意打水时不要过量。

12 这里我们使用的是日本皮艺社的 X500-2 网格印花。

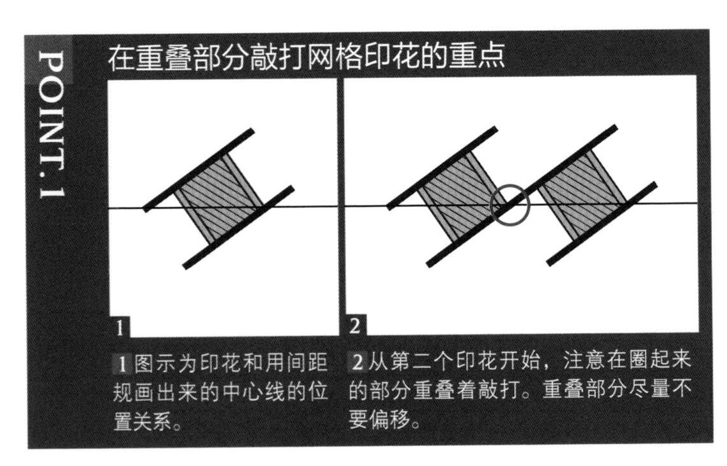

1 图示为印花和用间距规画出来的中心线的位置关系。

2 从第二个印花开始，注意在圈起来的部分重叠着敲打。重叠部分尽量不要偏移。

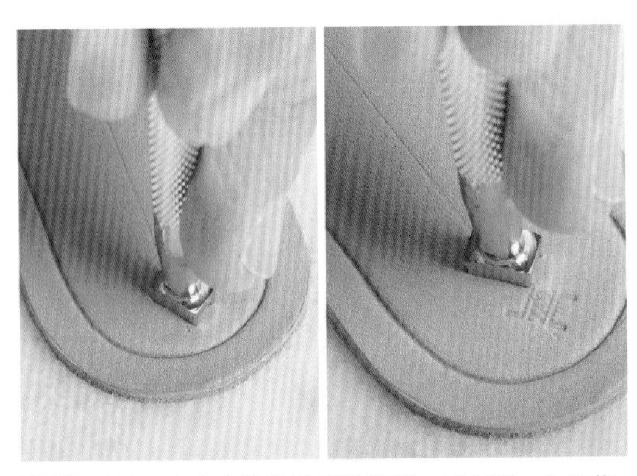

13 确认了和中心线的位置关系后，打上第一个印花。参考右上角的要点，重叠着敲打印花。

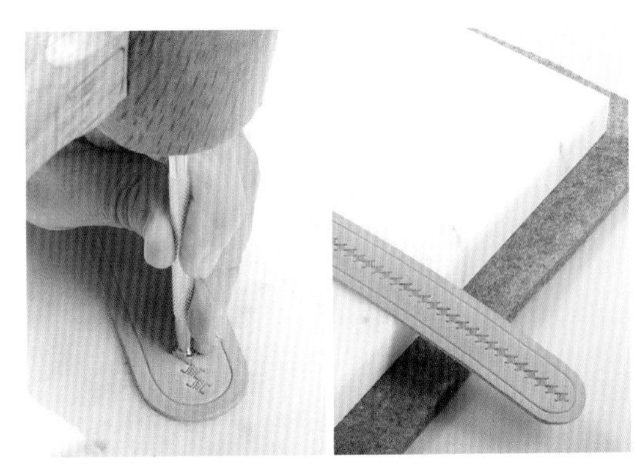

14 尽量用均匀的力道敲打，在敲打的过程中要时刻留意不要让印花偏移。

15 中心第一列印花打完后，打第二列。和中心列相同，从右边往左边打。

16 第二列打完后，将腕带头尾调转，开始打第三列印花。仍从右边往左边打。

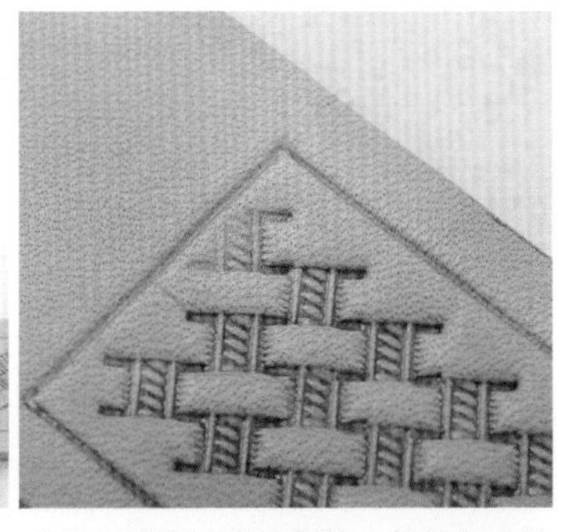

17 在印花会压到边框线的情况下，为了尽量不压到边框线，将印花工具倾斜，只用半边敲打。

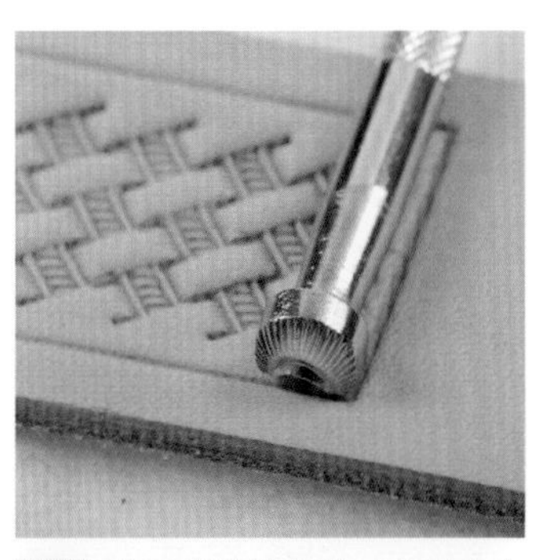

18 为了淡化边框线，在轮廓内侧打上 D435 边框印花。

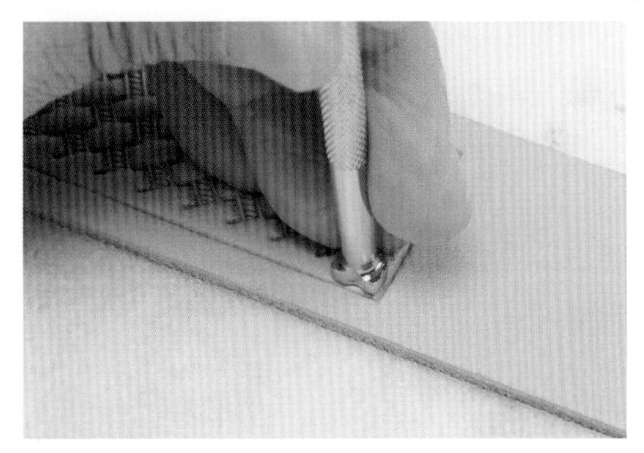

19 边框印花沿着轮廓线笔直敲打即可，注意不要压到轮廓线。

20 边框印花间不要留空隙，一个紧挨一个敲打。

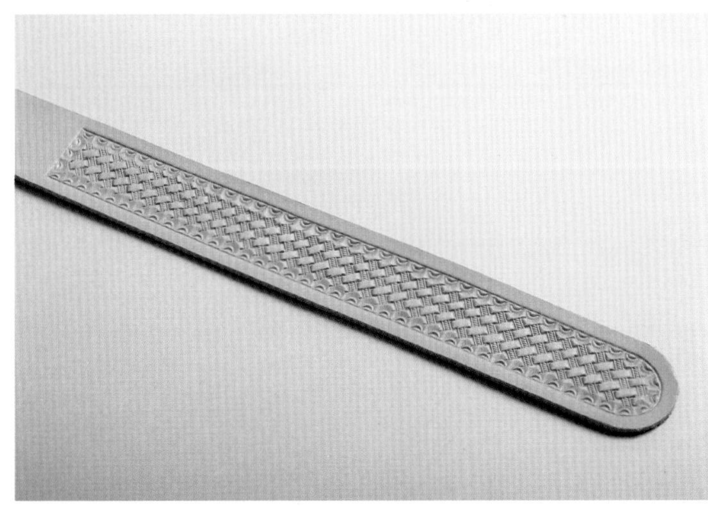

21 在四周均打上边框印花，注意要和已有印花互相配合。这就是印花全部打完的效果。

POINT.2

关于染色和润饰

印花的基本染色和润饰顺序：动物油→皮革亮光乳液→油性染料→皮革亮光乳液。用动物油和油性染料上色，可以最佳地突显网格印花图案。具体方法参见第46~47页。

2. 使用两种印花：叶脉印花和装饰印花

接下来我们将用叶脉印花和装饰印花来装饰一条皮带。别看只用了两种印花工具，加以适当的手法，同样可以制作出复杂的花纹。

1 图中是用叶脉印花 V407 和装饰印花 C431 制作出来的图案。

2 先将皮带表面打湿，并在毛面贴上防伸展内里。

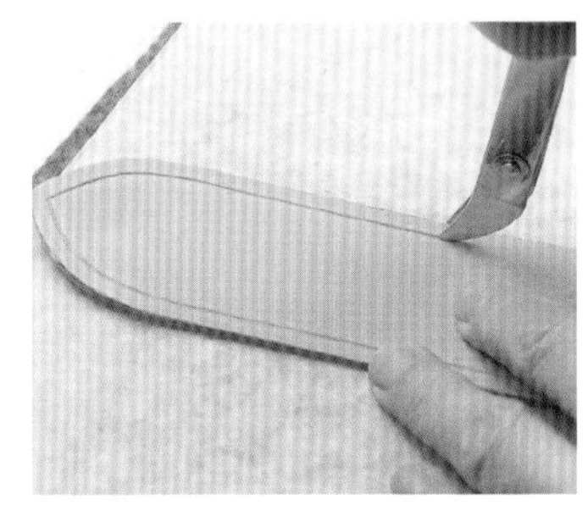

3 用边线器画出边框。

4 打第一个叶脉印花时，如图所示将印花工具的一端对准边框的顶端，以这个印花的位置为基准开始敲打。

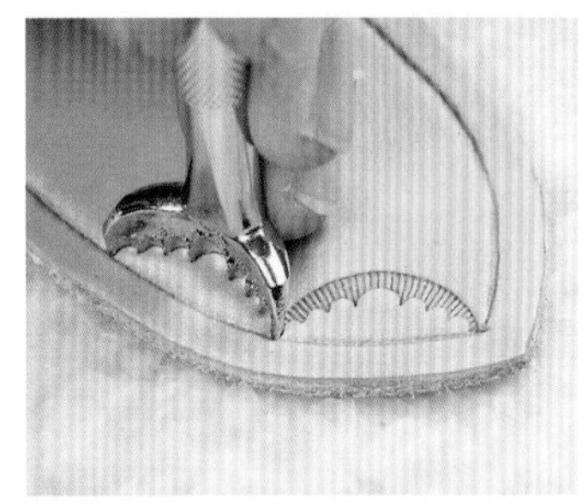

5 第二个叶脉印花的一端要如图所示与第一个印花的一端对准。

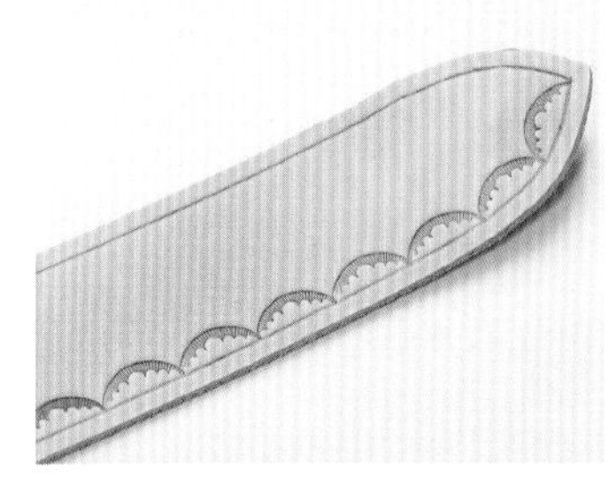

6 连续敲打叶脉印花，先在一侧敲打完毕（完成后的效果如图所示）。

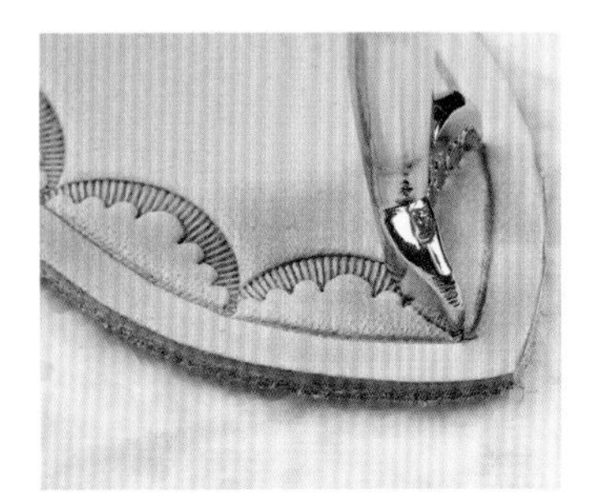

7 然后在另一侧敲打。敲打时第一个印花的一端会与另一侧的第一个印花稍微有些交叉。

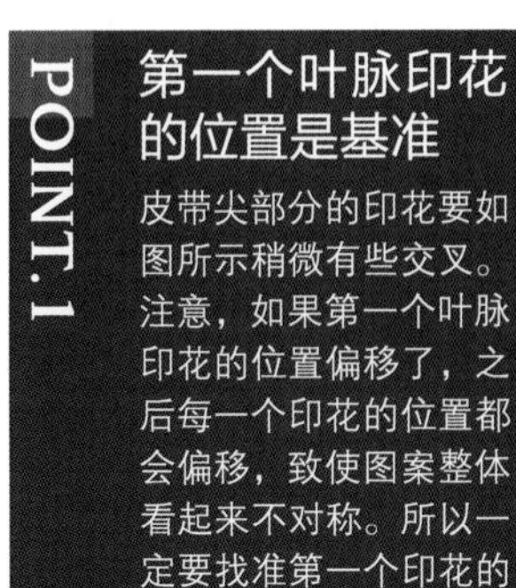

POINT.1 第一个叶脉印花的位置是基准

皮带尖部分的印花要如图所示稍微有些交叉。注意，如果第一个叶脉印花的位置偏移了，之后每一个印花的位置都会偏移，致使图案整体看起来不对称。所以一定要找准第一个印花的位置再打。

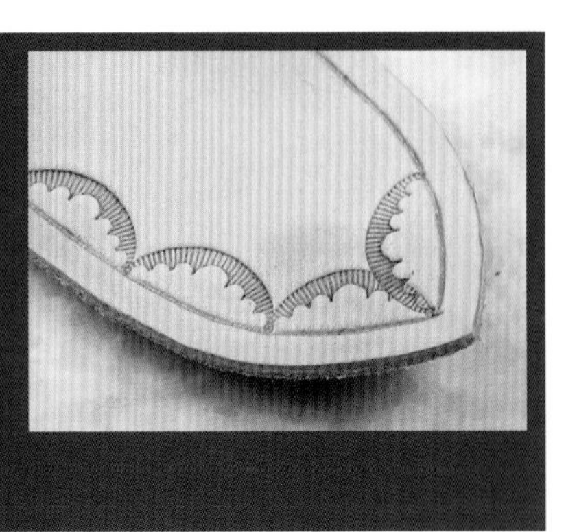

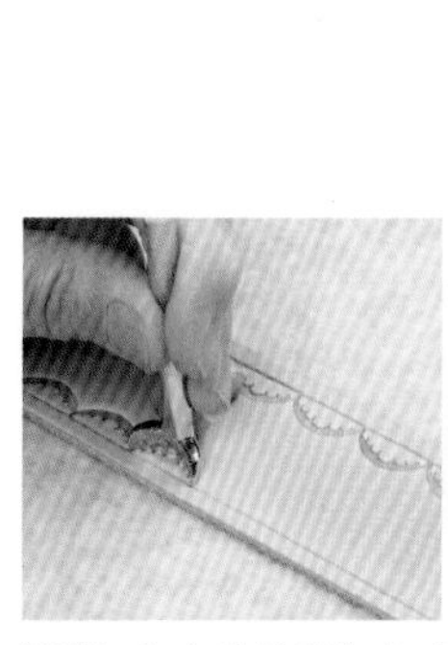
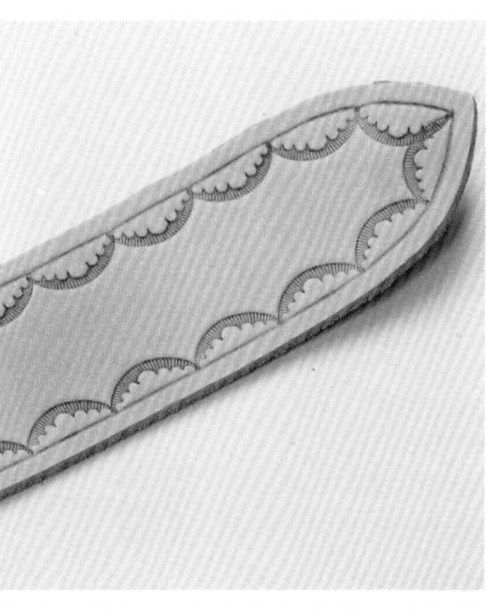

8 与先前的敲打方式相同，将每一个叶脉印花的一端与前一个的一端对准后逐一敲打。

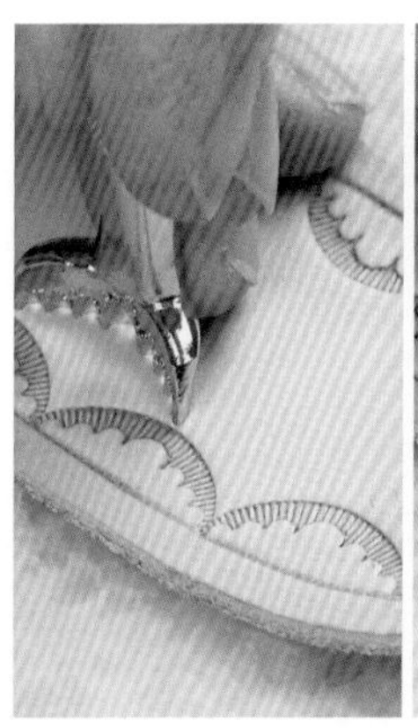
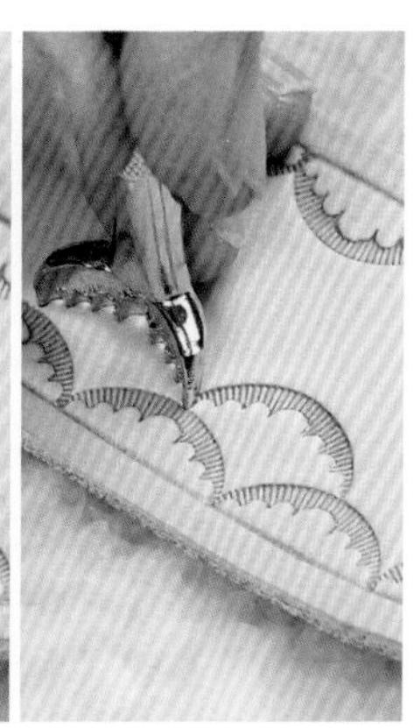

9 两侧都打上叶脉印花后，如图所示以相邻印花的两个顶点为两端，开始继续逐一敲打第二列印花。

10 如此连续敲打，注意不要让叶脉印花的位置偏移。

11 另一侧也同样打上叶脉印花，就可以形成图中所示的图案。

POINT.2 如果第一个叶脉印花的位置偏移了

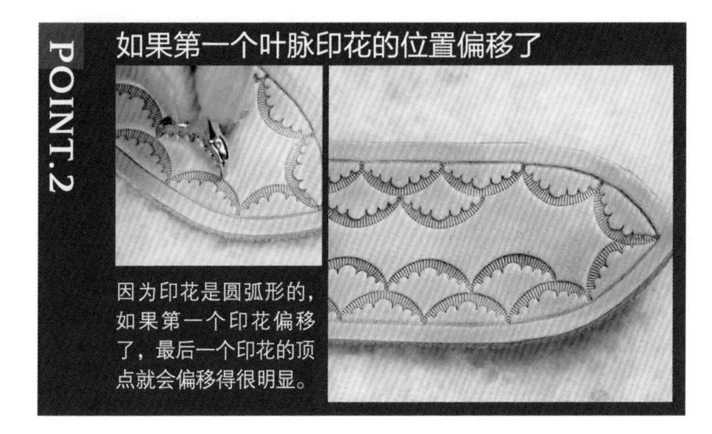

因为印花是圆弧形的，如果第一个印花偏移了，最后一个印花的顶点就会偏移得很明显。

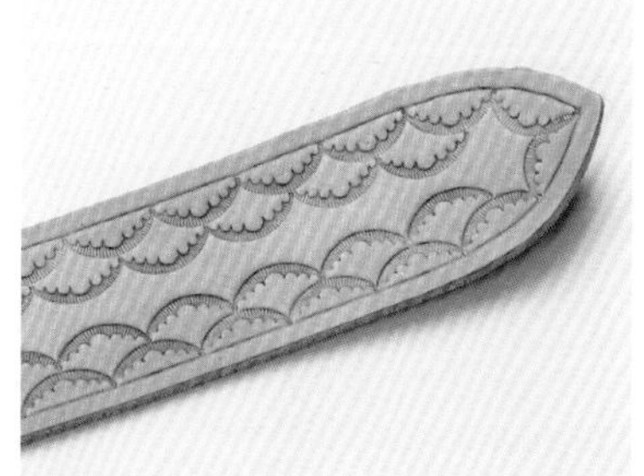

12 这是叶脉印花全部打完的效果。如果不想继续，到此为止图案也不错。

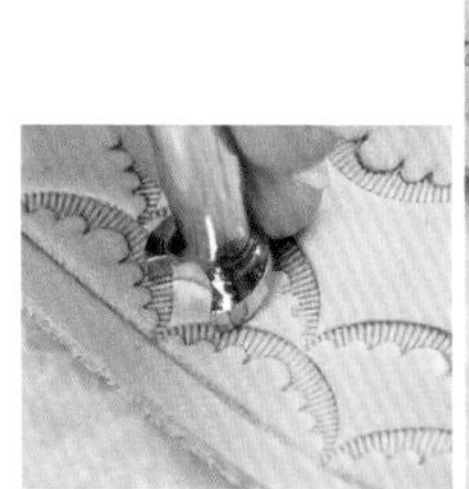

13 如图所示进一步在两层叶脉印花之间打上装饰印花。注意不要压到叶脉印花。

14 图中是打完一列装饰印花后的效果。

15 在接近皮带尖的地方打装饰印花时要特别留心，因为此处的两个叶脉印花角度略有不同，注意不要偏移。

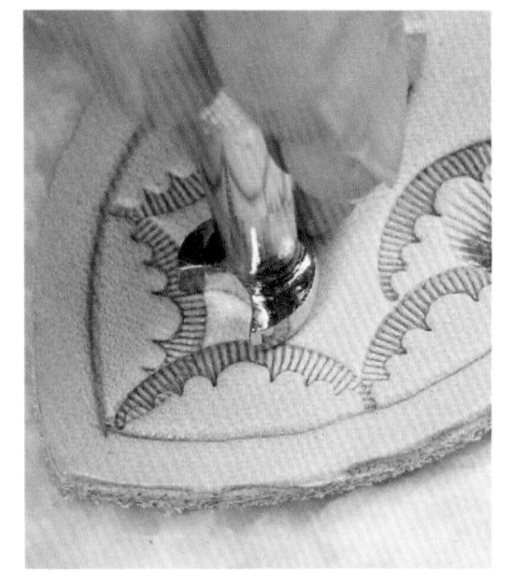

16 在皮带尖的两个叶脉印花之间也打上装饰印花。

17 这是在皮带尖打完装饰印花后的效果。

18 如图中所示，在两排叶脉印花之间打上装饰印花用来点缀。让装饰印花的两端对准叶脉印花的顶点。

19 反方向的装饰印花也要对准叶脉印花的顶点。这样，两个装饰印花便组合成了一个圆形。

20 如图所示，再按相同的方法打上装饰印花用于点缀，整条皮带的装饰图案就完成了。

3. 用多种印花组合出复杂的图案

只要善用组合，各种风格的装饰图案都可以通过印花再现在皮具上。这里我们将展示如何在名片夹上打造阿拉伯风情的装饰图案，一共用到了 9 种印花工具。

1 装饰的初衷是让平淡无奇的名片夹别具一格。

2 首先确定图案的中心点并画上十字作为标记。中心点是整个图案的核心，一旦找错了，图案就没法打在正确的位置上，因此需谨慎确定。

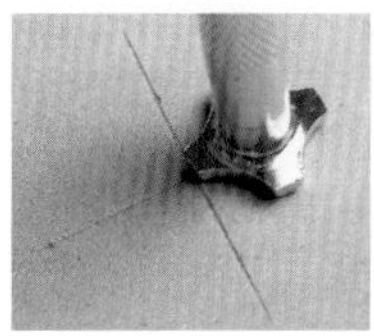

3 如图所示，让 G870 印花对准十字的中心，并以十字的其中一条线为中心线进行敲打。

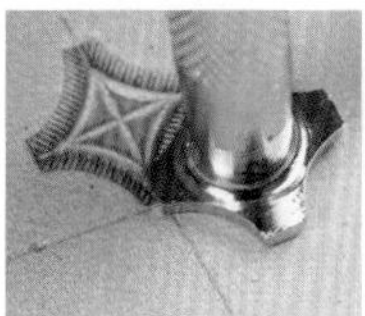

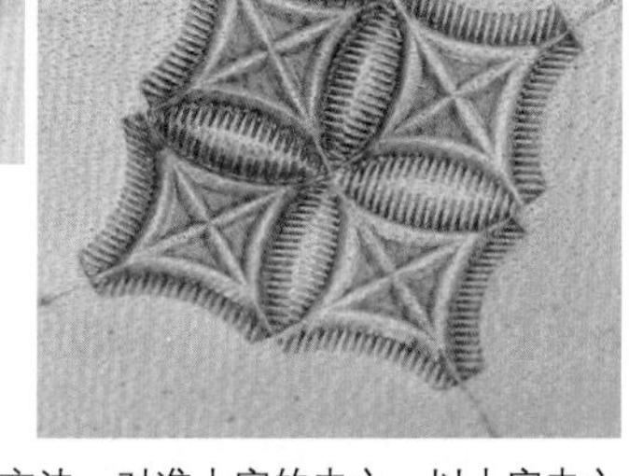

4 按照同样的方法，对准十字的中心，以十字中心的一条线为中心线敲打出另外 3 个印花，至此最内圈的工作完成。

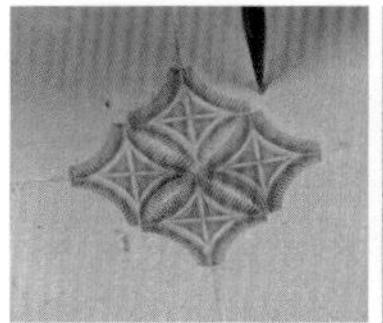

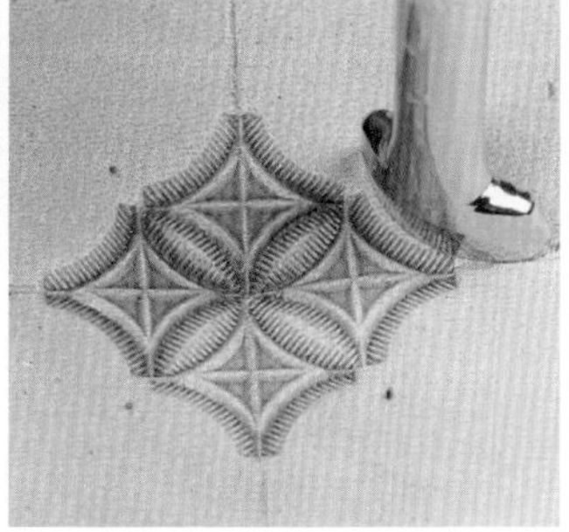

5 第二圈配合 G870 的弧度选用 V463 印花。为保证对称，如图所示在距离 G870 印花交点 3mm 处和距离 G870 印花顶点 7mm 处做上标记，在两处标记之间打上 V463 印花。

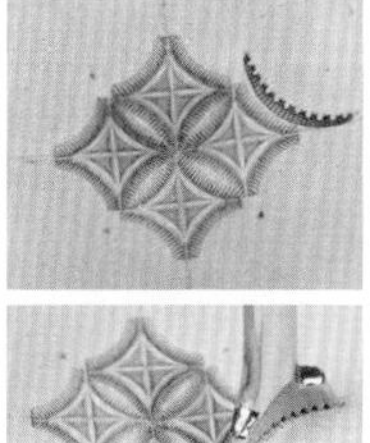

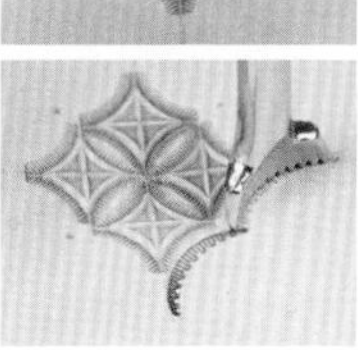

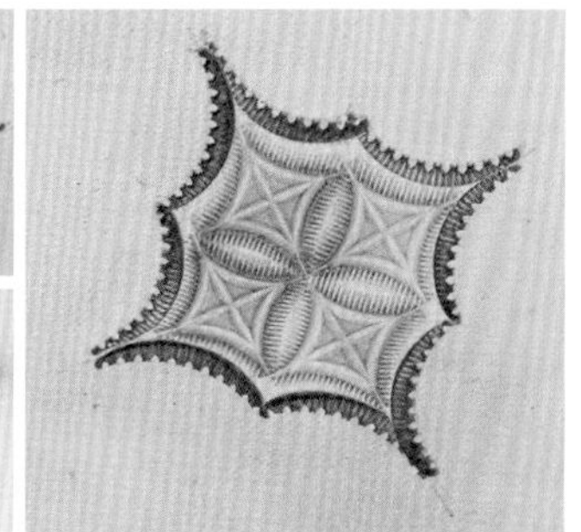

6 以最初打上的 V463 印花为基准，在其他标记处按照同样的方法依次打上 V463 印花（完成后的效果如右图所示）。

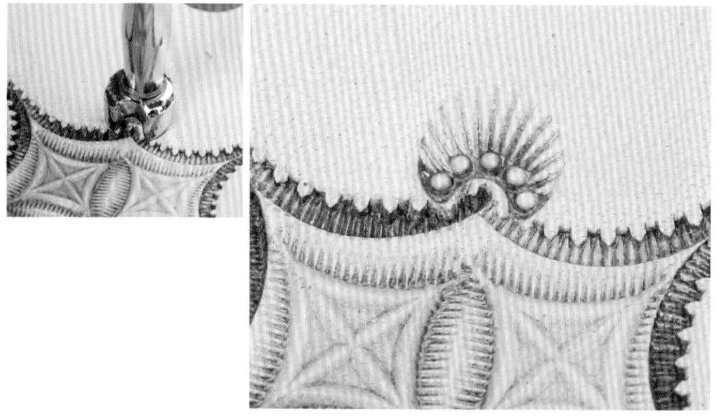

7 在图示的 V463 印花的交点处用 N305 印花点缀。注意使 N305 的底边与 V463 相接，并打在中央。

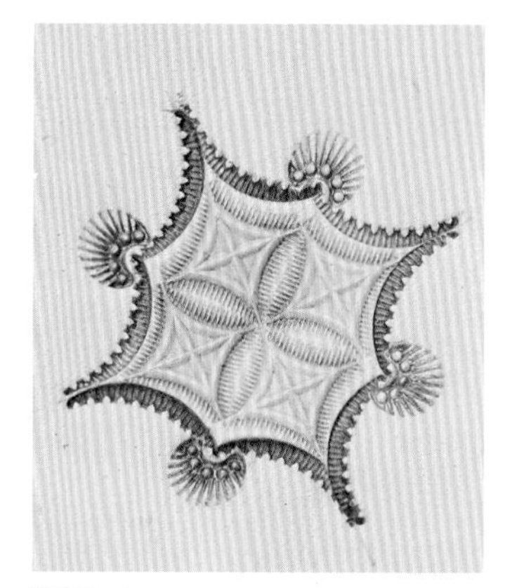

8 在图示的四个交点处都打上 N305 印花，图案已经初具规模。

9 第三圈图案选用 V708 印花。先在离 N305 印花底边 1cm 的地方做好标记，然后在标记处与 V463 印花的交点之间对称地打上 V708 印花。其他三面也用相同的方法打上印花，尽量使图案左右对称。

10 这是用 V708 印花连接 V463 印花的交点与 N305 底边外 1cm 的标记处的完成状态。

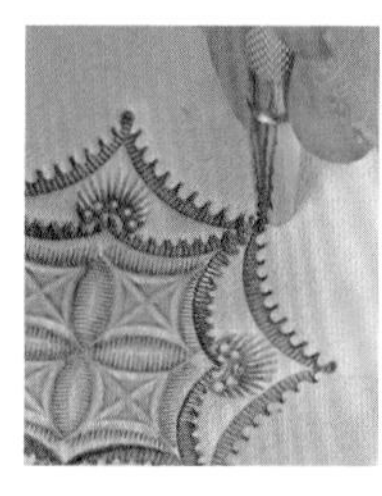

11 如图所示，在 V463 印花和 V708 印花的交点处打上 S633 印花。

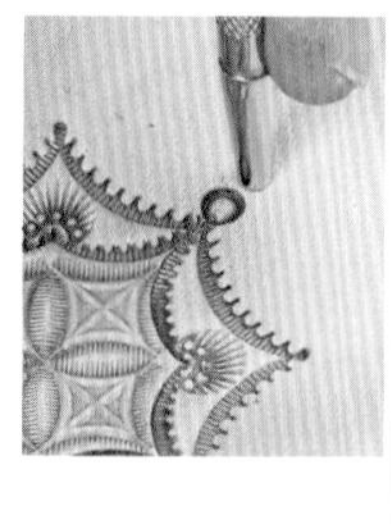

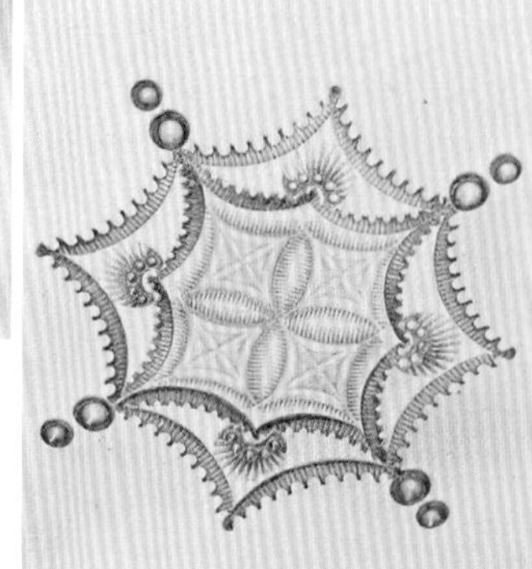

12 在 S633 印花的正上方打上 S632 印花。注意印花间不要压叠。

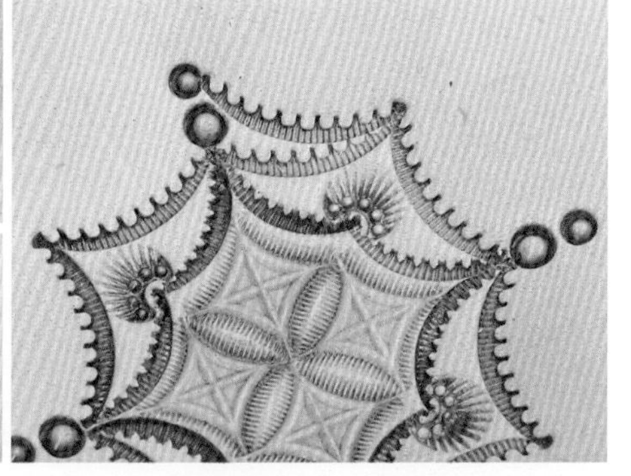

13 在名片夹的纵向上“加盖”一层 V708 印花。也就是用 V708 印花将原有 V708 印花的交点与 S632 印花连接起来。注意使“加盖”上去的 V708 印花尽量不要压到 S632 印花。

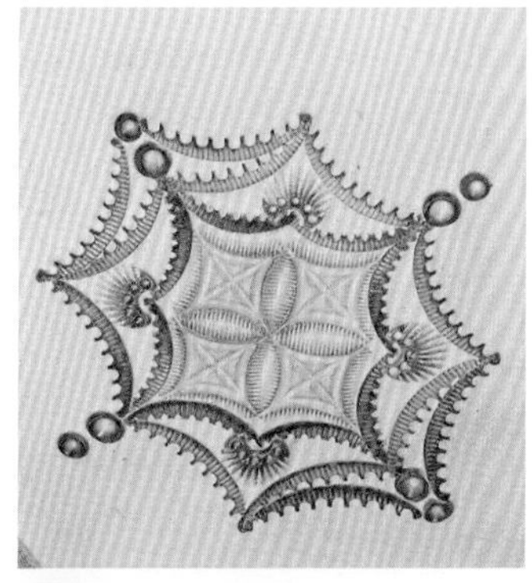

14 只在纵向部位打上 V708 印花，图案就会变成图中所示的样子。

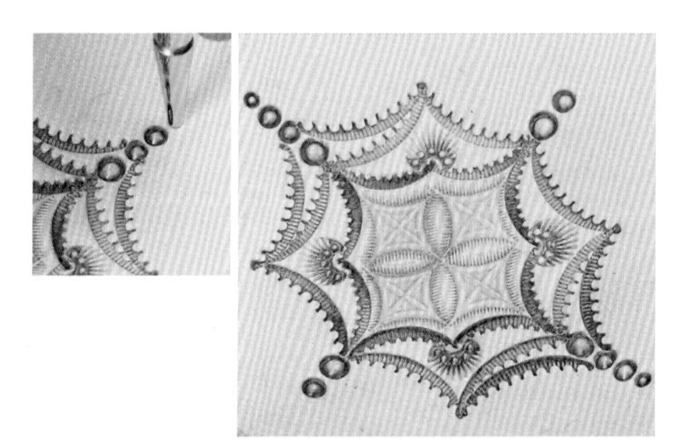

15 因为纵向仍不够修长，在 S632 印花的正上方再次打上 S632 印花，在上方再追加 S631 印花。

16 为了让其他四个交点有些不一样的装饰，在没有 S633 印花的交点上打上 E292 印花和 042 印花（底边要紧贴 E292 印花的顶点）。

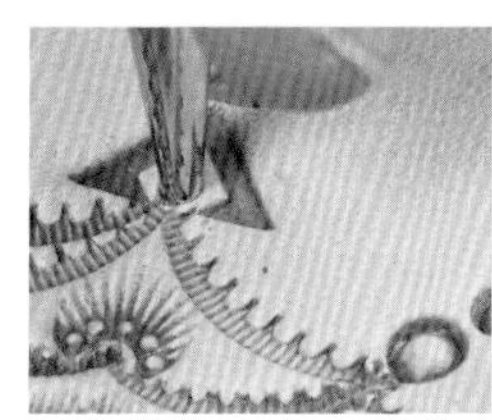

17 我们发现 E292 印花里有多种印花相互交错，所以选用 S631 印花来汇整。

18 至此印花完成，这是把名片夹展开后的效果图。

SHOP & SCHOOL INFORMATION
日本皮艺社是怎样的地方?

URL http://www.craftsha.co.jp/

各式各样的工具和材料一应俱全
初学者和专家都会光顾的店铺

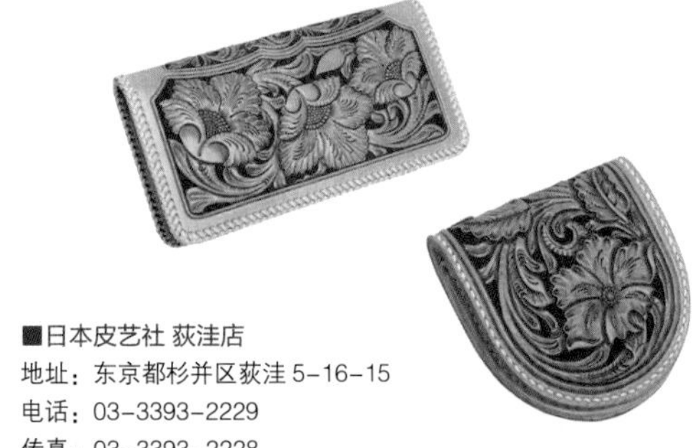

距离东京都荻洼站不远的日本皮艺社(CRAFT &CO.,LTD)是一家专门销售皮革工艺材料的老店。里面从适合初学者使用的原创工具到专家青睐的用品一应俱全，光是这些用品和品种丰富的皮革陈列在一起，就能挑起人们的制作欲望，更不用说每一个店员都精通皮革和工具知识，让初学者能放心挑选。除了针对个人的零售渠道，该社还有针对店铺的批发业务，深受专家们的信赖。

同时，日本皮艺社还创办了日本皮艺学园（craft 学园）。那里长期开设面向各阶段人群的课程，从针对初学者的基础课程到以专家为目标人群的研究课程等一应俱全。除了皮革的基本手缝技法，你还可以学习皮雕和皮革染色等技法。另外，基础课程中也有为期五个月的函授课程，让你在家里也能踏踏实实地学习。

■日本皮艺社 荻洼店
地址：东京都杉并区荻洼 5-16-15
电话：03-3393-2229
传真：03-3393-2228
营业时间：10:00~18:00（每年第一、三、五个周六，周日及节假日休息）

■日本皮艺社 发货中心
地址：东京都葛饰区奥户 4-13-20
电话：03-5698-5511
传真：03-5696-5533
营业时间：9:00~17:30（周六、日及节假日休息）

■日本皮艺学园
地址：东京都杉并区荻洼 5-16-21
电话：03-3393-5599
传真：03-3393-2228
营业时间：10:00~16:00（夜间 18:00~20:30）（周六、日及节假日休息）

STEP UP TECHNIC
进阶篇

熟练掌握了工具的基本使用方法并练习制作了图案比较简单的皮雕之后，让我们来挑战一下图案比较复杂的皮雕吧！本篇将由日本顶尖的皮艺工匠来介绍富有原创性的皮雕技法。通过跟着顶尖巨匠学习，你的皮雕技艺一定可以进一步得到提升。

ORIGINAL STYLE CARVING

原创唐草纹皮雕

身为日本皮艺学园的主任讲师，小屋敷老师拥有丰富的皮雕教学经验。同时，作为一名皮雕艺术家，他也树立了独特的个人风格。让我们先来一起学习小屋敷老师的“独门绝技”吧！

拥有柔和表现力的独特风格

每位皮雕艺术家都有自己独特的皮革表现手法。首先，皮雕作品的整体图案设计可谓艺术家的生命，每位成熟的艺术家都有自己的设计风格。退一步讲，即便使用了相同的图案设计，雕刻过程中由于对印花工具的择取、力道的大小等不同，制作出的作品也会给人留下不同的印象。

负责本书基础篇讲解的小屋敷老师便是这样一位成熟的皮雕艺术家，他在长期的摸索中找到了自己的创作风格。本章就让我们通过在一只长皮夹上进行皮雕制作来了解他特有的表现手法与技巧。

这次的图案是在花朵、叶子和涡卷这三种基础元素之上经过小屋敷老师重新设计的，刻刀线的方法、印花工具的选择与打印花的方法等均体现出小屋敷老师独特的风格，让我们一起来一窥究竟吧！

这就是小屋敷老师为长皮夹设计的图样，也是这次的纸型。

贴上防伸展内里、描图

第一步是准备工作。先润湿皮革，贴上防伸展内里，然后开始描图。皮革的含水量过多或过少，描出的线条都不容易显现，所以要一边观察皮革的状态一边调整打水量。

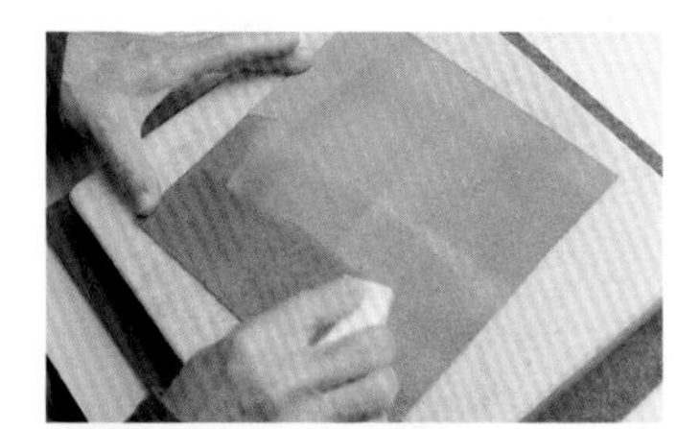

1 首先为皮革的粒面和毛面打水，水可以稍微多一点儿。

2 在毛面贴上防伸展内里，用木质刮板呈放射状从中心向四周刮，挤压出里面的空气。

3 在皮革粒面放上这次要做的皮夹的纸型，用铁笔描出纸型的轮廓。

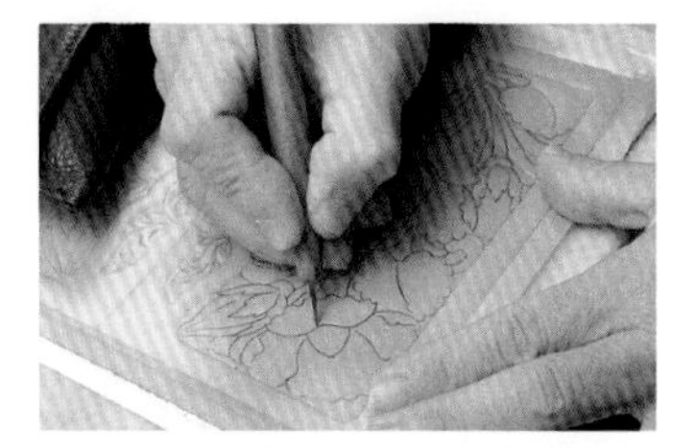

4 取出描图纸，用胶带等工具将其固定在合适的位置，然后用铁笔将图案描在表面。

POINT.1

翻开描图纸确认有无漏描后，注意要检查描图纸是否摆回原位。

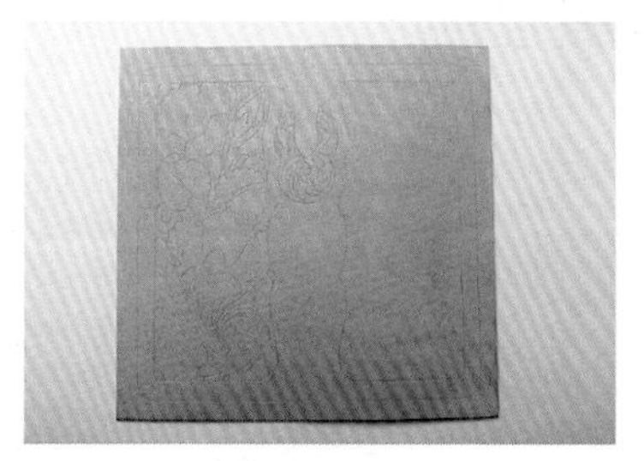

5 这就是描完的状态。

用旋转刻刀刻边框

刻刀线时从边框开始——这可以说是皮雕制作的基本原则。这次小屋敷老师设计的是封闭式图案，边框为四周的三条直线及一条波浪线。

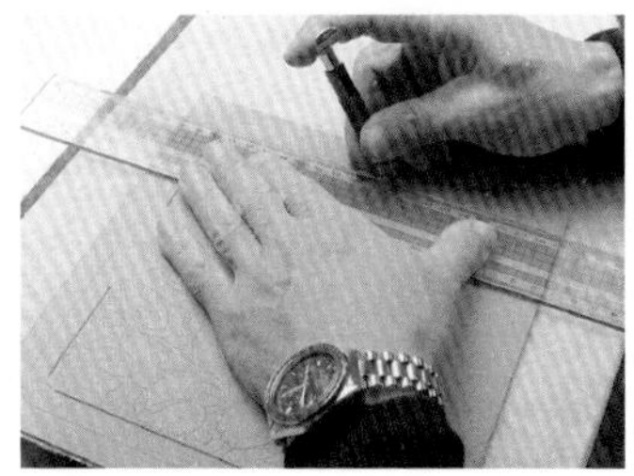

1 用旋转刻刀切割直线部分，切割时用直尺比对，防止偏移。

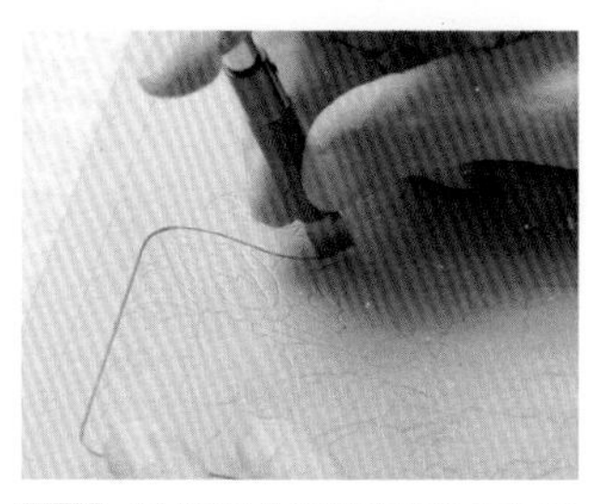

2 弧线部分需要凭手感来切割，尽量不要偏移。

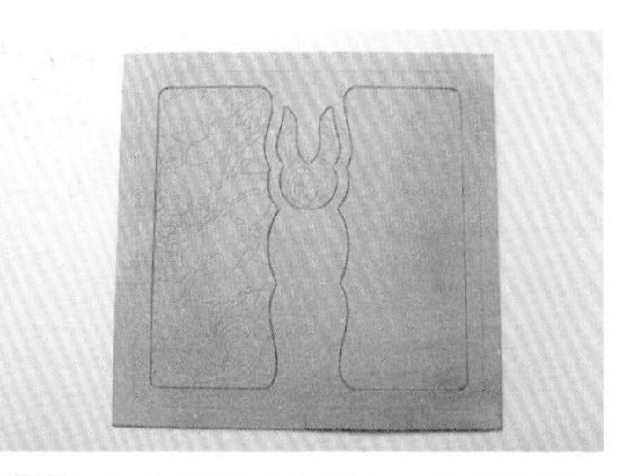

3 中心图案的边框也一并切割好。这是所有边框都切割完成的样子。

刻图案

就刻皮雕图案的顺序而言，不同艺术家习惯有所不同。小屋敷老师习惯先刻主角（主图案），再刻配角（其他图案），所以这次图案的切割顺序是花朵→叶子→花苞→枝茎。

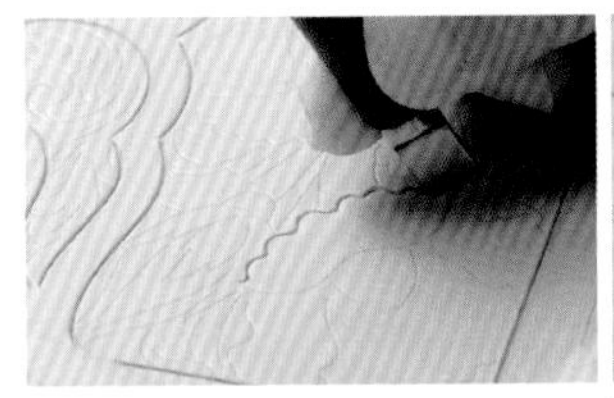

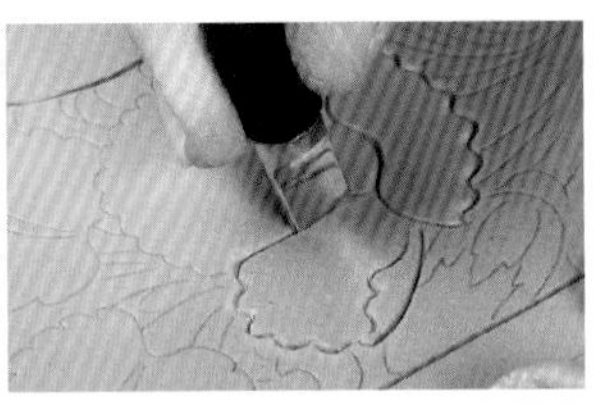

1 首先刻花朵，遵从从上到下的顺序，这样就不会遗漏线条。

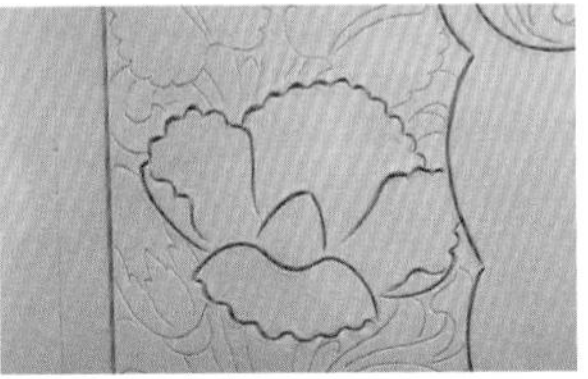

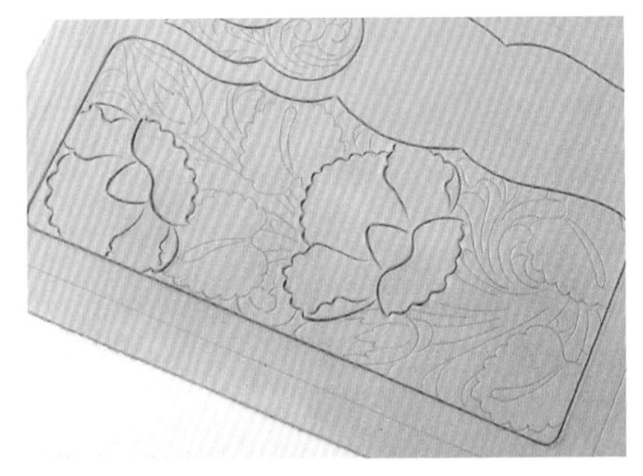

这是只刻完花朵的样子。因为是闭合式的设计，所以花瓣与边框交叉处要断开不刻。

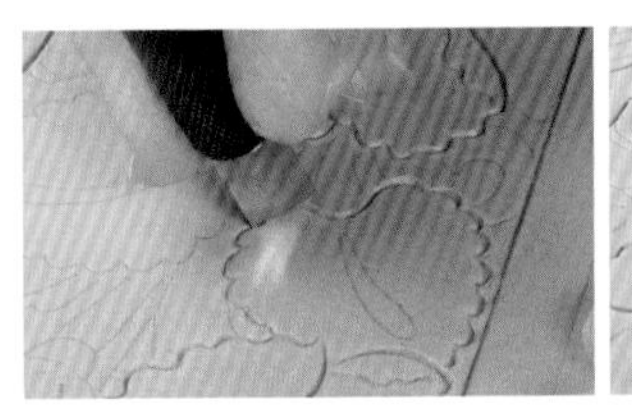

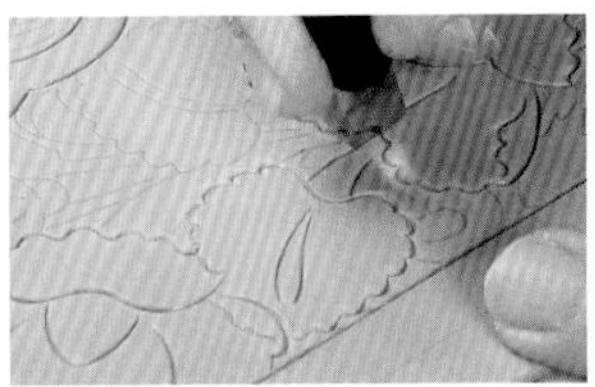

2 接下来刻叶子。叶子的轮廓由很多小弧线构成，注意力道要均匀，这样才不会显得凌乱。

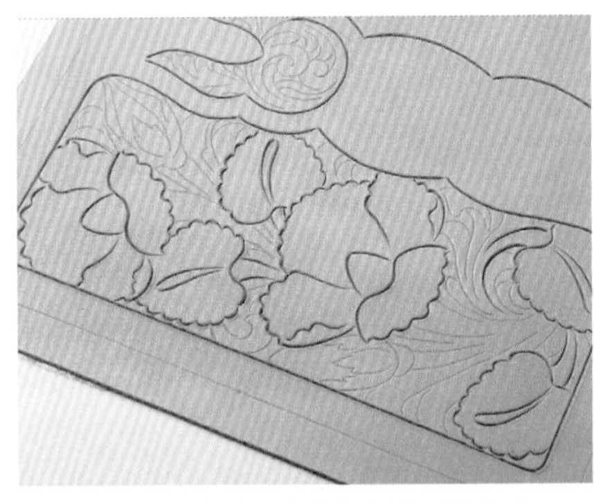

这是图案中 4 片叶子全部切割完成的状态。

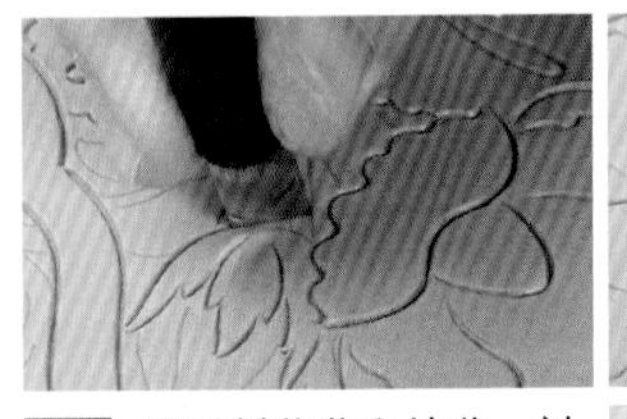

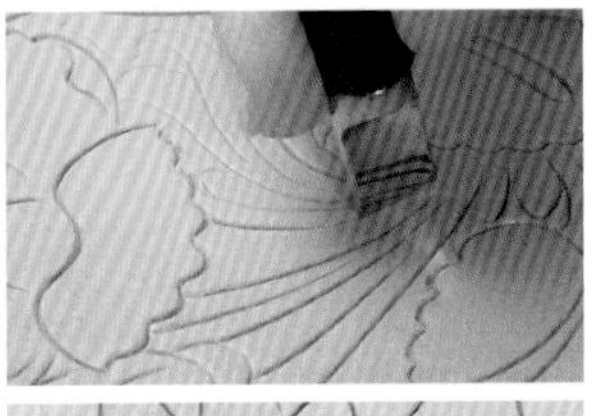

3 最后刻花苞和枝茎。刻完后，花朵和叶子就会自然地结合起来，形成一个完整的构图。

这是线条全部切割完成的样子。花朵、叶子、花苞和枝茎浑然一体，设计完整。

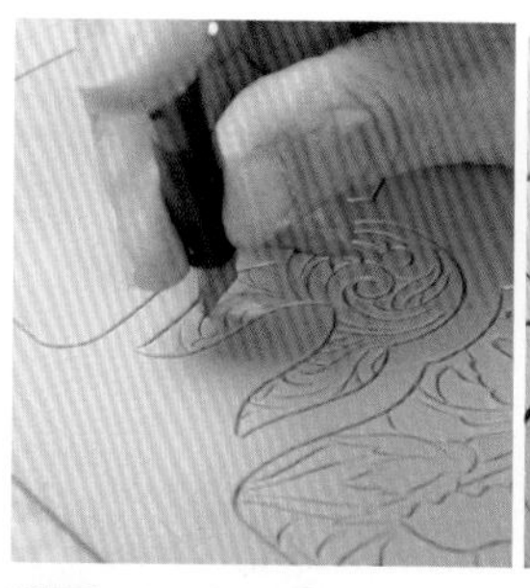

4 中心部分的图案由涡卷、叶子和枝茎组成。仍从上到下按顺序切割。

POINT.1

当线条将要相交时

刻刀线的基本原则是从上到下按顺序进行。这样做一方面是为了不遗漏线条；另一方面，当两条线将要相交时，可以避免上面的线条与下面的线条相连。另外，图案与边框线相交时也先不要连起来，等到打印花时再连接。

用边线器画外边框

图案的轮廓全部切割完成后，先在边框上打上打边印花。然后，用边线器沿着边框画一个新的外边框。开始时不用画得很深，留下痕迹即可，第二次再用力刻下去。

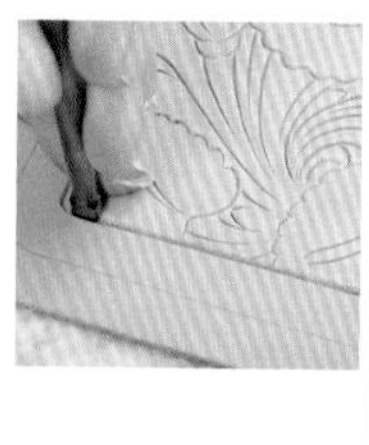

1 用 SKB701-2 打边印花在边框上打印花，保持工具垂直，并用相同的力道敲打。

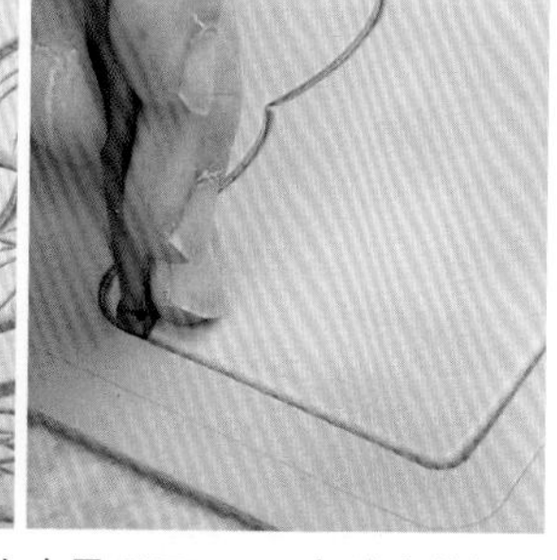

2 中心图案的边框上也用 SKB701-2 打边印花打上印花。另一侧图案的边框也如此处理。

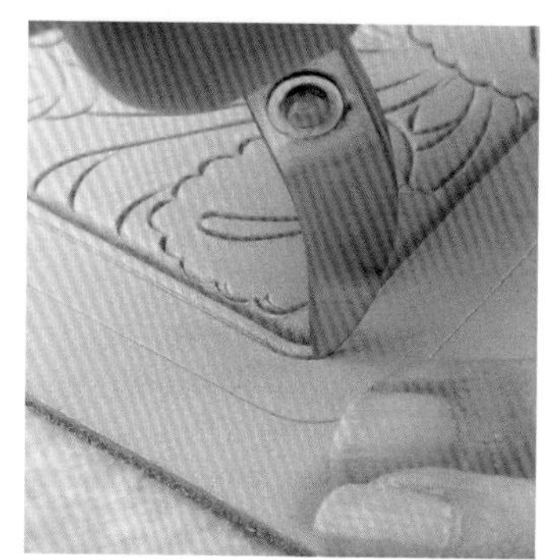

3 准备边线器，将宽度设定为 2mm，先轻轻画出外边框。

4 画完后再用力刻外边框，将力气分配好，使线条均匀。

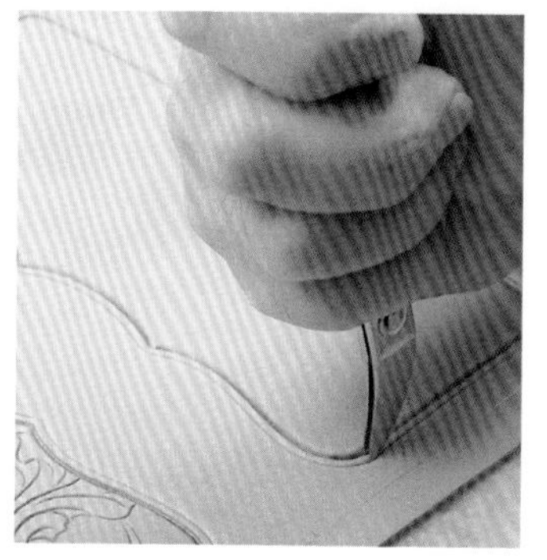

5 转角等弧线部分的线容易刻歪，注意保持匀速。

打上浮雕印花

开始在主图案上打印花。首先在花朵和叶子的边缘打上浮雕印花。这些印花只用于图案内侧。

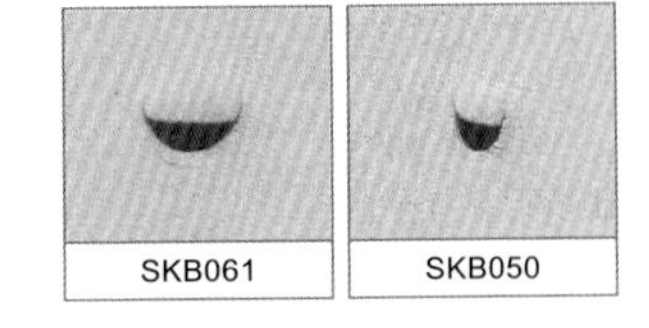

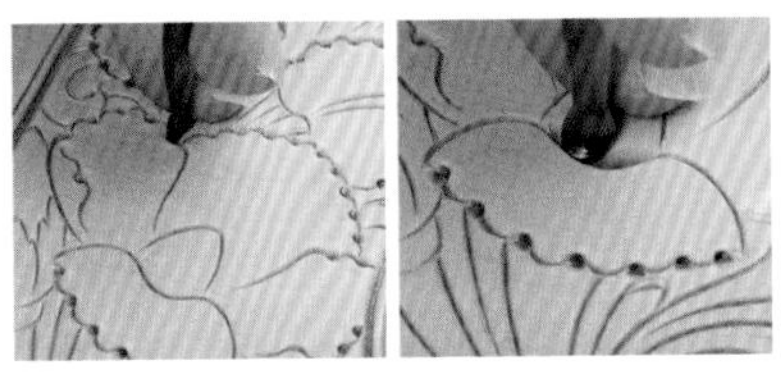

1 在花瓣扇形饰边凹进去的部分打上SKB050印花，在花瓣和花蕊相连的弧线上打上SKB061印花。

2 接下来在叶基部位也打上SKB061印花。

3 这是打完浮雕印花的样子。接下来在内侧打打边印花就比较容易。

打上打边印花

开始在图案上打打边印花。根据敲打部分的大小和形状灵活选用不同型号的打边印花，敲打时注意要准确贴合线条。

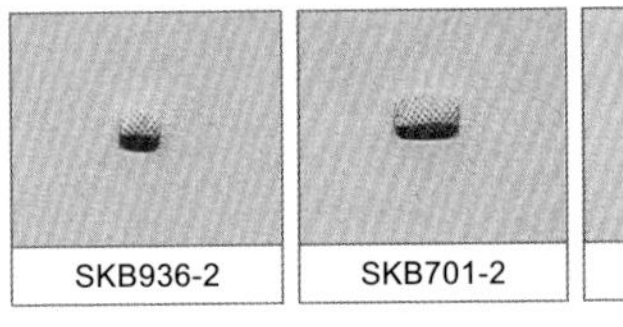

■在花朵上打打边印花

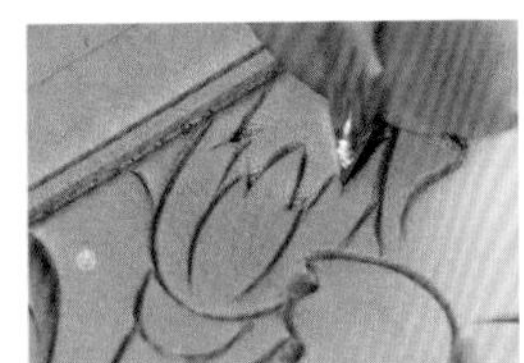

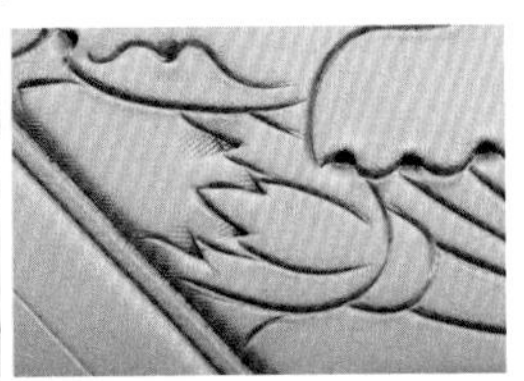

1 为了明显地区分花蕾的花苞与花萼，我们将F976印花朝下打在花萼上。

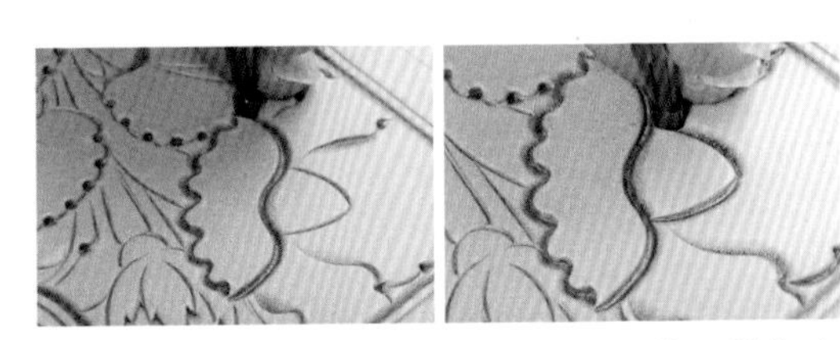

2 在花瓣的扇形饰边等弧度较小的区域打上SKB936-2印花，在花蕊等弧度较大的区域打上SKB701-2印花。

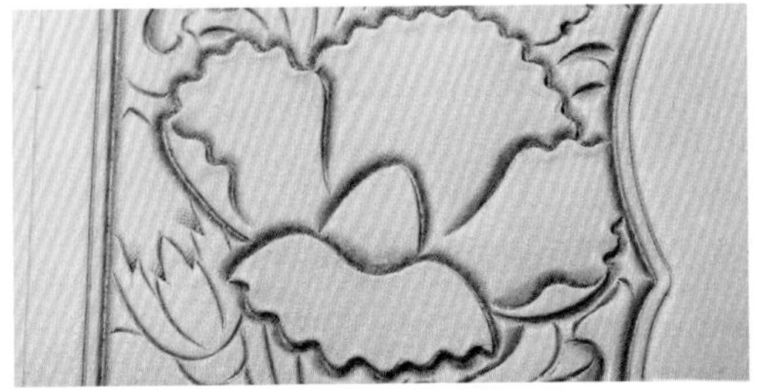

3 这是单朵花打上打边印花后的样子。

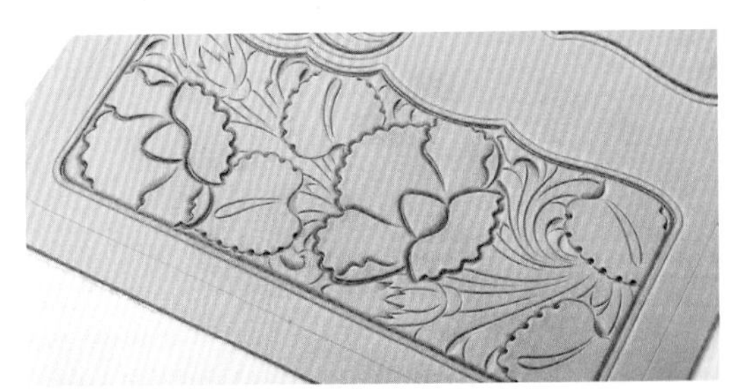

4 为花朵全部打上打边印花后，花朵一下子突显出来了。

在叶子上打打边印花

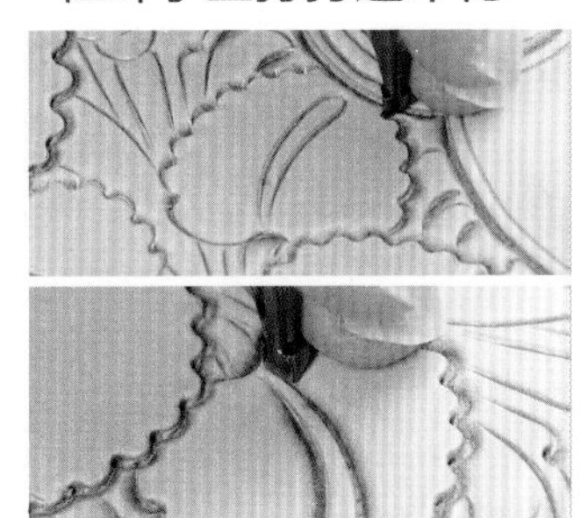

1 在叶子边缘部分打上较窄的 SKB936-2 印花，在叶脉部分打上较宽的 SKB701-2 印花。

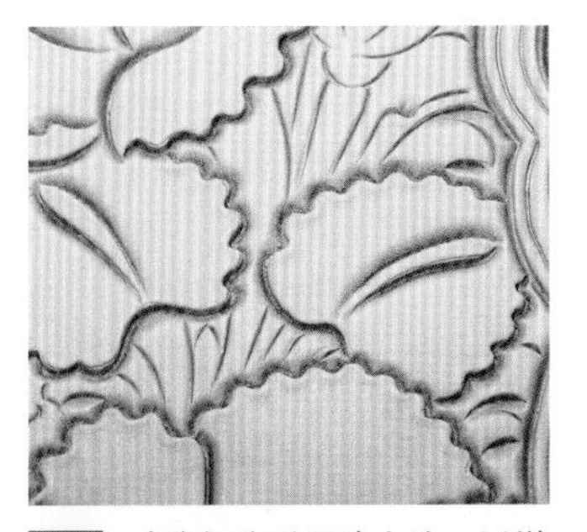

2 叶脉部分采用淡出法，以增加灵动感。

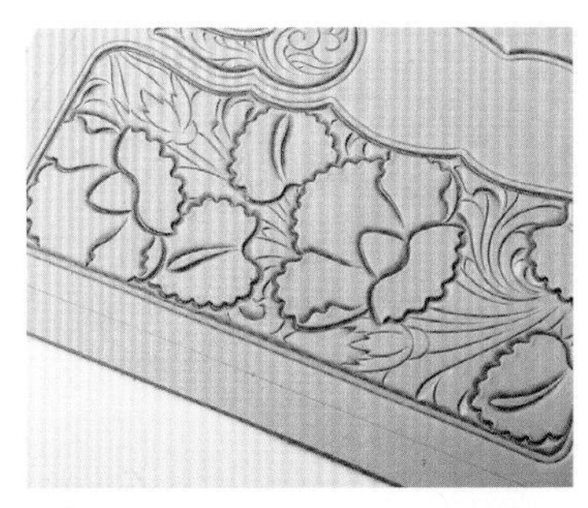

3 这是四片叶子都打上打边印花的样子。

在花蕾和枝茎上打上打边印花

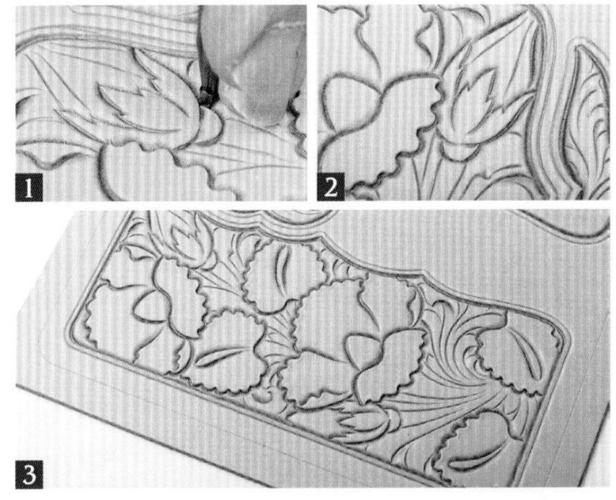

1在花蕾外缘打上 SKB701-2 印花，在内部褶皱上打上 SKB936-2 印花。2因为已经预先打好了 F976 印花，花萼的边缘十分清晰。3这是在花蕾上打上打边印花的样子。

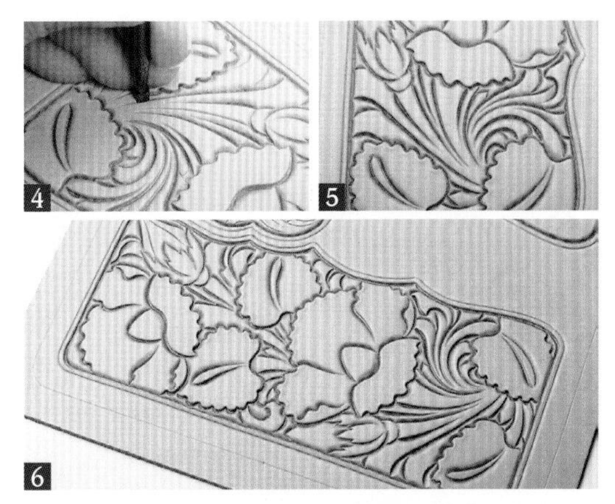

4在枝茎上打上印花。枝茎几乎都要用淡出法处理，要注意调整敲打的力道。5在枝茎上打上打边印花之后，全部的图案再次连接起来了。6到此为止主图案上都打完打边印花了。

在中心图案上打上打边印花

1 中心部分的图案比较精细，选择使用 SKB936-2 印花。

2 要特别注意打印花时不要超出轮廓线。

POINT.1

随着图案越来越精细，我们不再用海绵打水，而是改用喷雾从较远处喷水。

打上阴影印花和装饰印花

阴影印花增加立体感的功效显著，可以说是必不可少的。而在枝茎上搭配使用放射状的装饰印花，则可以表现出纹理的细腻感，可谓“粗中有细”。注意：装饰印花一般只需轻轻敲打即可。

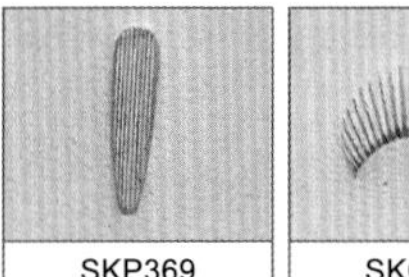
SKP369

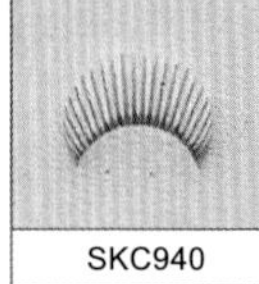
SKC940

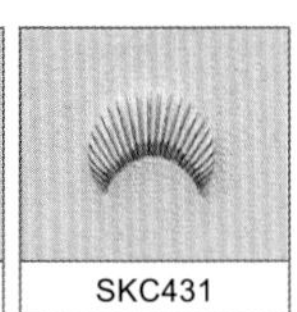
SKC431

■善用阴影印花制造曲面效果

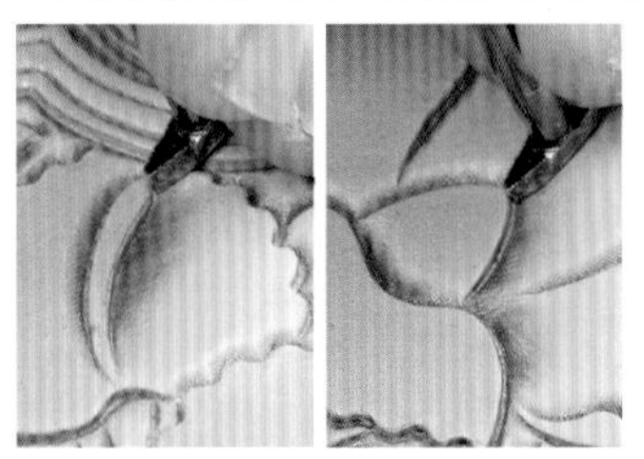

1 在打边印花四周打上阴影印花，每次敲打都稍微错开一些角度。

2 加了阴影后，花朵和叶子像是摇曳起来一般。

3 放眼整体，阴影印花的效果更是一目了然。

■用装饰印花制造纹理

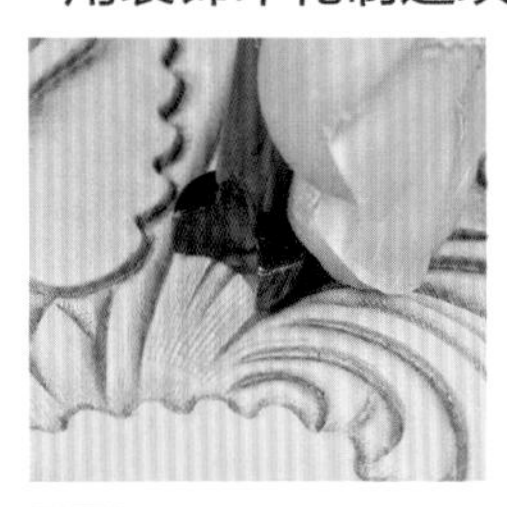

1 在枝茎的根部轻轻打上装饰印花，制造出纵向纹理。

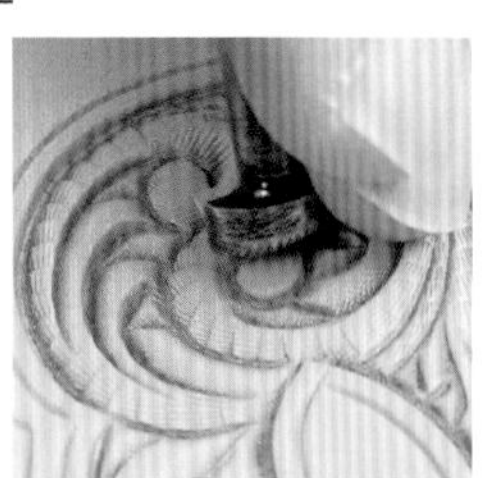

2 如图所示，在枝茎上倾斜敲打装饰印花，表现出枝节。

3 在叶脉上也轻轻打上装饰印花，制造出纵向纹理。

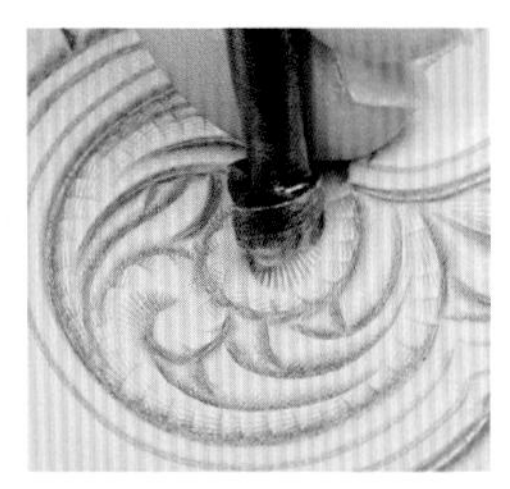

4 在涡卷的中心部分打上装饰印花，制造出褶皱。

5 在不同位置变换手法使用同一种装饰印花，制造出了不同的效果。所以印花并不需要太多种，而是要一“花”多用。

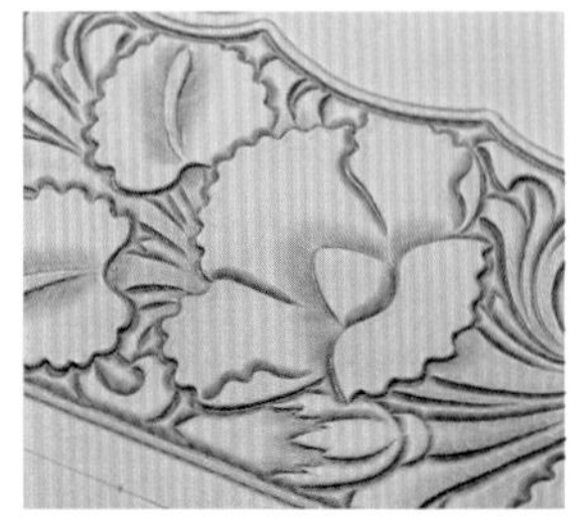

6 装饰印花的使用方法正是我们要向皮雕艺术家们学习的重点之一。

再次打上阴影印花

在花瓣和叶子的扇形饰边上打上阴影印花具有强化的效果。这里使用的是横纹的款式。

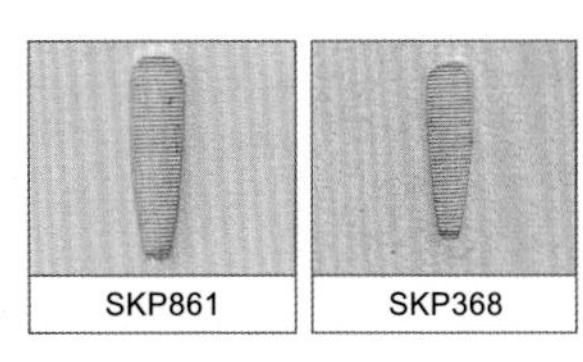

在花瓣和叶子等上面打阴影印花

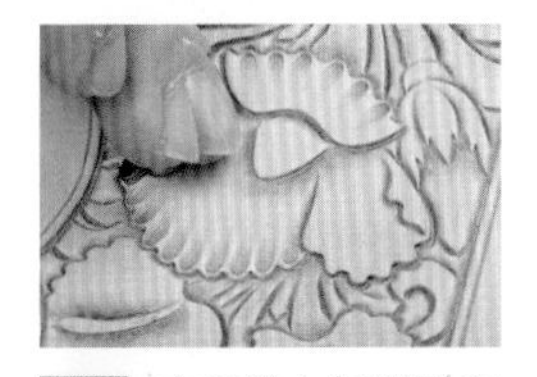

1 在花瓣上打阴影印花时朝花朵中心的方向打。

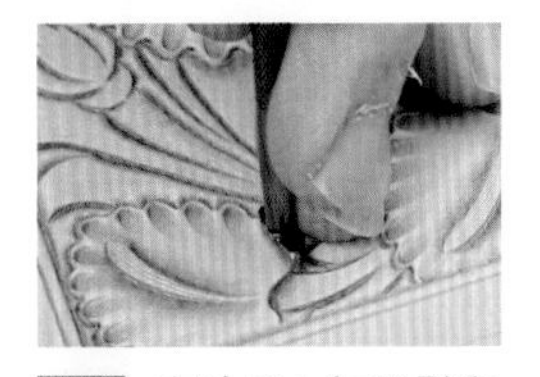

2 在叶子上打阴影印花的时候朝叶基的方向打。

3 如图所示在枝茎处也打上阴影印花。

4 在狭窄的部分打印花时，注意不要破坏周边的图案。

POINT.1

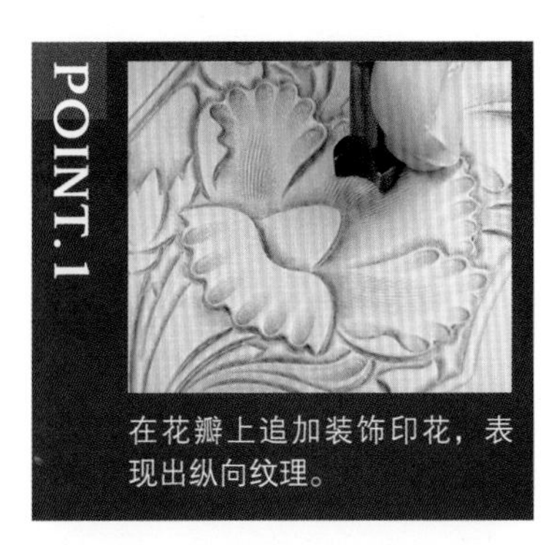

在花瓣上追加装饰印花，表现出纵向纹理。

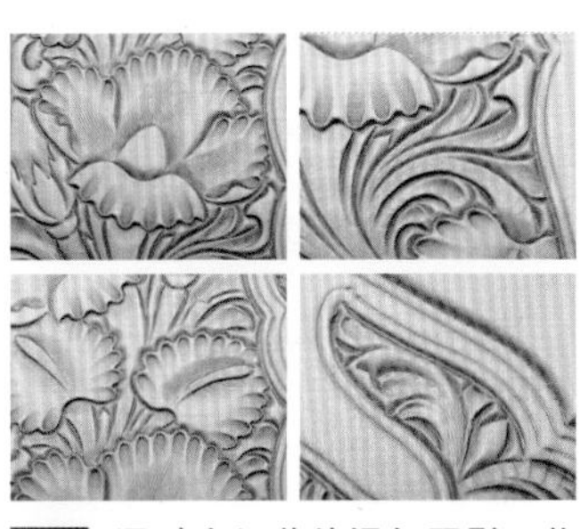

5 通过在细节处添加阴影，花朵和叶子看上去更加生动。

6 阴影面积的增多也使得画面整体立体感更强。

打上叶脉印花

这里我们将使用两种叶脉印花。一种是最普遍的叶脉印花，另一种用来替代收尾印花。

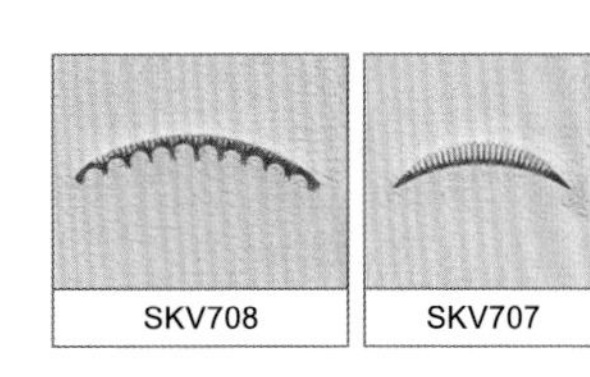

用叶脉印花打出侧叶脉

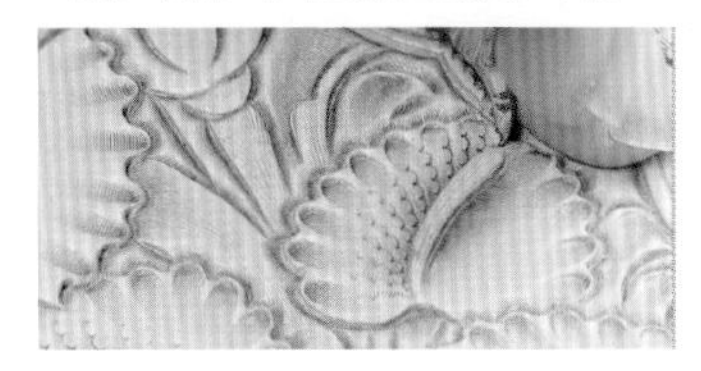

1 用 SKV708 印花沿着主叶脉按一定间隔打印花。

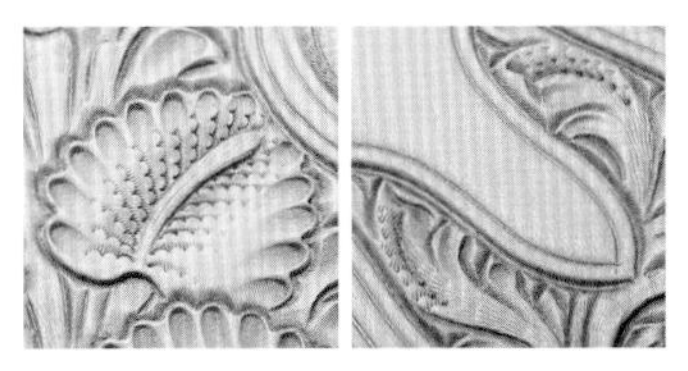

2 制作叶脉是叶脉印花最基本的用法，这里左右两侧都要打上叶脉印花。

3 打上叶脉印花之后，叶子在图案中更有存在感了。

■ 用叶脉印花来收尾

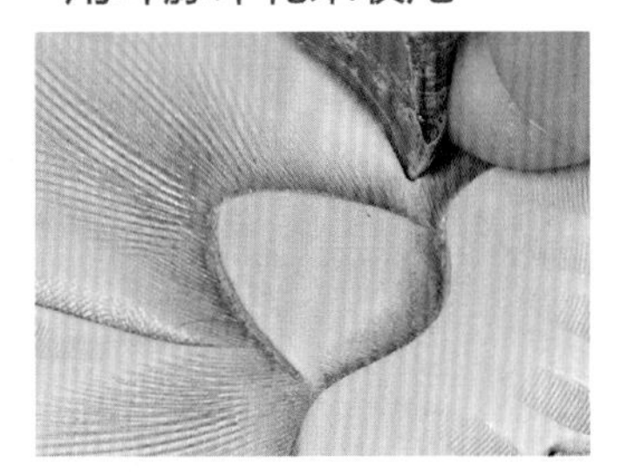

1 在想收尾的地方，轻柔地打上 SKV707 印花来收尾。

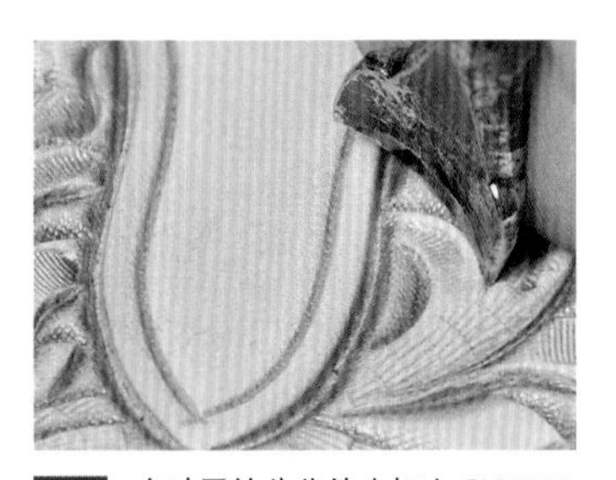

2 在叶子的分岔处也打上 SKV707 印花来收尾。

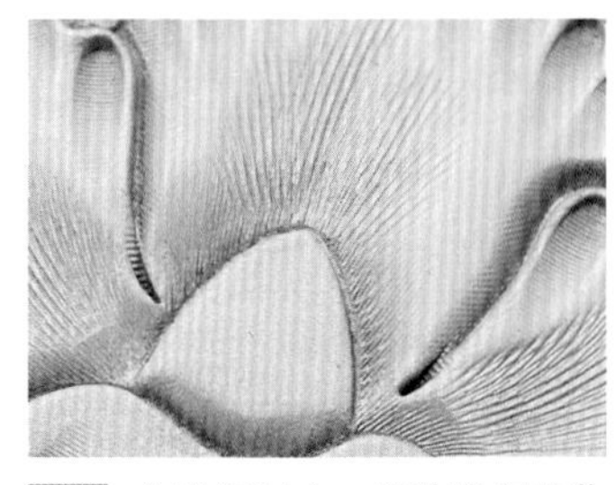

3 在这幅图中，用叶脉印花收尾显得更自然。

马蹄印花与背景印花

马蹄印花用于表现叶子或枝茎上的褶皱。背景印花用于填充背景。

U858

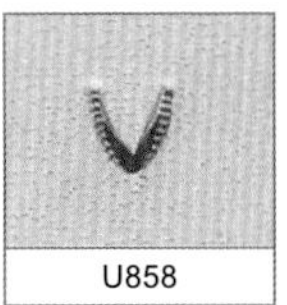

SKU853

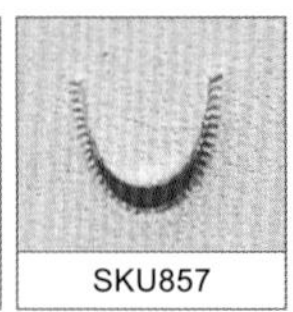

SKU857

A98

■ 用马蹄印花表现褶皱

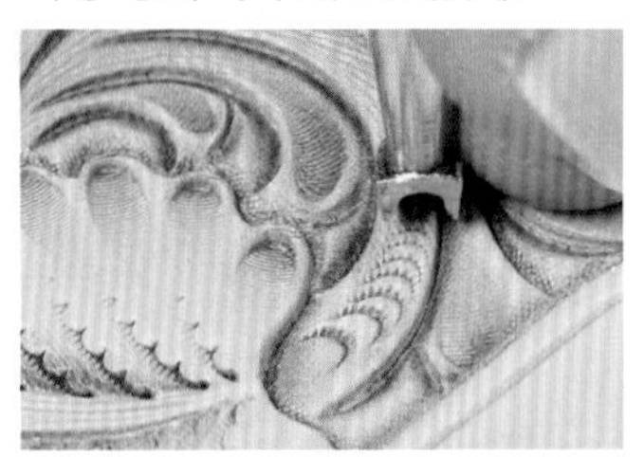

圆润的枝茎用大头的 U 形印花工具，叶子分岔处等收尾处用较尖锐的 V 形印花工具。

■ 用背景印花填充背景

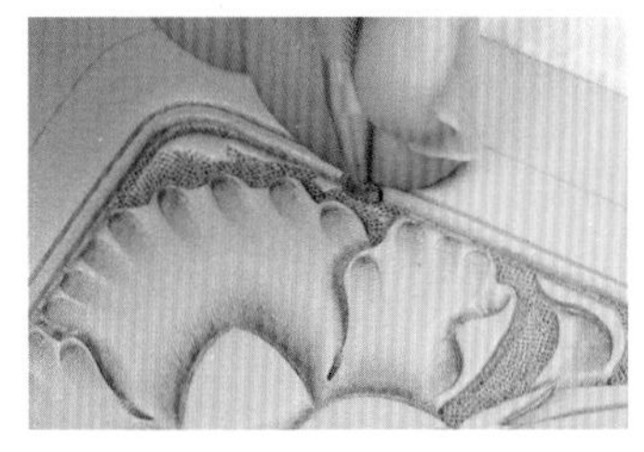

从四周开始重叠敲打背景印花，直至将背景填满。注意不要超过边框线。

POINT.1 马蹄印花也是需要重点学习的对象

除了印花工具的基本使用方法，艺术家们总在不断地发挥创意，研发新的用法。和装饰印花一样，如何使用马蹄印花也是最容易表现皮雕艺术家个性的地方。

打上背景印花之后，图案就会凸显出来。改变敲打马蹄印花的角度和力道，打出来的印花的大小也会不同。

到此为止，打印花的工作全部结束了，再次确认有没有漏打的部分。

最终修饰

印花全部打完之后，再次使用旋转刻刀沿着线条的走势进行最终修饰。这个图案的特点之一是花蕊部分不使用花蕊印花，而是用旋转刻刀切割来表现。

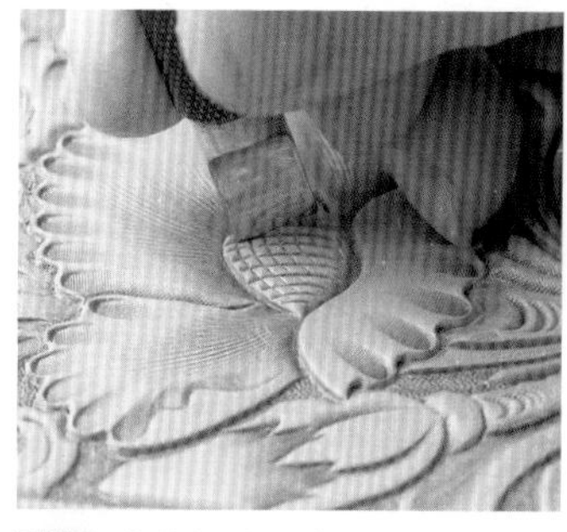

1 花蕊部分用旋转刻刀切割出纵横线，用来表现花蕊。

2 对花瓣进行最终修饰时，线条向花朵中心汇聚。

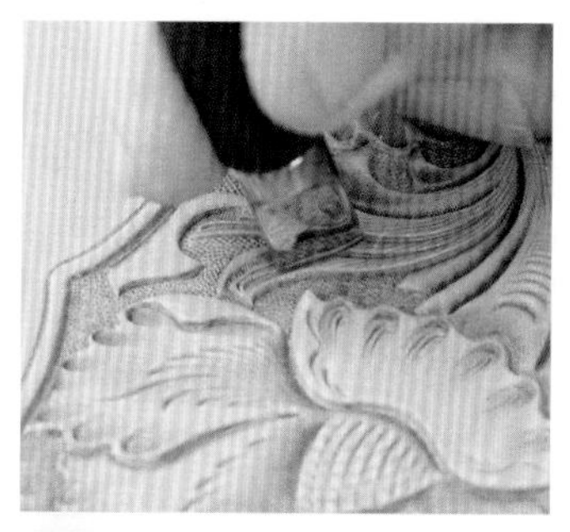

3 对枝茎进行最终修饰时，线条向根部淡出。

完成

这是最终修饰完成的皮雕，之后只需涂抹染料和固色剂即可（这部分的具体方法参见第 42~49 页）。经过染色，皮雕的表现力会进一步提升。

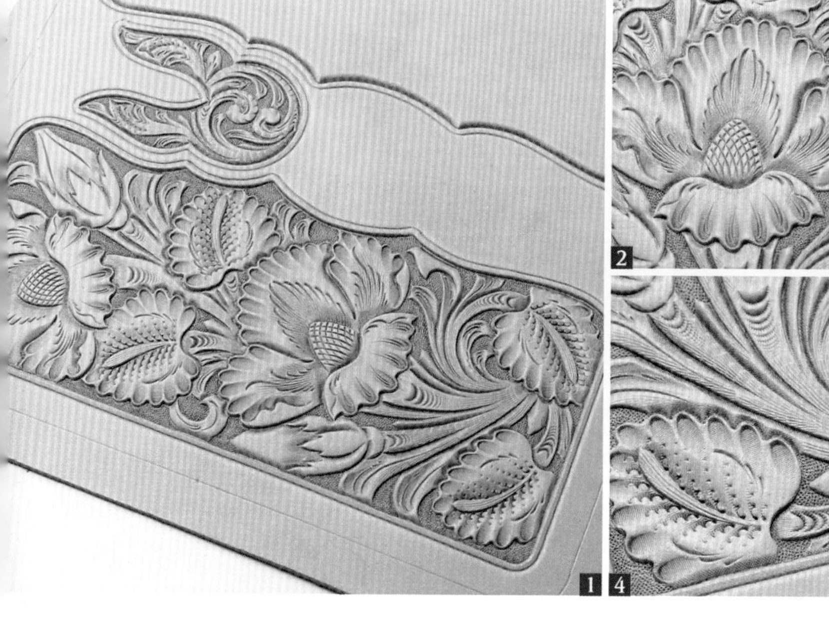

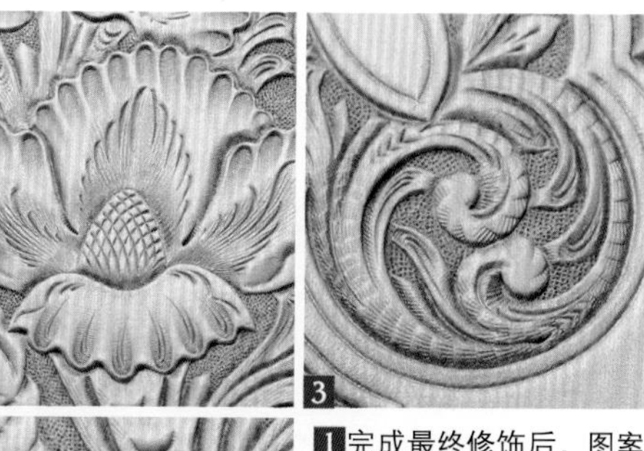

1 完成最终修饰后，图案整体更为紧凑。

2 最终修饰的线条与印花的纹理自然融合。

3 中心图案上的涡卷部分也使用了装饰印花和马蹄印花。

4 进行最终修饰时，还在叶脉印花的两侧增刻了几条纹理，起到画龙点睛的作用。

皮雕大师访谈 & 作品展示 INTERVIEW&WORKS

在过程中享受皮雕制作的乐趣才是最重要的

SEIICHI KOYASHIKI 人物简介

小屋敷清一老师

日本皮艺学园的主任讲师，自学皮雕工艺，在钻研各式皮雕作品的过程中形成了自己独有的风格。

问：最初学习皮雕制作的原因是什么呢？

小屋敷老师：有一次，看到一个朋友在制作皮雕，我觉得很酷，自己也想试试。因为觉得进入这个行业能最快速地学到相关知识，所以进入日本皮艺社工作。

问：您是如何学习皮雕制作的呢？

小屋敷老师：因为没有时间和金钱去学校学习，所以我从阅读教材开始自学，不明白的地方就向老师们请教，或是在店里有公开演示时混在顾客里面观摩学习，总之没有特定的老师，就这样一边工作一边学，突然就学会了。后来因为要给学生授课，就又去钻研各种流派的技法。有一次我去美国参加一个研修会，发现那次授课的内容我在不知不觉间几乎都已经掌握了（笑）。

问：有什么建议给准备学习皮雕技艺的人吗？

小屋敷老师：最重要的是要独立思考，亲手制作。哪些技法很棒？哪些适合自己？这些不是靠看别人的作品和教程就能明白的，也不是老师能教给你的，必须自己不断实践，不断反思。反思些什么呢？例如，我想做出什么样的作品？这就是我想要的效果吗？如果不是，那我怎么能去学习一下呢？另外，做得好和不好基本上只是经验的差距，不用着急，最重要的是在过程中享受皮雕制作的乐趣。

小屋敷老师的得意之作

长皮夹，中间盛开的大花朵与四周的皮线锁边相映成趣。

《谢尔丹风格的皮具》作品选登

有扣带的皮夹。花朵和涡卷复杂而巧妙地缠绕在一起，你中有我，我中有你。

马蹄形的零钱包。很适合雕刻谢尔丹风格的经典图案。

眼镜盒。无所不在的花朵和涡卷，尽显豪华。

铅笔盒。如此简单的物件经过皮雕设计变成了极富张力的作品，是见证皮雕作品简约而不简单的佳作。

子母手提包。一共雕了 25 朵花。

背包。包盖上雕刻的花朵多达 12 朵，是小屋敷老师的心血之作。

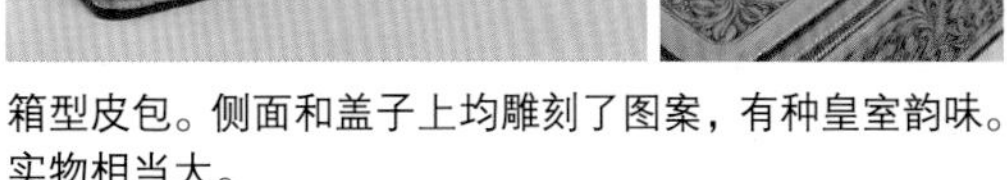

箱型皮包。侧面和盖子上均雕刻了图案，有种皇室韵味。实物相当大。

Sheridan style carving

谢尔丹风格皮雕（基础）

要论哪种皮雕风格最受现代人喜爱，莫过于谢尔丹风格了。这一章我们请来了日本知名的皮雕艺术家——日本塔卡优质皮雕工房（Taka Fine Leather Japan）的大家老师——来为大家演示并讲解谢尔丹风格皮雕的基本技法。

皮雕样式的代名词之一

使用的是 2mm 厚的赫尔曼橡树皮革公司的皮雕专用皮革。尺寸：15.5 cm × 22cm

谢尔丹风格不知不觉成了皮雕的主流风格，甚至连一些门外汉也知晓这个名称。那么，到底什么是谢尔丹风格呢？

谢尔丹风格是 20 世纪 50 年代由有着“马鞍之神”之称的唐纳德·李·金（Donald Lee King）创建的。其主体图案与其他皮雕风格的相似，都由大朵的花、叶子及涡卷等构成，特色在于融入了几何图形的要素，让枝茎如同画圈一般卷起来，显得圆润又工整。整体看上去优美、华丽、细腻是谢尔丹风格大受欢迎的另一原因。为了充分表现这些感觉，我们有必要学会用旋转刻刀刻淡出式的线条，并掌握打印花时该如何调整力道，从而使图案富有韵律感。

描图

以谢尔丹风格的基本要素：花朵、叶子和涡卷为主体来描绘图案。对初学者而言，独自设计图案尚有难度，可以先使用下面的图样，等把握了谢尔丹风格的特点之后再尝试进行原创设计。

1 设计图案时，先在纸上画出草稿。

2 确认无须修改后，放上描图纸描图。为了防止中途描图纸被带偏，可以在描图纸上放上镇石。

3 这是在描图纸上描完图的样子。确认没有遗漏后拿掉镇石。

4

用海绵为皮革打水。一开始要加足量的水。涂抹不均匀的话可能会出现水渍，注意要按一定的顺序涂抹，不可横竖交错涂抹。同时，因为海绵在一个地方停留时间过长也会出现水渍，所以尽量一气呵成。

POINT.1

润湿整张皮革

只在皮雕部分打水的话会产生水渍，所以开始时务必确保将皮革全部润湿。

5 将描图纸放在皮革上面，对好位置后用镇石压住，然后用铁笔描图。描的时候可以从任意处开始。

6 边框线先不用描，只需在线条的起点和终点处轻轻标上记号，稍后用直尺比对着直接在皮革上画线。

POINT.2

一边描一边确认是否有漏描的地方

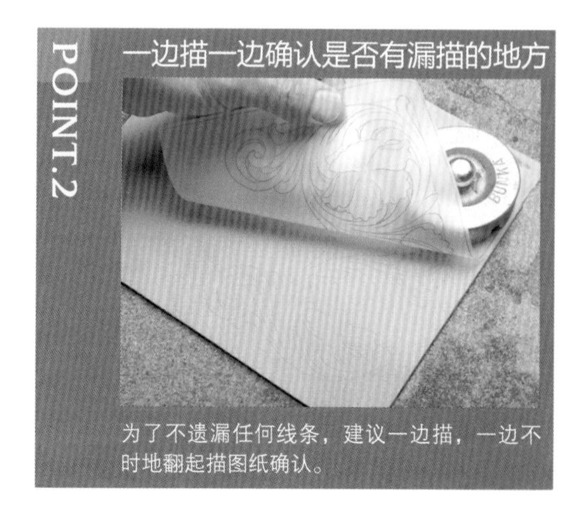

为了不遗漏任何线条，建议一边描，一边不时地翻起描图纸确认。

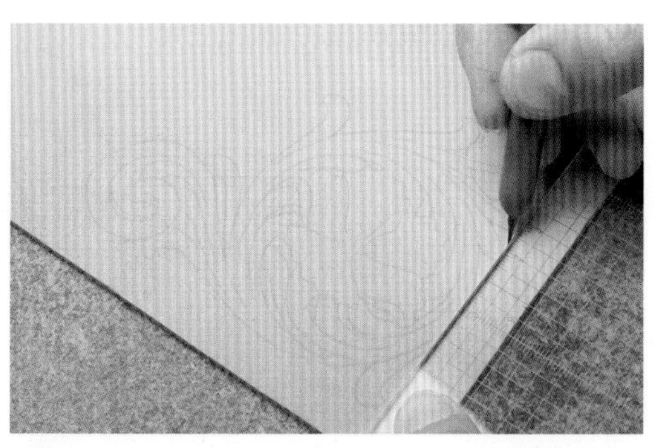

7 图案中所有线条都描完之后，撤掉描图纸。以步骤 6 中做的记号为准，比对着直尺画出边框线。

8 这是在皮革上描完图的样子。描的图案相当于草稿，之后用旋转刻刀切割时还需微调。

刻轮廓

将图案描绘在皮革上之后，用旋转刻刀沿图案线条进行切割。皮雕的第一个难关就是旋转刻刀的运用。也就是说，如果能攻克这个难关，熟练使用旋转刻刀，皮雕技艺便会大有长进，就能刻出漂亮的花纹。

POINT.1

切割顺序

①花朵　②叶子　③涡卷　④枝茎

在制作谢尔丹风格的皮雕时，旋转刻刀的切割顺序大致是固定的，顺序如上所述，依次为花朵、叶子、涡卷和枝茎——可以理解为先主后次。在此基础上，要从图案中最靠近自己的部分开始切割。其实不只是谢尔丹风格的皮雕，所有唐草纹皮雕都是从最靠近自己的部分开始切割，所以事先确认好位置关系至关重要。

POINT.2

淡出法——谢尔丹风格的基本切割方法

谢尔丹风格皮雕最基本的切割方法是淡出法，即由深到浅、由粗到细。淡出法就是，用力将刀刃深深切入皮革，随着线条不断接近终点将刀刃慢慢抽出，这样线条就会呈现粗细深浅的渐变效果。左边是从起点到终点粗细一致的不良示范，右边则是正确的例子。虽说熟练掌握淡出技巧需要花相当多的时间，但是当你能切割出漂亮的线条时，一定会觉得这种投入是值得的。

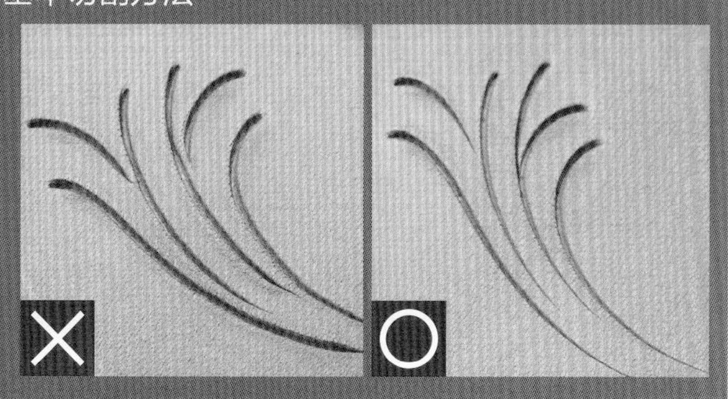

POINT.3

为扇形饰边增加强弱变化

花朵或叶子等图案中呈波浪形的线条被称为扇形饰边。对扇形饰边的凸起和凹陷处加以强弱变化的处理，图案就会生动很多。具体而言，在凸起处要缓慢地移动旋转刻刀，凹陷处则要快速切割，这样就能制作出如右图所示的漂亮的扇形饰边了。

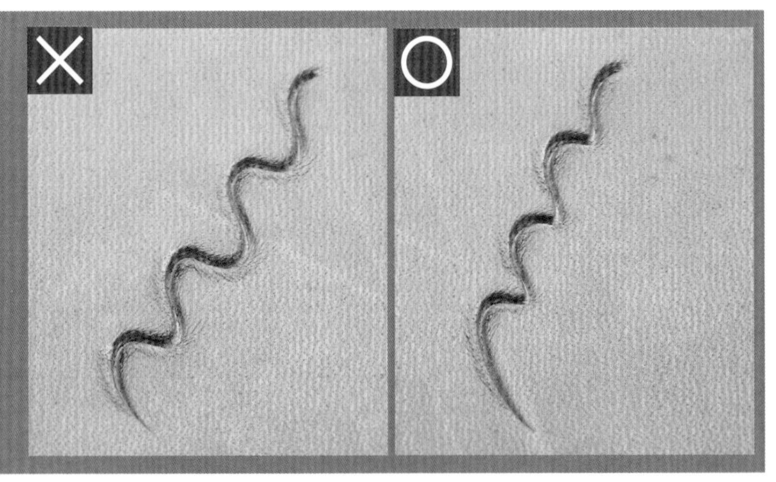

POINT.4

不同图案切割方向不同

1

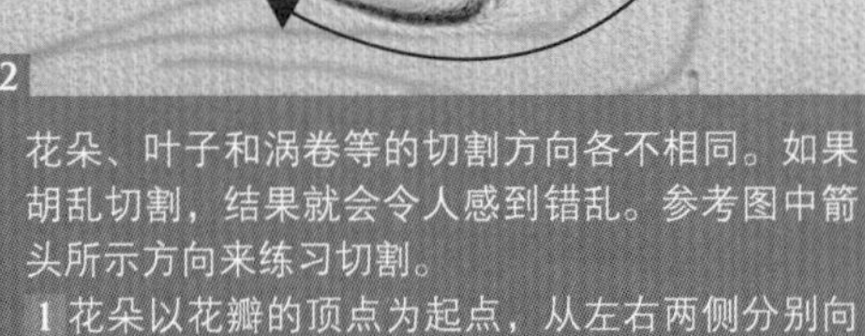

2

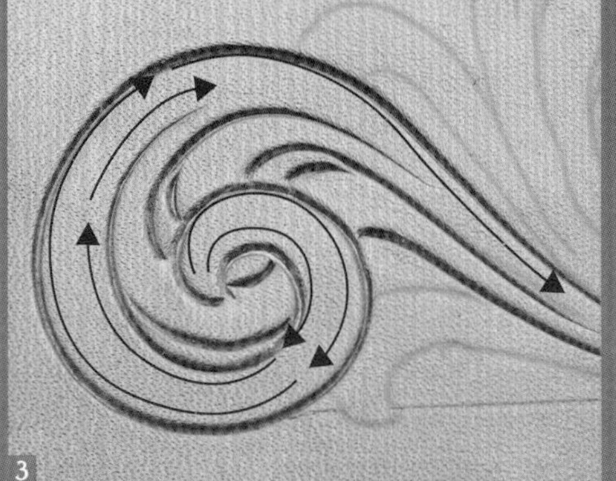

3

花朵、叶子和涡卷等的切割方向各不相同。如果胡乱切割，结果就会令人感到错乱。参考图中箭头所示方向来练习切割。

1 花朵以花瓣的顶点为起点，从左右两侧分别向中心方向切割。

2 叶子的扇形饰边从叶尖分别向两侧切割，叶脉则从叶基往叶尖方向切割。

3 涡卷应从中心向根部方向切割。枝茎的切割方向与涡卷的类似——将花朵、叶子和涡卷都切割完之后，从枝茎顶端处往根部方向切割，将花朵、叶子和涡卷连接起来。

■ 刻花朵

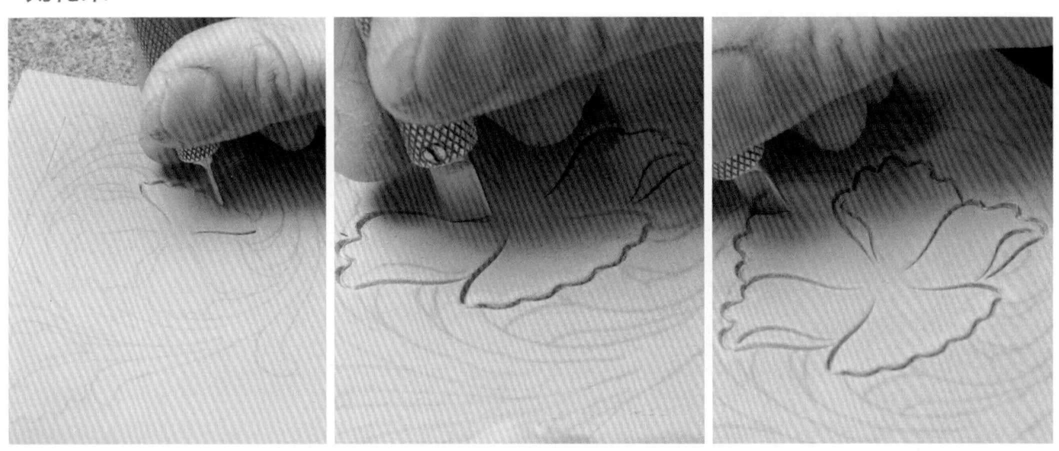

9 参考第 77~78 页的说明来刻花朵。先给花瓣的扇形饰边加上强弱变化，再用淡出法由外向内切割花瓣两侧的线条。

10

这是花朵切割完成的效果。花朵是整个图案中最受瞩目的角色，所以要尽可能刻得漂亮整洁。

■刻叶子

11 叶子部分也是先处理扇形饰边。从叶尖往叶基的方向切割，通过线条的强弱及凹凸变化来表现叶子的跃动感。之后处理叶脉。模拟真实的叶脉走向，从叶基向叶尖方向逐渐淡出。

■刻涡卷

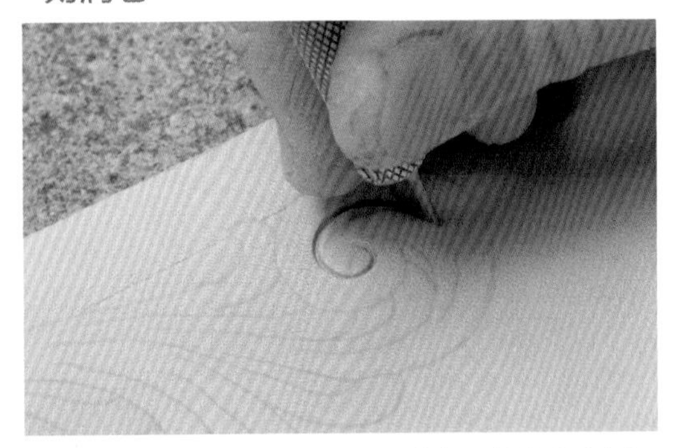

12 涡卷从中心开始切割。因为中心面积小而弧度大，将皮革固定不动切割起来比较困难，所以最好一边调整皮革的方向一边慢慢切割。

13 涡卷的根部用淡出法收尾。如果图案中有弧度较大或距离较长的部分，不必一次性切割完。

POINT.5 接连切割线条时要重叠 5mm

切割涡卷等较长的线条时，可分成若干次来切割。每次在上一次切割出的线条末端前5mm 左右的地方下刀，继续切割就可以圆润地将线条连接起来。

14

这是涡卷切割完成的效果。花朵、叶子和涡卷部分都已切割完成，接下来再通过刻枝茎将它们连接起来。

■ 刻枝茎

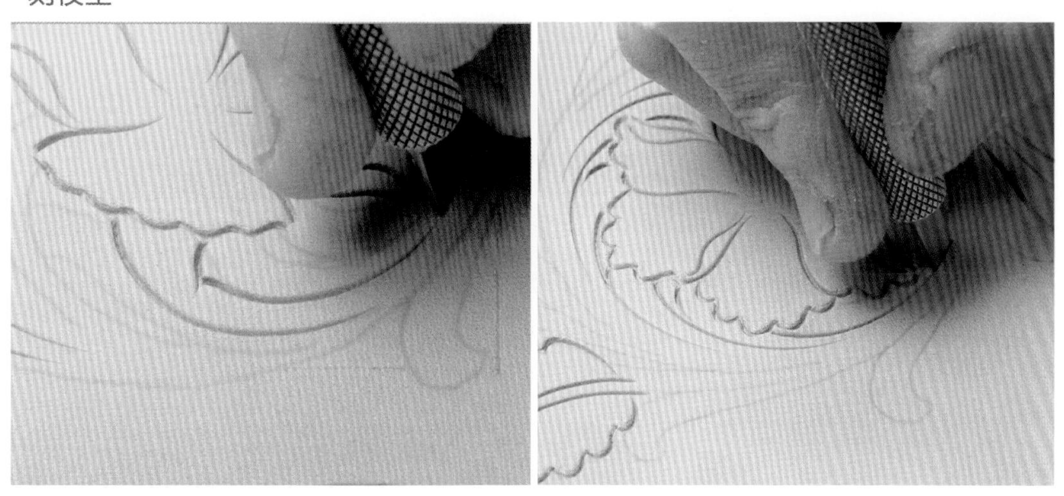

15 枝茎也要从最主要花朵的茎开始切割。注意，切割枝茎时，不要碰到花朵的扇形饰边。主要花朵的茎切割完后，再切割四周的其他枝茎。

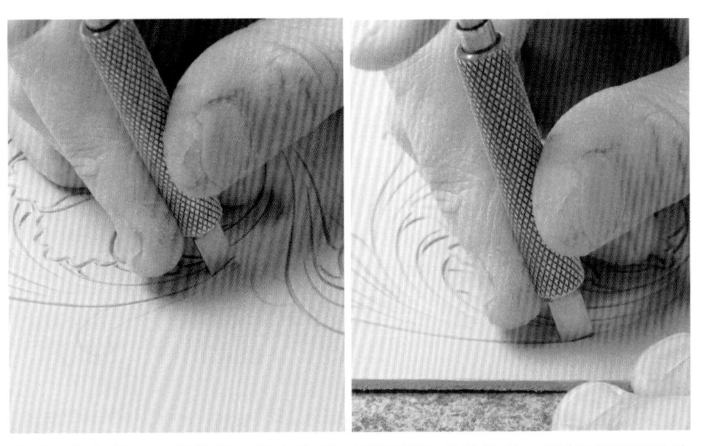

16 将花朵四周的枝茎切割完之后，再切割其余的枝茎。根据需要不时地改变皮革的方向，就可以切割出圆润的线条。

17 枝茎全部切割完之后，最后切割边框线。

18 这是轮廓全部切割完成的效果。根据淡出的走势，花朵、叶子、涡卷和枝茎之间的位置关系一目了然。

贴上防伸展内里

在皮革上打印花时，皮革会因为受到冲击而向四周伸展，所以打印花之前要先在皮革毛面贴上防伸展内里。这一步不能省略，否则打印花时皮革伸展变形的话会致使图案变形。

1 先检查一下皮革毛面的湿润程度。如果比较潮湿，贴上防伸展内里会容易剥落，这时就要先用吹风机将毛面吹干。

2 贴上防伸展内里，用玻璃板或其他工具一点一点地刮使之与皮革贴合紧密。

POINT.1

选用皮镇石，防止划伤皮革

打印花之前，一般会在皮革上压一块镇石来防止皮革移动。
虽说只要是重物都可以用作镇石，但如果继续使用描图时用的铁镇石的话，可能会在皮革表面留下伤痕或痕迹。最佳选择是自制一个皮袋子（布袋子也可），在里面装满铅，这样就不用担心划伤皮革了。

打印花

贴好防伸展内里并压上皮镇石后，就可以开始打印花了。将印花工具用拇指、食指和中指握稳，以无名指为轴，每敲打一次，将印花工具慢慢挪动一小步。敲打顺序没有规定，可根据自己的习惯来决定。

① 浮雕印花

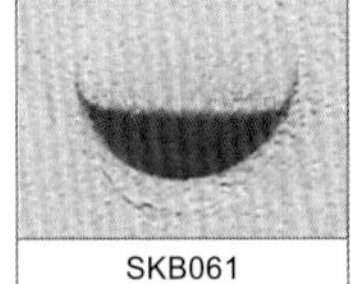

SKB061

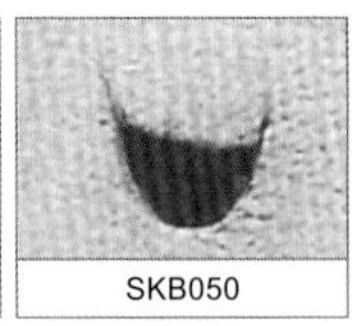

SKB050

用来为打边印花打底。应根据图案曲线部分的弧度换用不同的浮雕印花。

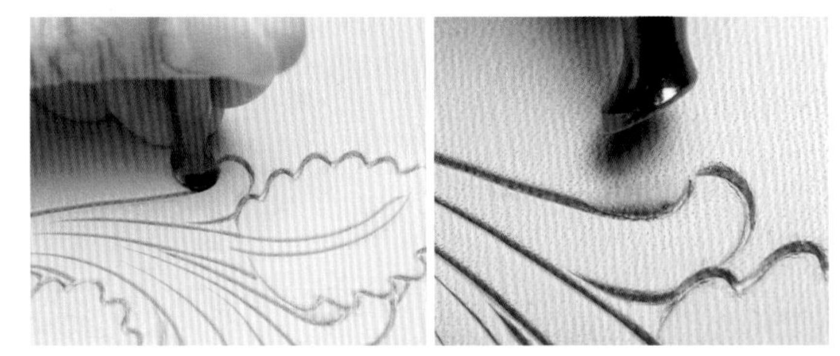

1 如图所示将弧度较大的 SKB061 印花打在枝茎内侧最弯曲的地方。在涡卷中心也打上 SKB061 印花。浮雕印花的尖头比较尖锐，注意不要太用力敲打，以免皮革破损。

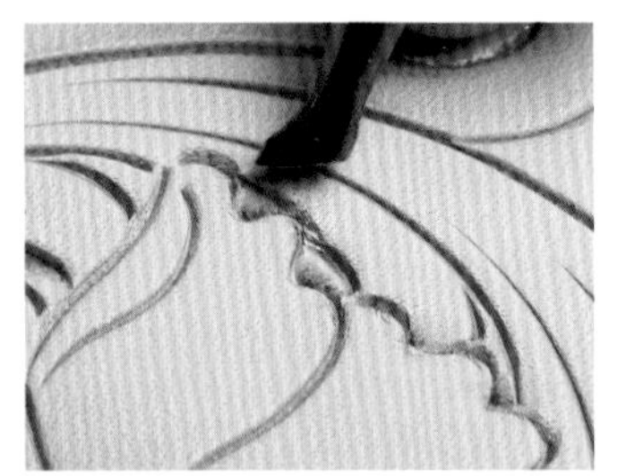

2 在扇形饰边的凹陷处逐一打上 SKB050 印花。

3 这是打完 SKB061 印花和 SKB050 印花后的效果。

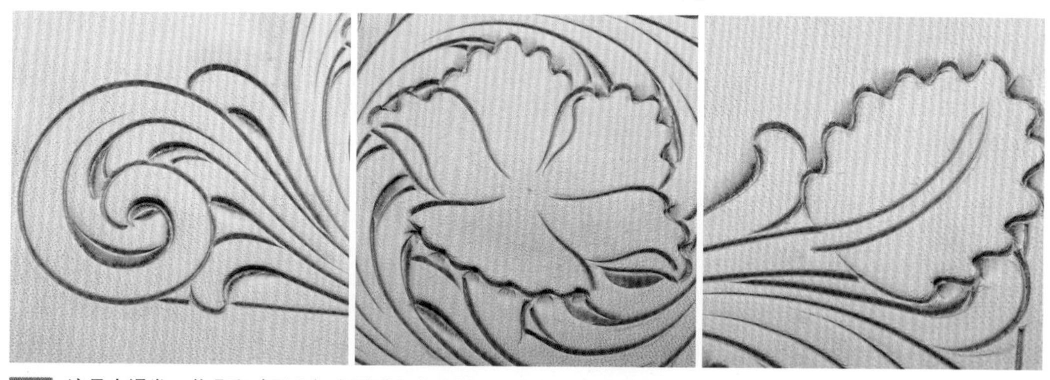

4 这是在涡卷、花朵和叶子上打完浮雕印花的样子。仅用了两种印花工具，就表现出了立体感。

② 打边印花

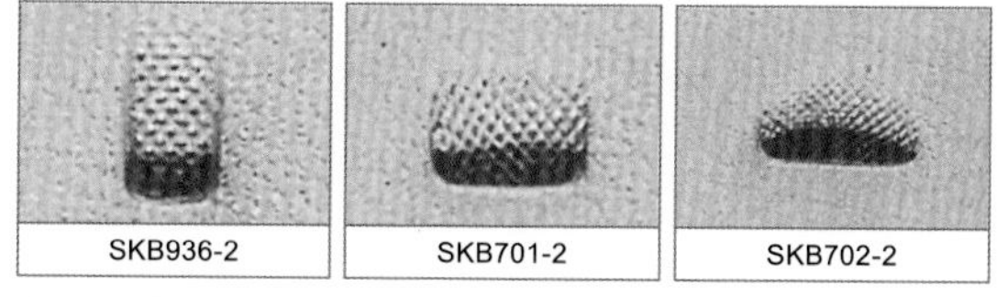

这里用到了 3 种网纹打边印花。

POINT.1

准备宽幅不同的打边印花

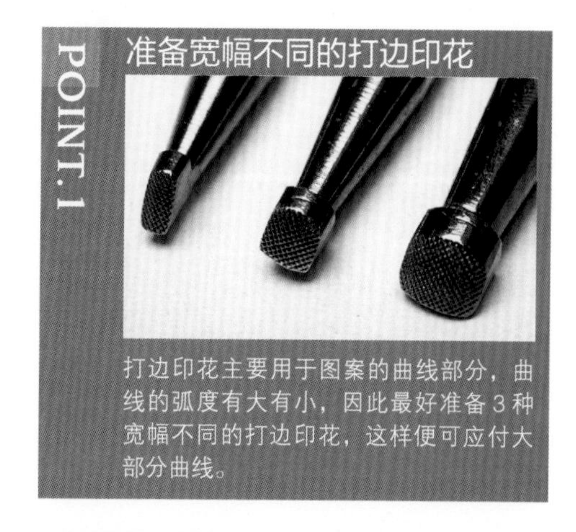

打边印花主要用于图案的曲线部分，曲线的弧度有大有小，因此最好准备 3 种宽幅不同的打边印花，这样便可应付大部分曲线。

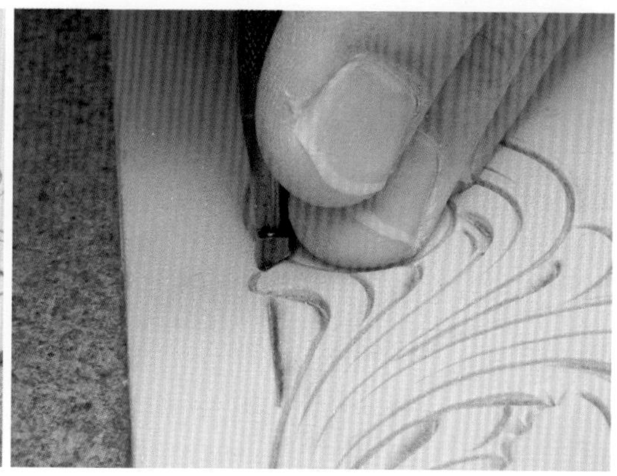

5 用打边印花打印花的顺序与用旋转刻刀刻刀线时的顺序恰好相反，一般按照从配角到主角的顺序打，先在边框线上打，注意不要压到枝茎。

6

接下来在枝茎上打印花。打的时候要根据弧度灵活换用宽幅不同的打边印花。注意：敲打之前务必将枝茎之间的层次关系捋顺。另外，打印花的力道应跟刻刀线的力道保持同步，即之前用旋转刻刀用力切割的地方现在也要用力敲打，在刀线变浅、变细的地方，打印花的力道也要逐渐减小，这样打出的阴影才不会显得突兀。

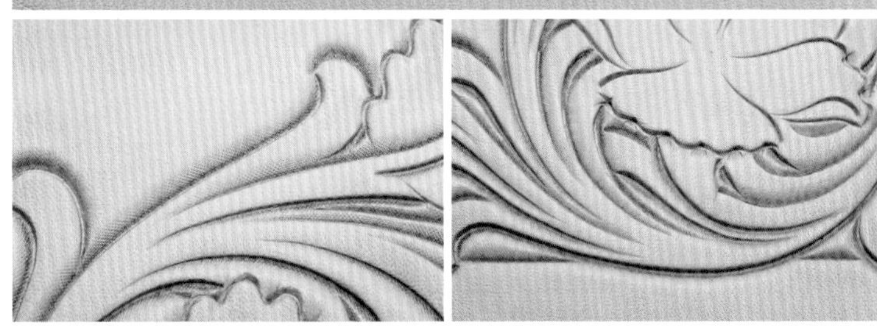

POINT.2 出现小瑕疵时的补救办法

敲打印花时不出现瑕疵当然是最好的，但如果不小心弄出了瑕疵，可以通过用其他印花工具打上的印花覆盖来减轻痕迹。这样的修补作业也是必学的技巧之一。

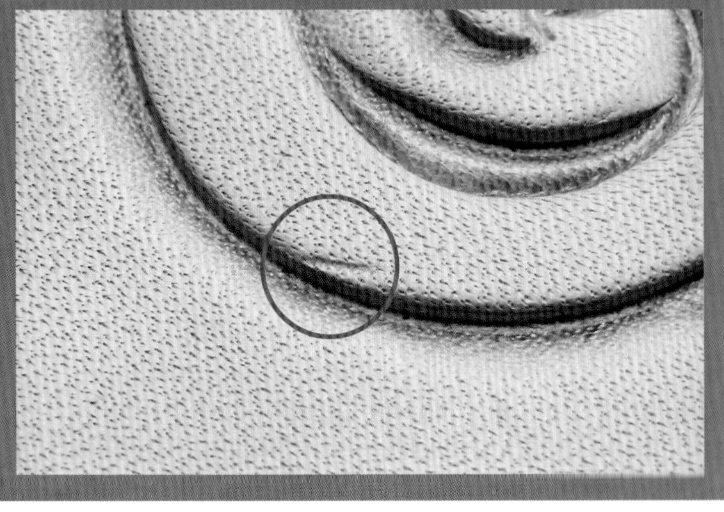

7 接下来，在叶子的扇形饰边上打上打边印花。凸起的部分用力，凹陷的部分放轻。

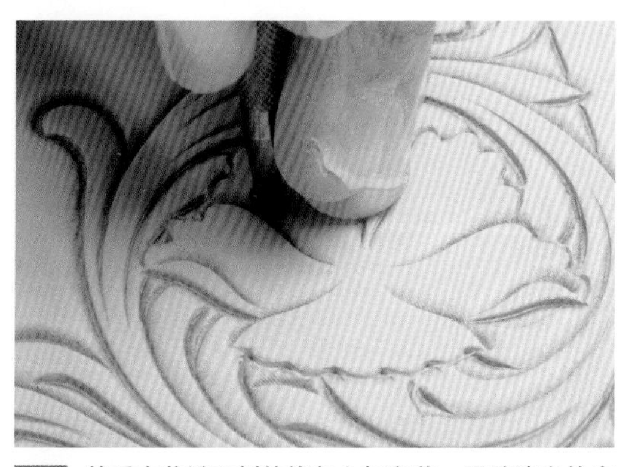

8 然后在花瓣两侧的线条上打印花。跟随淡出的走势，朝花朵中心的方向打，慢慢减小力道。

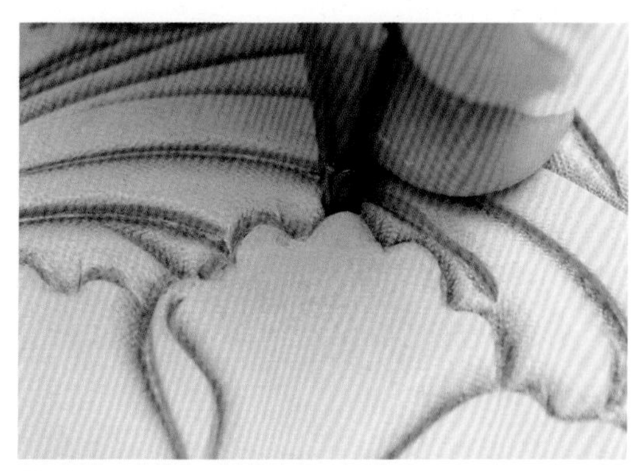

9 接下来在花朵的扇形饰边上打上 SKB936-2 印花。注意不要压到枝茎。

10 这是在花朵上打好打边印花的效果。花瓣两侧的线条是表现两片花瓣间层次关系的重要线条，要注意区分好哪片花瓣在上、哪片花瓣在下再进行敲打。

11 这是打边印花全部打完的效果。正如基础篇介绍的那样，只需用旋转刻刀和打边印花就可让图案如此有立体感。但如果打边印花打错位置的话，阴影就不合理了，所以敲打前要做到心中有数。

③ 背景印花

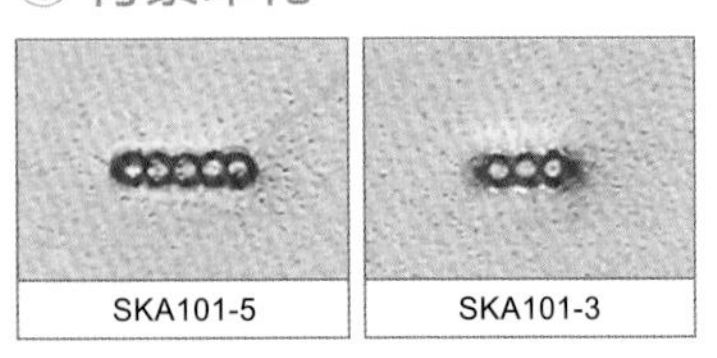

这次只用到了 SKA101-5 印花。如果有狭小的部分，可以用 SKA101-3 印花。

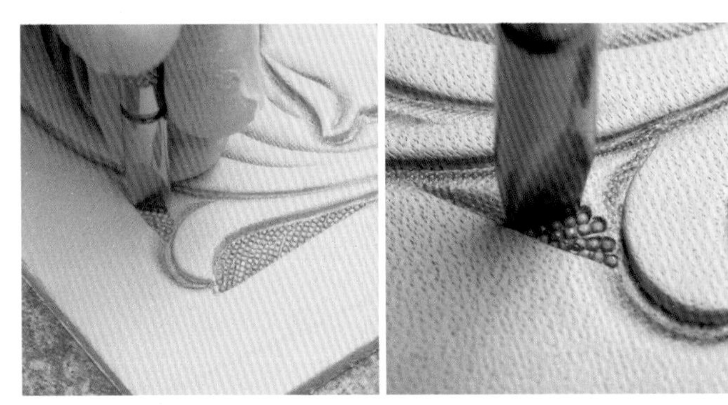

12 在没有任何图案的背景部分打上 SKA101-5 印花，注意不要让小圆点重叠交叉。最好从周边往中间推进。

13 这是背景印花全部打完的效果。打上打边印花和背景印花后，图案间的层次关系就很清晰了。如果不想用 SKA101-5 印花，可以用 A98 印花代替。

④ 拇指印花

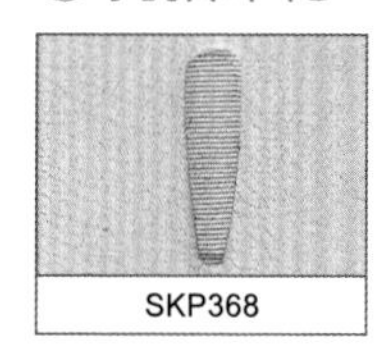

是阴影印花的一种，用于在花瓣和叶子的扇形饰边上、枝茎的顶端以及涡卷中心制造阴影。

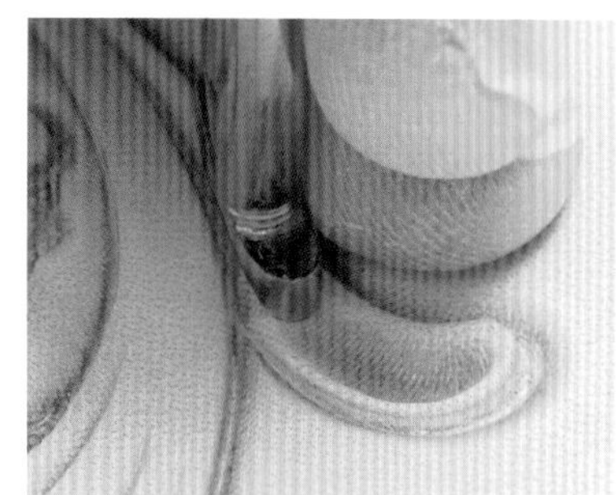

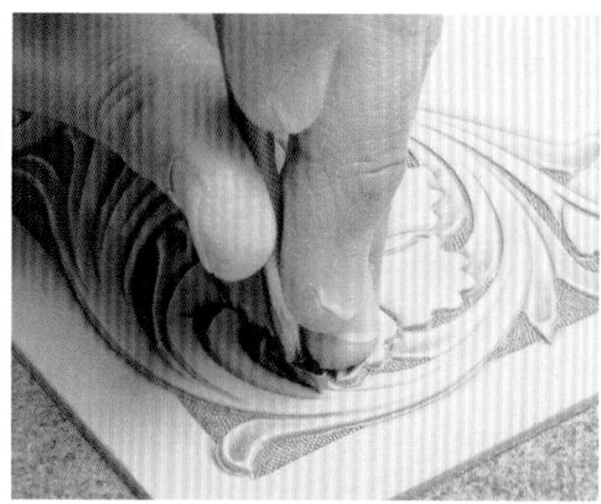

1 首先在枝茎的顶端打上 SKP368 印花。最顶端的部分要用力敲打，随着位置逐渐向根部移动，慢慢减小力道。阴影部分与轮廓线之间的间距越小，真实感越强。

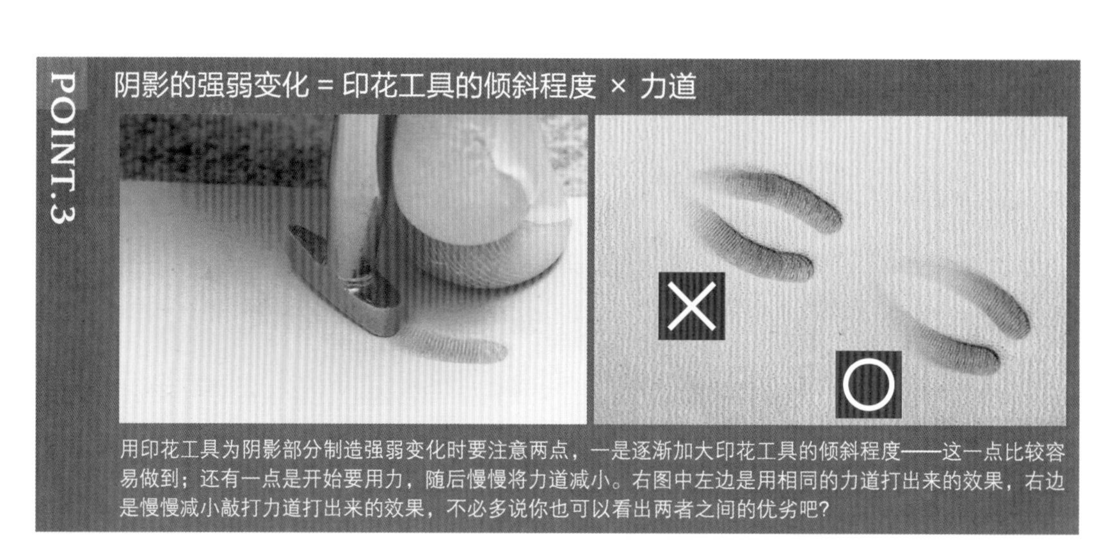

POINT.3

阴影的强弱变化 = 印花工具的倾斜程度 × 力道

用印花工具为阴影部分制造强弱变化时要注意两点，一是逐渐加大印花工具的倾斜程度——这一点比较容易做到；还有一点是开始要用力，随后慢慢将力道减小。右图中左边是用相同的力道打出来的效果，右边是慢慢减小敲打力道打出来的效果，不必多说你也可以看出两者之间的优劣吧？

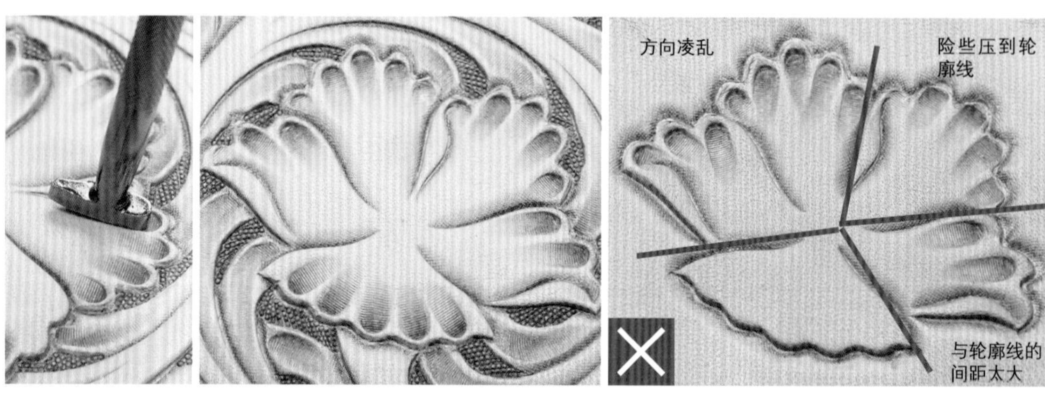

2 然后在花瓣的扇形饰边上打上 SKP368 印花。在每片花瓣上打印花时工具的尖头都应朝向中心点，即右图中红线的交叉点。若随意敲打，不仅阴影本身会显得凌乱，还难以与轮廓线保持均匀的间距，时而过大，时而过小。

3 接下来，如图所示在叶子上打上 SKP368 印花。同枝茎部分一样，这里也要尽量贴近轮廓线。

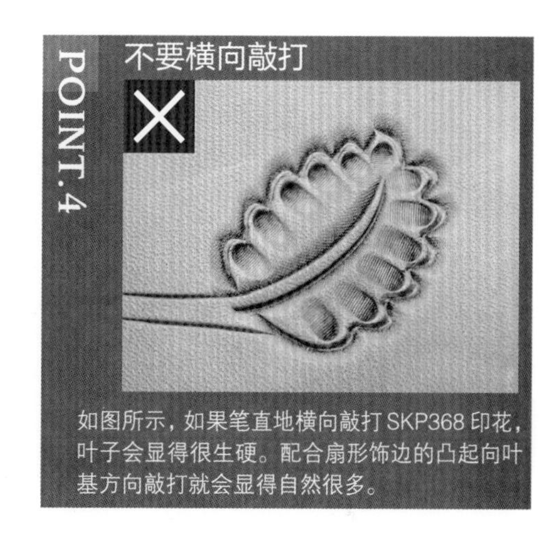

如图所示，如果笔直地横向敲打 SKP368 印花，叶子会显得很生硬。配合扇形饰边的凸起向叶基方向敲打就会显得自然很多。

4 最后还要在涡卷中心打上 SKP368 印花。这是拇指印花打完的效果。通过在花朵、叶子、涡卷和枝茎上添加强弱渐变的阴影，进一步增强了整幅图的灵动感和立体感。

⑤ 花蕊印花 / 拇指印花

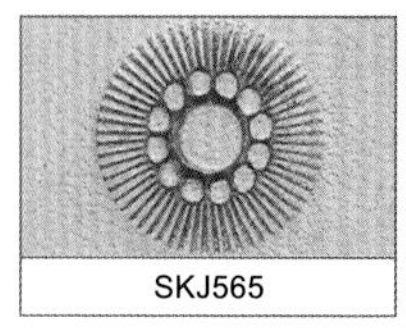

用花蕊印花辅以拇指印花来表现花的中心部分。

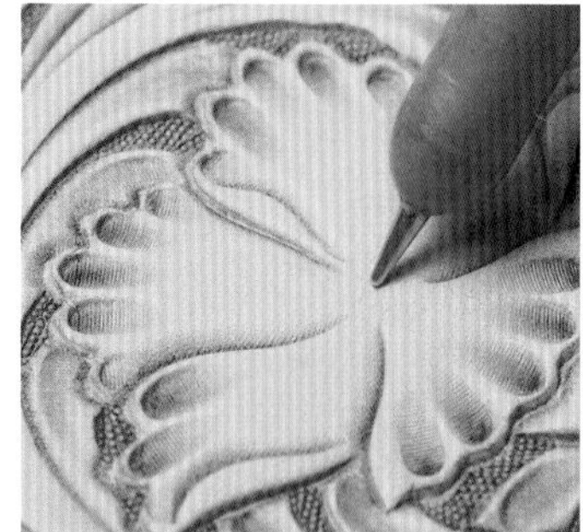

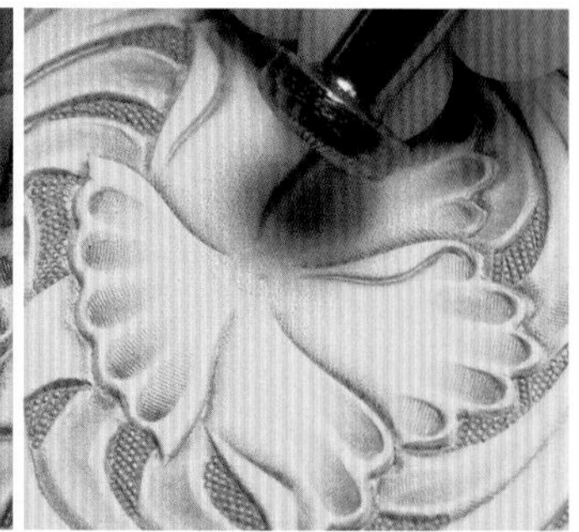

1 用铁笔在花蕊部分轻轻做上记号。先在记号处轻轻地敲打一下 SKJ565 印花，以此来确认位置是否合适。若发现位置并非正中心，调整后重新标记。

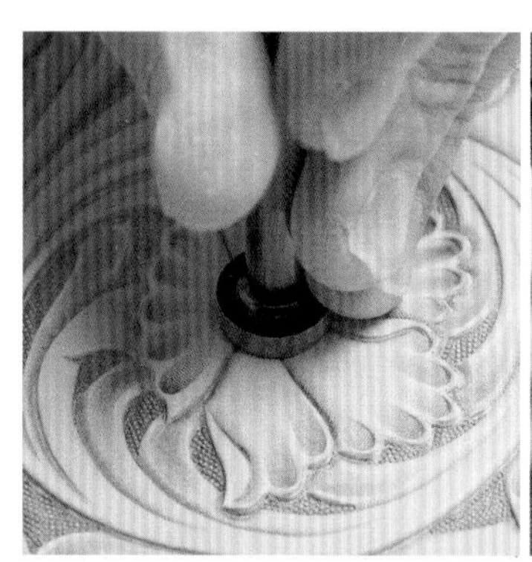

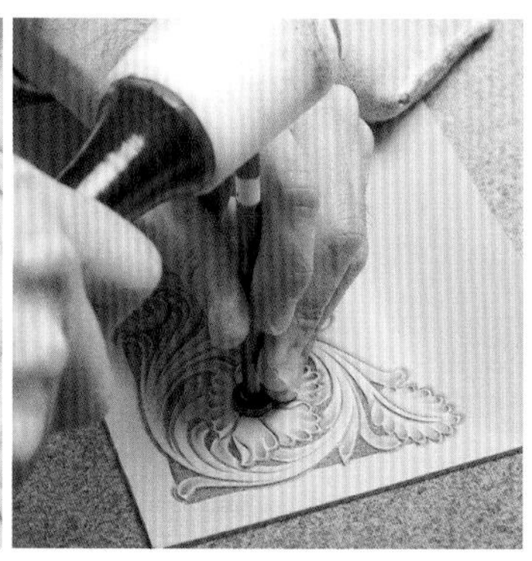

2 确定了中心点后用力敲打 SKJ565 印花，让印花工具的中心对准中心点。一定要用力敲打，让花蕊印花中的小圆点清晰地呈现出来。

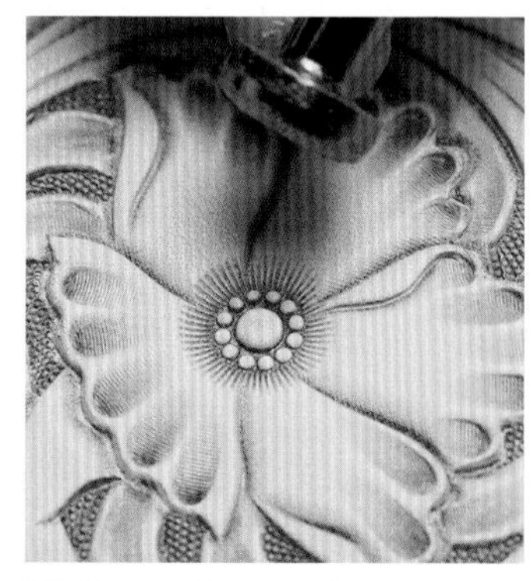

3 如果花蕊看起来不够清晰，反复用力敲打。

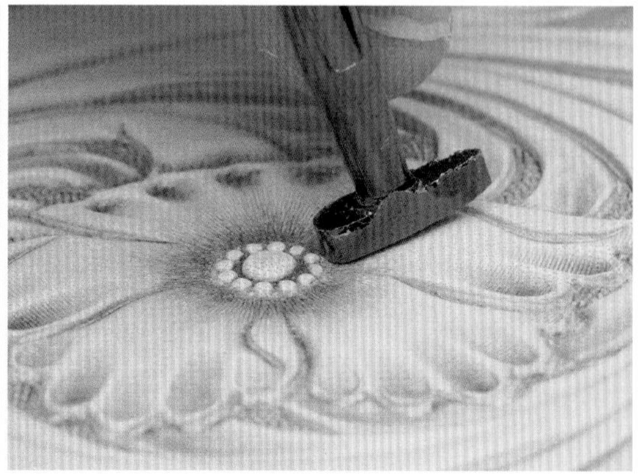

4 换用 SKP369 印花，敲打在花蕊印花的放射线上。敲打时将印花工具向花朵中心倾斜，并保持线条呈放射状。

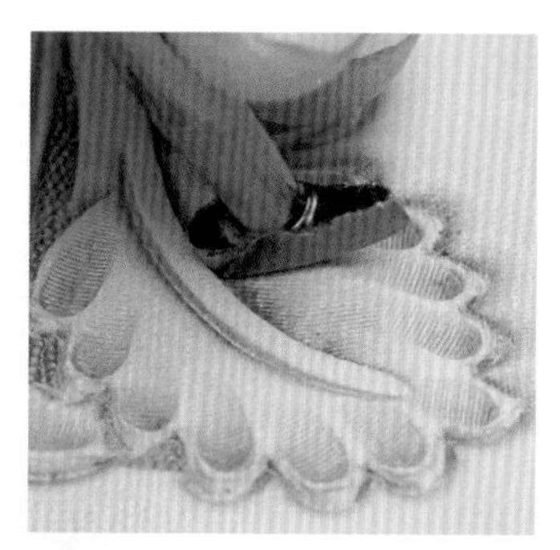

5 继续用 SKP369 印花打叶脉边缘。打的时候印花工具要如图所示向内倾斜。

POINT.5

正确倾斜印花工具才能增强立体感

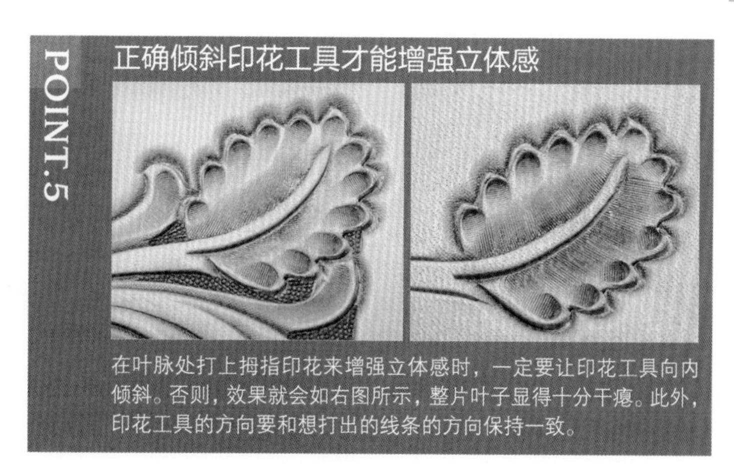

在叶脉处打上拇指印花来增强立体感时，一定要让印花工具向内倾斜。否则，效果就会如右图所示，整片叶子显得十分干瘪。此外，印花工具的方向要和想打出的线条的方向保持一致。

⑥ 装饰印花 / 打边印花

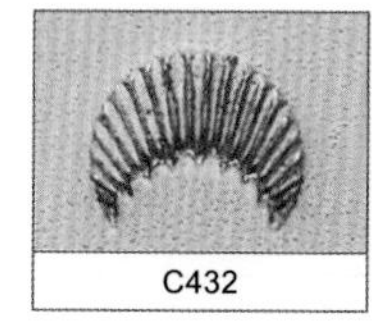

C432

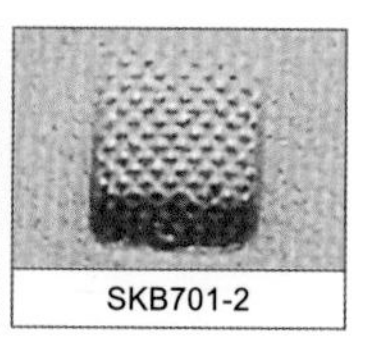

SKB701-2

用于对花瓣部分进行精加工。用 C432 装饰印花来表现花瓣的细微脉络。再次用 SKB701-2 打边印花来突显花瓣间的层次感。

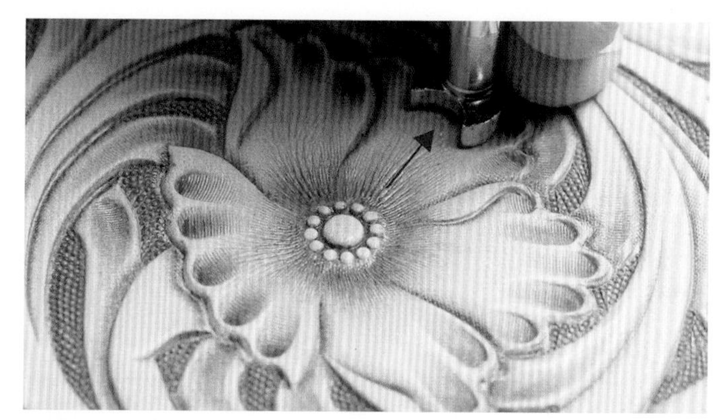

1 在花瓣上打上 C432 印花。敲打时如箭头所示从中间往四周打，力道逐渐减小。

2 换用 SKB701-2 印花，打在花瓣两侧的线条上，也就是两片花瓣重叠的部分上，进一步突显花瓣之间的层次感。

⑦ 叶脉印花

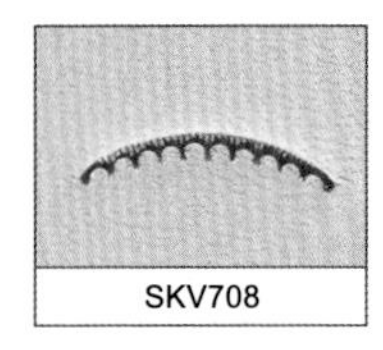

虽然名为叶脉印花，但并不局限于用在叶脉处，还可以用于花茎和涡卷。无论用在哪里，使用时务必倾斜工具。

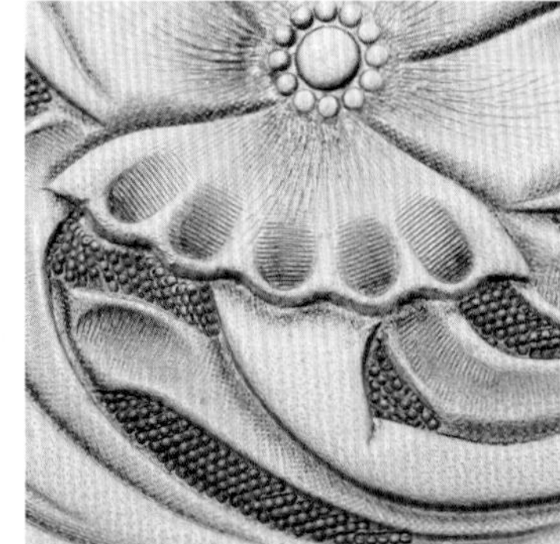

1 将叶脉印花打在花朵正下方的花茎上。如右图所示延着花茎竖直地打上 4 列左右的叶脉印花，具体数量根据图案的大小自行调整。

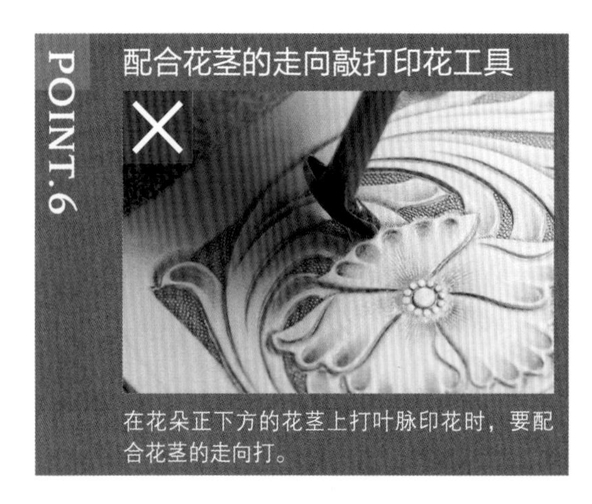

配合花茎的走向敲打印花工具

在花朵正下方的花茎上打叶脉印花时，要配合花茎的走向打。

2 接下来在叶子上打上叶脉印花。印花工具要与拇指印花的方向保持一致，不要像右图那样垂直于主叶脉敲打。

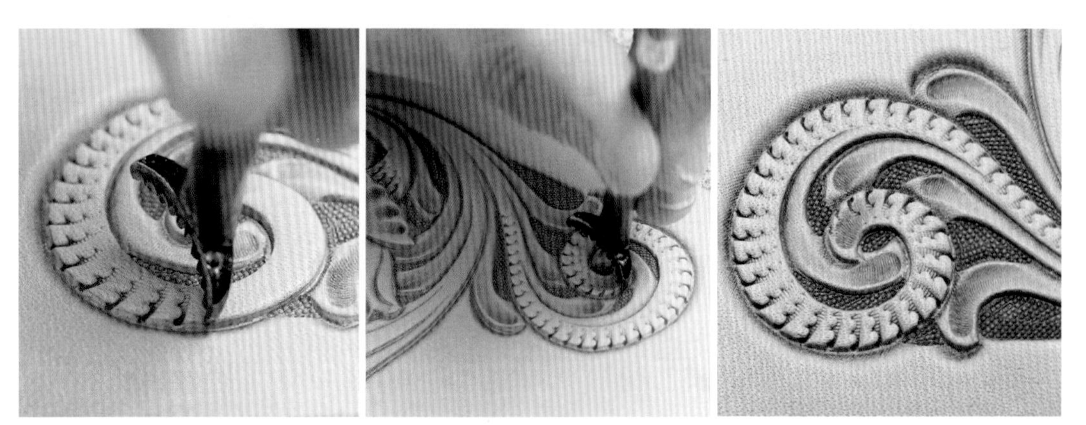

3 最后在涡卷上打上叶脉印花。打的时候要将印花工具如图所示略微倾斜，并且要等间距敲打。因为涡卷部分线条弯曲得比较厉害，敲打时要相应地改变皮革的方向。

⑧ 叶脉印花

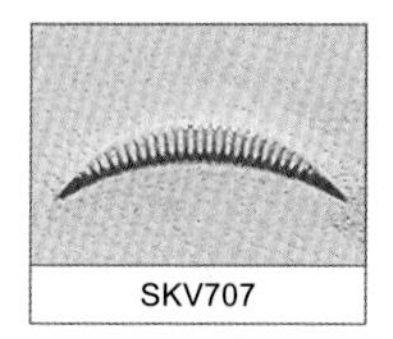
SKV707

用于突显主叶脉并区分一片花瓣与另一片花瓣。

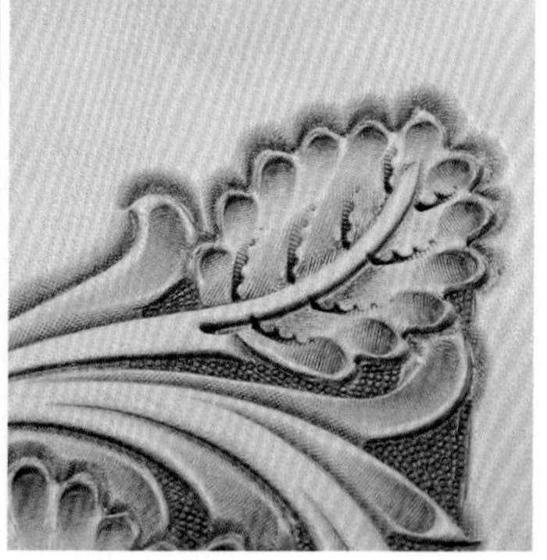

1 沿着主叶脉打上 SKV707 印花。不必将印花图案全部打上去，将工具稍微倾斜一些打出的印花更好看。

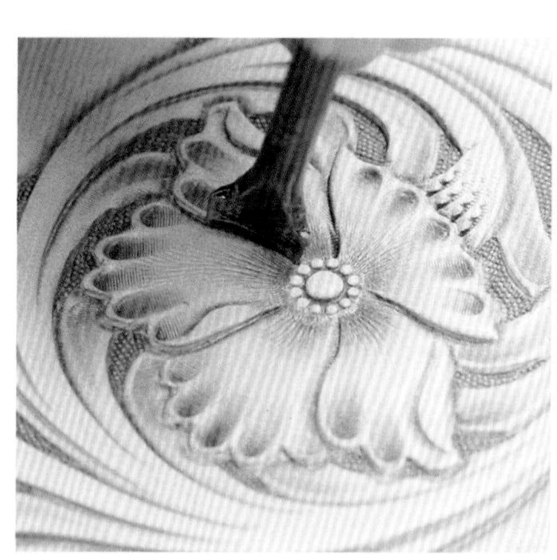

2 接下来在花瓣之间打上叶脉印花。打的时候要将工具略微向花蕊倾斜。

⑨ 种子印花

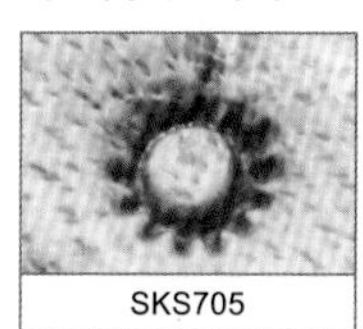
SKS705

虽然不是必须打的印花，但是具有画龙点睛的作用。

1 既然要画龙点睛，只在花朵正下方花茎的弯曲处打上一处 SKS705 印花就好。敲打时要用力，但不要用力过度以免损伤皮革。

⑩ 马蹄印花

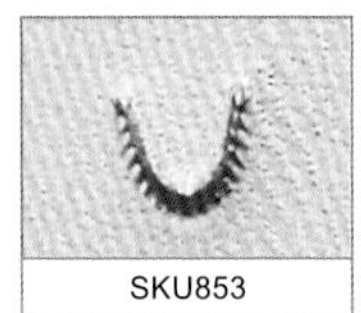
SKU853

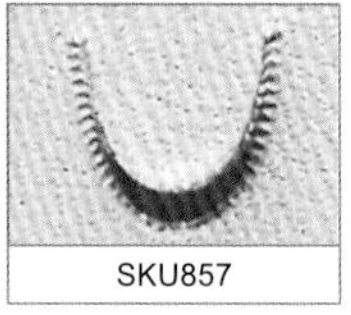
SKU857

形似马蹄，用来打在枝茎上，根据枝茎的粗细使用不同大小的印花工具。

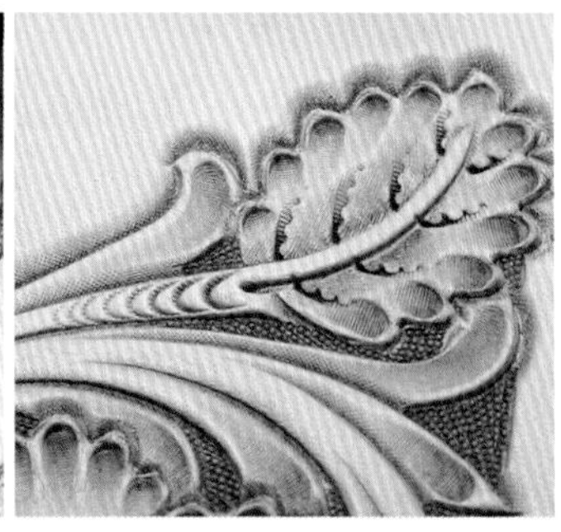

1 前面我们已经在花朵正下方花茎的弯曲处打上 SKS705 印花了，现在我们要如左图所示在 SKS705 印花的下方打 SKU853 印花。随着位置向根部移动，逐渐将印花工具往外侧倾斜并减小敲打力道。往叶茎上打印花的方法也是如此。

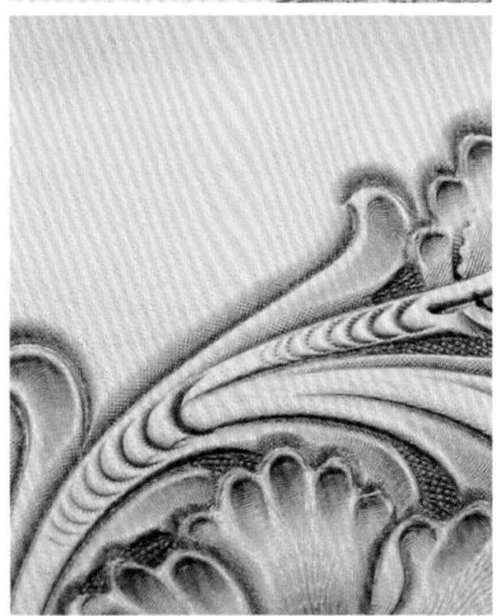

2 在枝茎的分岔处打上 SKU857 印花，打出的印花要逐渐变浅、变小。

3 这是马蹄印花全部打完的效果。枝茎的立体感更强了。到此为止，打印花的作业就结束了。参照此图，再次确认有无遗漏的部分。

最终修饰

最终修饰的位置、面积等没有具体规定，制作者的审美观和喜好不同，成品也会呈现出不同的效果。

1 皮革柔软时切割起来比较容易，所以切割前要先用海绵为皮革打水。不仅要在图案部分打水，整块皮革都要均匀地打上水。

2 将旋转刻刀在皮革毛面磨几下，去除附着在刀刃上的单宁和油脂。

POINT.1

最终修饰

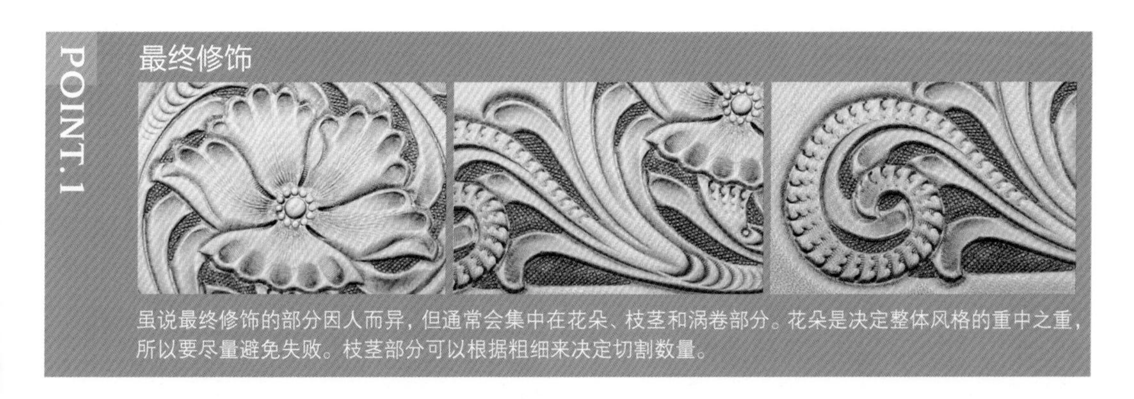

虽说最终修饰的部分因人而异，但通常会集中在花朵、枝茎和涡卷部分。花朵是决定整体风格的重中之重，所以要尽量避免失败。枝茎部分可以根据粗细来决定切割数量。

3 先来修饰作为主体的花朵部分。在花瓣正中竖着刻一条长线，再在两侧分别刻两条对称的短线……如图所示，每次都按照从中间到两侧的顺序刻，这样就能保持均衡。每片花瓣上线条的弧度依据花瓣的形态有所不同。

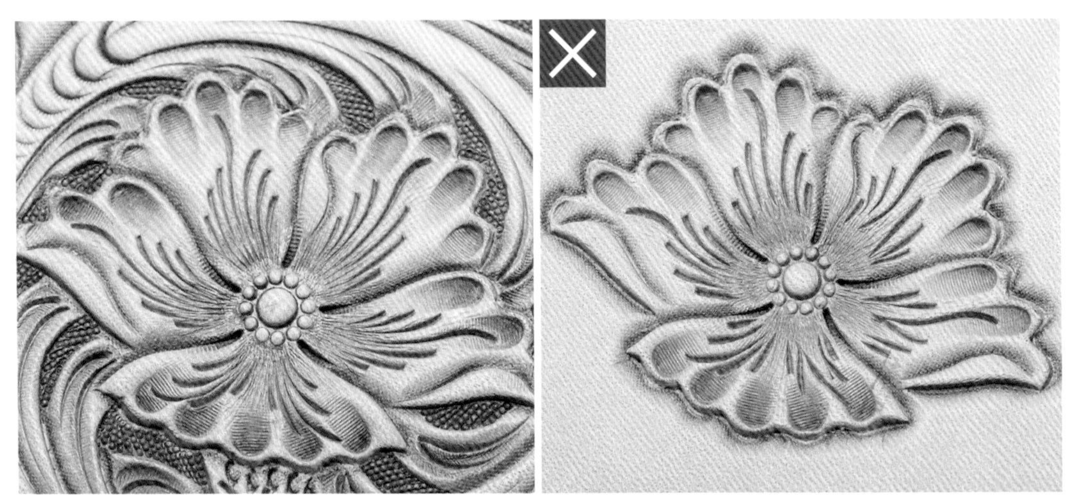

4 左边是对花朵进行了最终修饰后的效果。右边是失败的案例，因为刻线时缺乏章法而使整体显得很凌乱。只要使切割线全部朝向中心，就能呈现出紧凑的效果。

5 接下来对涡卷进行最终修饰，从中心向根部分成数段用淡出法切割。

6 最后对枝茎进行最终修饰。从顶端出发，沿着轮廓刻出长线条和短线条。因为打上印花的地方比较硬，所以经过印花时可稍微用力。

7 这是完成最终修饰的效果。经过最终修饰，作品变得富有跃动感，精致而奢华。到此为止，谢尔丹风格皮雕就全部完成了。可以按照自己的喜好进行染色，为作品增添不一样的感觉。

CUT WORK
切割工艺

切割工艺指只通过用旋转刻刀切割线条来制作图案的工艺。这种工艺既可以制作出独立的作品，也非常适合用来练习皮革切割技巧。本章同样由精于此道的大家老师来进行讲解示范。

考验刻工的艺术

上图中如羽毛一般的花纹，就是只用旋转刻刀刻出的线条构成的，运用的就是切割工艺。在切割工艺中，所用的工具只是一把旋转刻刀，因此成品的好坏全取决于制作者的手法。而且，与前面介绍的刻刀线时要将图案全描在皮革上不同，运用切割工艺描图时只描基础线条（主线）。周边线条（支线）之间要保持等距，而且要朝基础线条的方向淡出，这是更为上乘的技艺。如果能熟练掌握这项技艺，对旋转刻刀的运用也会炉火纯青，因此希望大家务必一试。

这是大家老师切割前的基础线条图样。切割工艺的设计很自由，你可以尝试原创。

1 首先以图样为准，在皮革上描基础线条。线条要描浅一些。

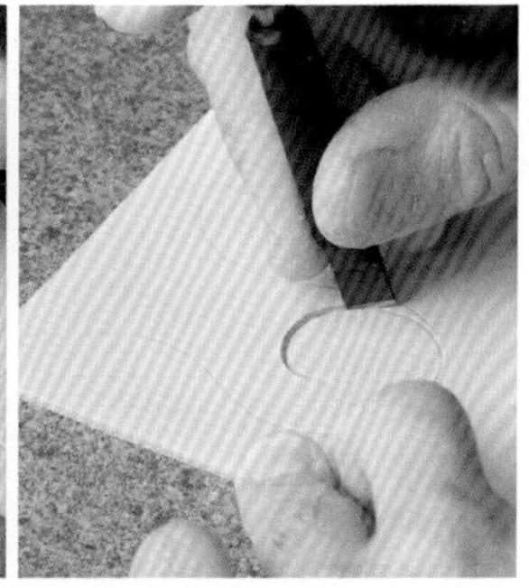

2 先切割基础线条。为了突显基础线条，需切割得稍微深（粗）一些。就切割工具而言，宽刀头更合适。

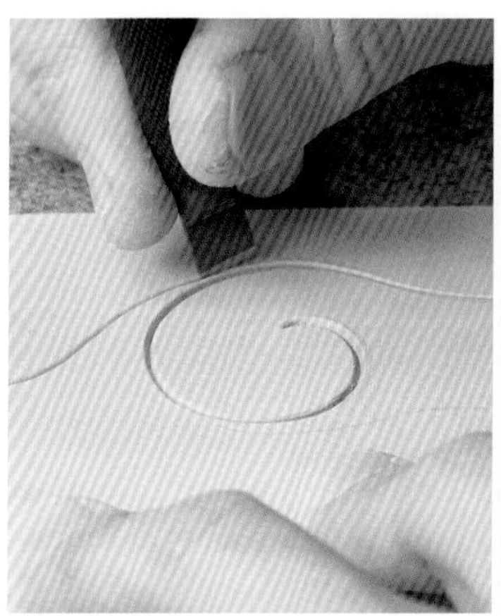

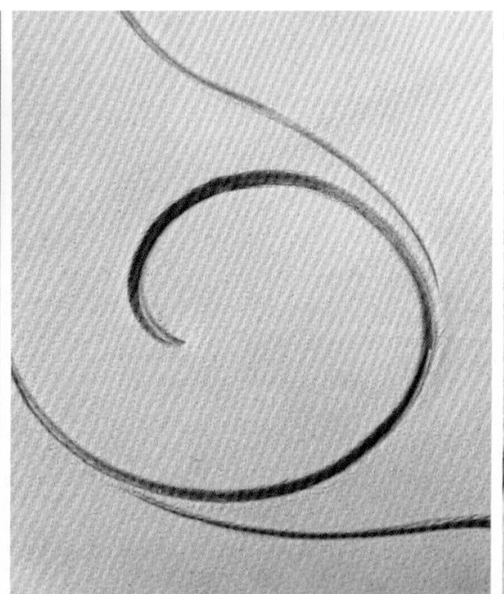

3 切割工艺的原则就是淡出。当准备刻一条新线条时，要先找到它与上一根线条淡出后的延长线交汇的感觉，然后进行切割。

4 这是基础线条切割完成的样子。以这些线为基准，继续在周边刻出更细致的花纹。

POINT.1

准确判断线条的走势

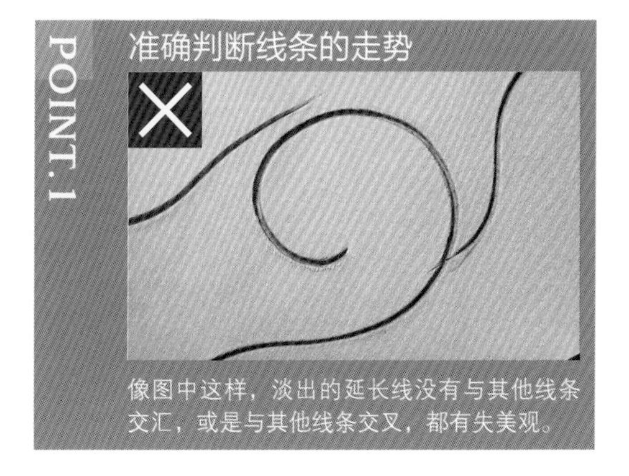

像图中这样，淡出的延长线没有与其他线条交汇，或是与其他线条交叉，都有失美观。

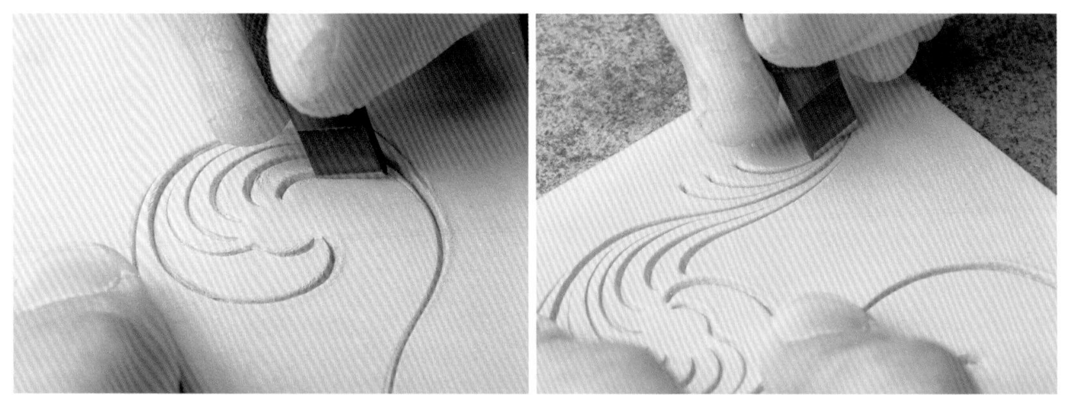

5 在基础线条的内侧等距离地切割支线时，要在心里判断一下它们淡出的延长线是否和基础线条交汇。在这个基础上才能完成漂亮的图案。外侧的切割也是如此。

6 要时常注意支线淡出时的强弱变化。每条支线淡出的延长线都要能与基础线条交汇。重点在于沿着线条走势切割。谢尔丹风格皮雕切割时也是同理。

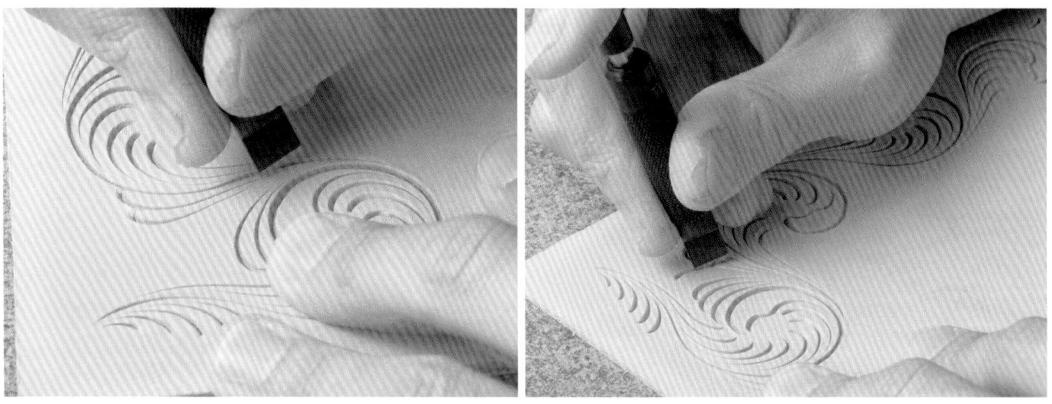

7 在相邻的基础线条之间添加一些仿佛被卷入深谷的细小的切割线。

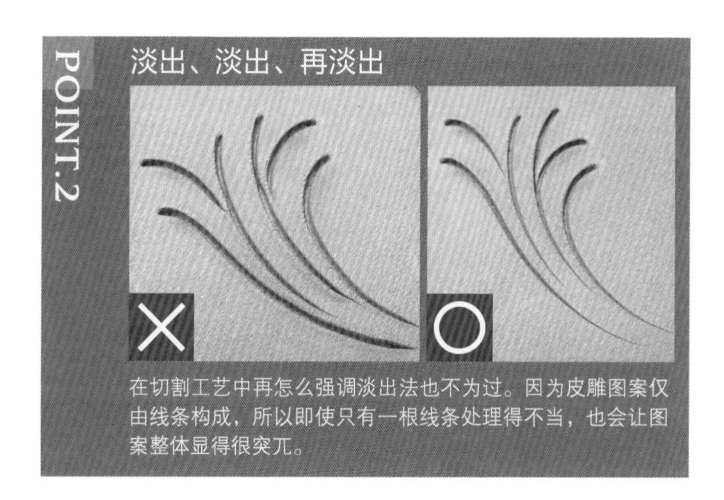

在切割工艺中再怎么强调淡出法也不为过。因为皮雕图案仅由线条构成，所以即使只有一根线条处理得不当，也会让图案整体显得很突兀。

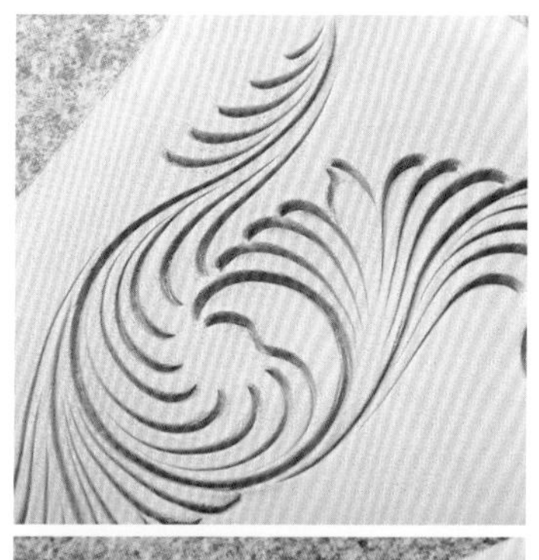

8 这是完成时的样子。切割每一条线时都要考虑它与周边线条间的强弱关系，成品才会漂亮。第一次练习切割工艺就切割如此大面积的作品有些难度，建议先一小块一小块地进行练习。

SHERIDAN STYLE CARVING
谢尔丹风格皮雕（进阶）

前面我们已经练习雕刻了以一朵花为主体的谢尔丹风格的图案，如果你已经熟练掌握了，那么接下来让我们挑战一下由几朵花和涡卷等组合而成的复杂图案吧！本章的示范作品为长皮夹，图案包括唐草纹及大面积的网格印花。

复杂的图案交织出奢华之美

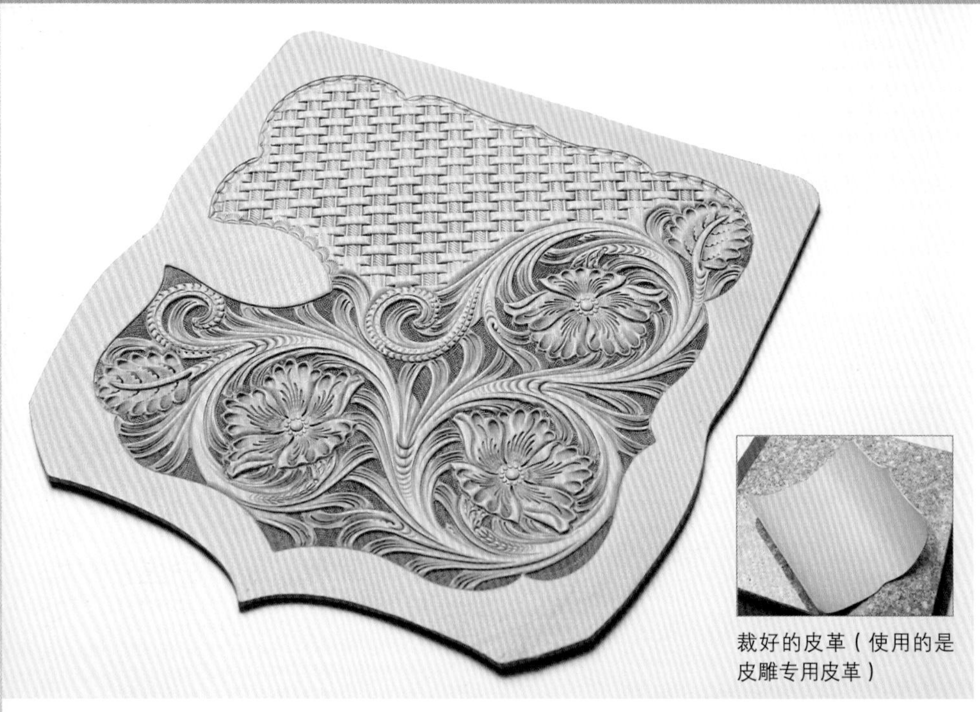

裁好的皮革（使用的是皮雕专用皮革）

在熟练掌握了谢尔丹风格皮雕的基础后，让我们尝试着动手制作一件配饰。前面的图案没有边框的限制，可以随个人喜好任意雕刻图案，而这次我们要根据设计好的图样来雕刻。这种图案是闭合式的，图中的枝茎等甚至会因为边框的限制而被截断。

总的来说，只是花朵和枝茎的数量变多，刻刀线的方法和打印花的方法与前面基本相同，但随着图案变复杂，对切割的精细度的要求也随之提高，同时打印花的次数也增多了。步骤增多，细节增多，相对而言失败的可能性也增大了，因此务必集中精神进行操作。无论一件作品有多复杂，按照规范耐心地将每一处小细节处理到位永远是做出好作品的不二法门。

图样（请放大至 125% 使用）

这就是我们这次要制作的长皮夹的皮雕图样。

刻刀线

在皮革上描上图案后，先用旋转刻刀刻刀线。刻的时候要注意顺序——前面的图案是开放式的，所以先刻作为主体的花朵；而本章中的图案是用边框围起来的闭合式图案，所以要先把边框线刻好。

1 将裁好的皮革和已经描好图案的描图纸准备好。

2 用海绵将皮革均匀充分地打湿。在皮革上放好描图纸并用镇石压住，用铁笔按照图案勾勒线条。

POINT.1

确认有无漏描的线条

描好后，不要急着把镇石拿掉，再次确认一下有无漏描的地方。

3 为了方便在后面的步骤中确定位置，分别在皮夹横、竖边线的中心点做上记号。

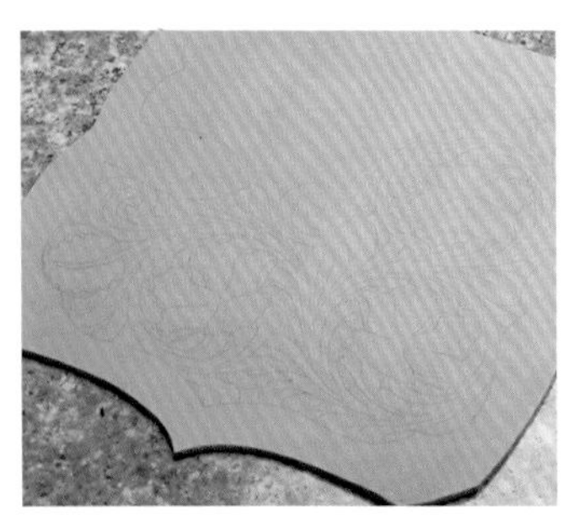

4 这是在皮革上描完图的样子。

5 首先刻边框线。这次采用的是单线切割方式，也可以采用双线切割，成品风格完全不同。

POINT.2 单线切割和双线切割的区别

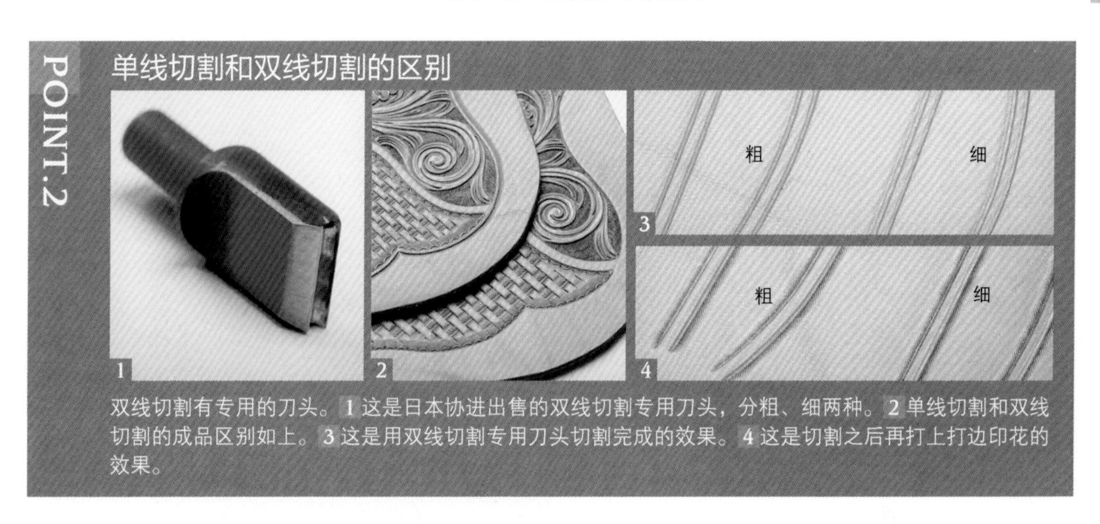

双线切割有专用的刀头。1 这是日本协进出售的双线切割专用刀头，分粗、细两种。2 单线切割和双线切割的成品区别如上。3 这是用双线切割专用刀头切割完成的效果。4 这是切割之后再打上打边印花的效果。

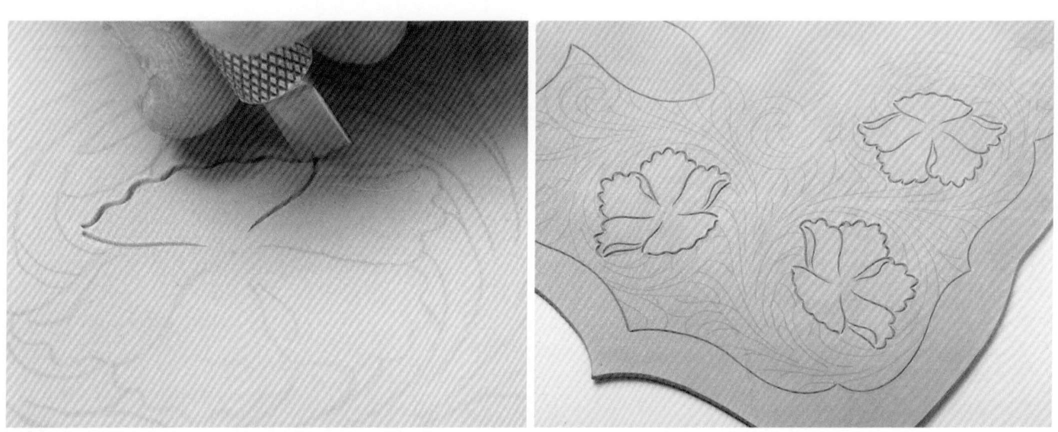

6 接下来刻花朵。和前面一样，扇形饰边从顶点往左右两边切割，花瓣间的线条则向花蕊方向淡出。

7 叶子的扇形饰边从叶尖往两侧切割，叶脉则向叶尖方向淡出。这是 3 朵花和 2 片叶子切割完成的效果。

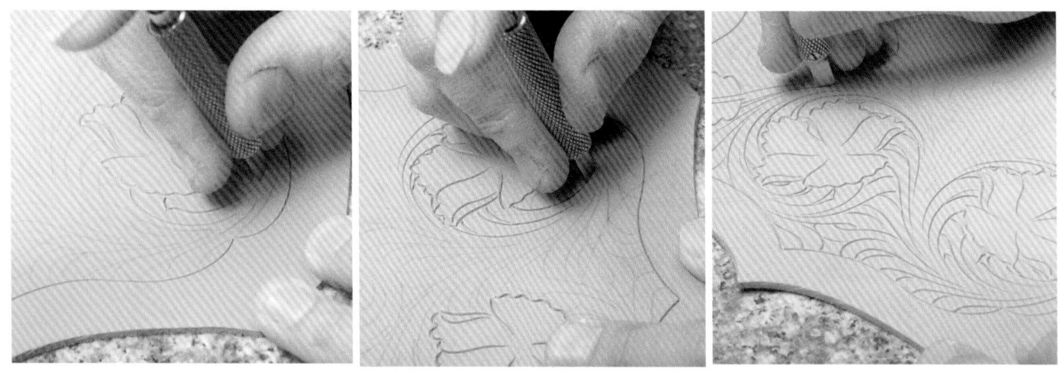

8 前面我们先刻涡卷再刻枝茎，但是本章中由于枝茎数量较多，图案复杂，所以我们将涡卷视为枝茎的一部分，从花的根部开始刻，刻的时候要照顾到涡卷和枝茎之间的平衡感。

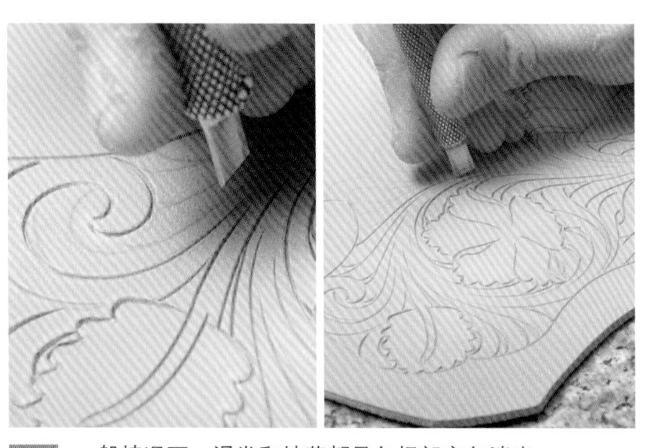

9 一般情况下，涡卷和枝茎都是向根部方向淡出。

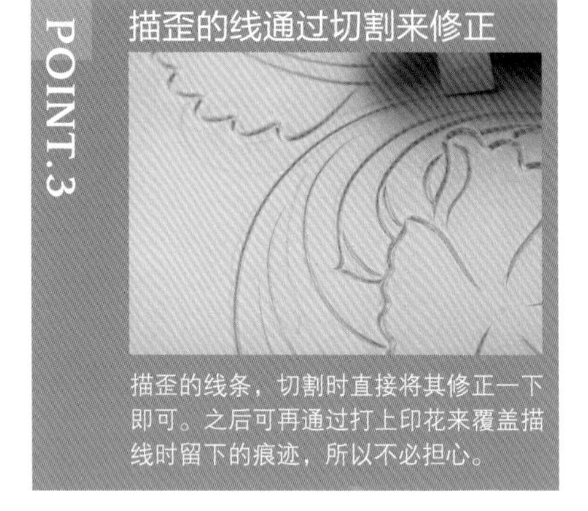

POINT.3

描歪的线通过切割来修正

描歪的线条，切割时直接将其修正一下即可。之后可再通过打上印花来覆盖描线时留下的痕迹，所以不必担心。

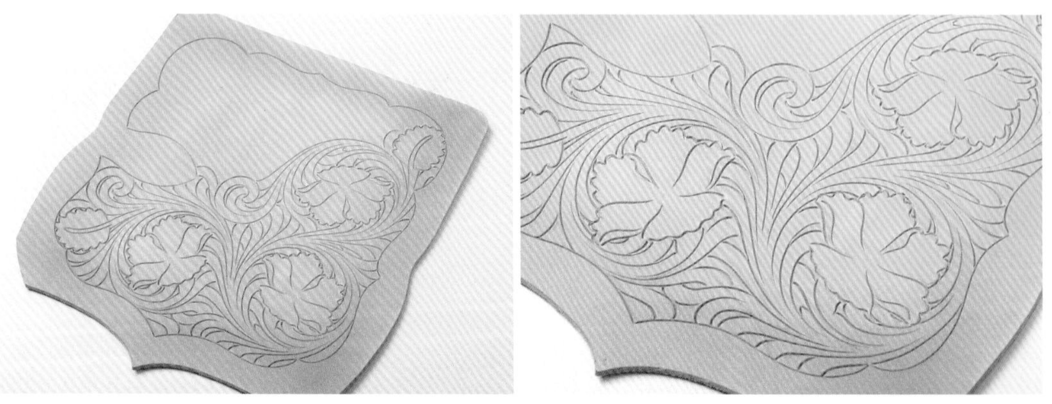

10 这是切割完成的效果。图案比较复杂，需在充分理解枝茎间层次关系的基础上着手切割。

11 打印花之前，先用吹风机将皮革表面吹至即将恢复原来的颜色。皮革的含水量对完成漂亮的印花作品至关重要。刻刀线时，皮革处于湿润的状态比较好，但是打印花时，表面处于半干未干的状态比较适宜。

打印花

刻完刀线后，就要开始打印花了。使用的印花工具的数量和打的顺序和前面基本相同，但是由于需要打印花的地方较多，所以要留意有无漏打或打错的地方。建议一边打一边对照各步骤的完成效果图进行确认。

① 浮雕印花

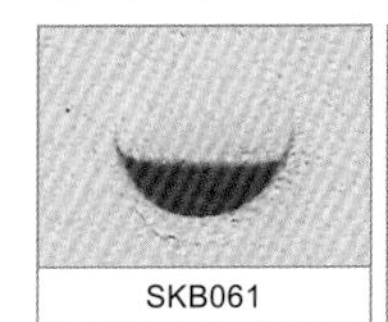
SKB061

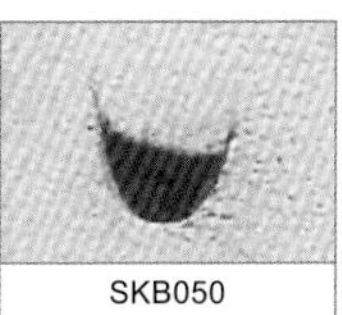
SKB050

用于为打边印花打底。打的时候根据敲打部分的面积选用不同尺寸的印花工具。

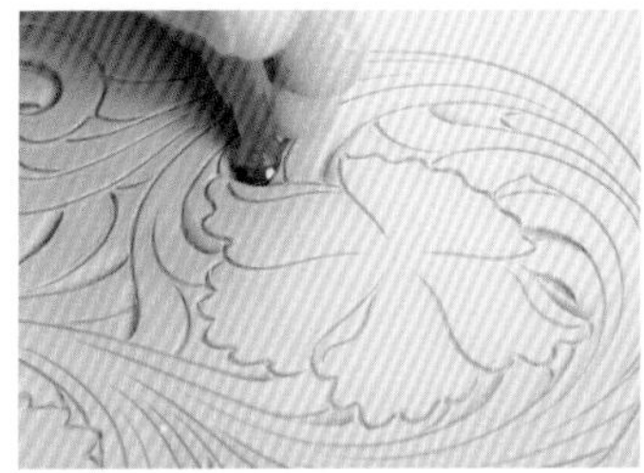

1 在枝茎内侧最弯曲的地方打上 SKB061 印花。注意不要遗漏细小的部分。

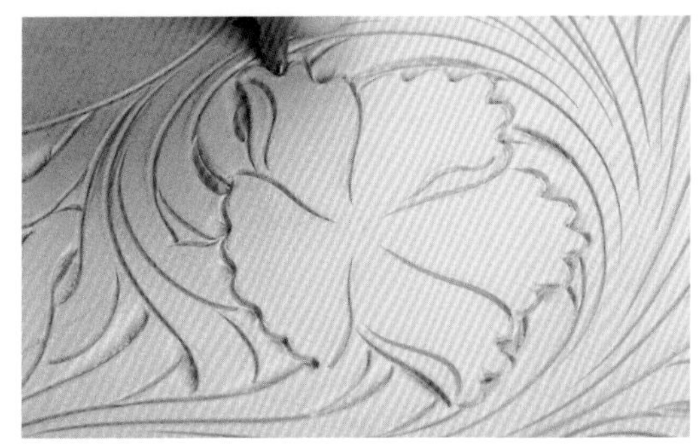

2 在花朵和叶子的扇形饰边上打上 SKB050 印花。这种印花工具的尖头比较尖锐，注意敲打的力道不要过大，以免皮革破损。

3 这是浮雕印花打完的效果。参考此图确认有无漏打的地方。

② 打边印花

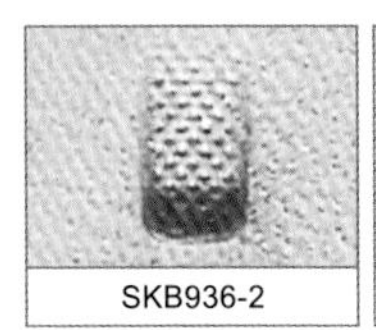
SKB936-2

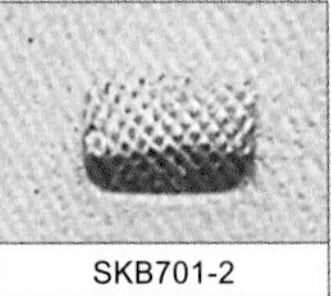
SKB701-2

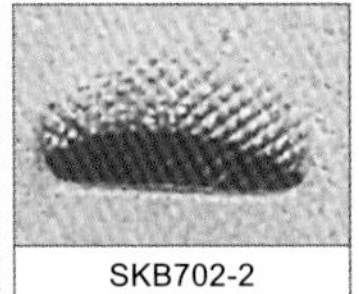
SKB702-2

根据宽窄分为 3 种，要将它们灵活运用于不同部分。

1 从边框线开始敲打。因为这是闭合式图案，连贯敲打即可，不必担心会错打到其他线条上。网格印花部分的边框线无须打上打边印花。

2 边框线上都打上印花后，在枝茎和涡卷部分也打上打边印花。

3 这是边框线、涡卷和枝茎都打上打边印花的效果。枝茎打上打边印花后，强弱效果分明，更具谢尔丹风格。

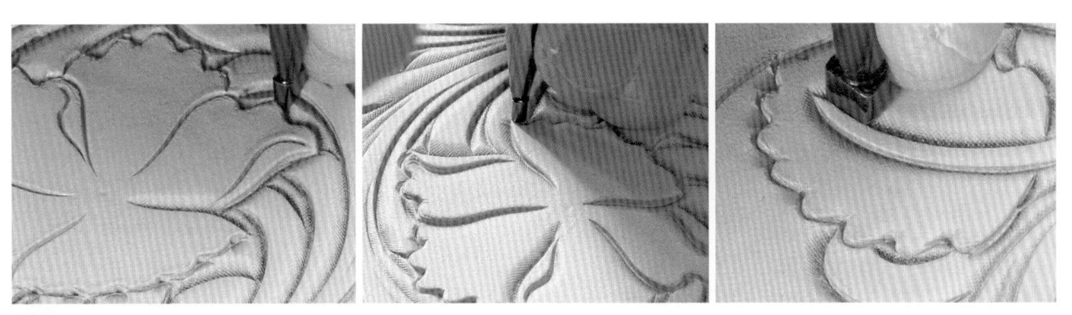

4 接下来在花朵和叶子上打打边印花。将 SKB936-2 印花打在花朵和叶子的扇形饰边上，叶脉处换用 SKB701-2 印花。注意花瓣之间的重叠处看起来是否自然。

5 这是打边印花全部打完的效果。打边印花是用来突显立体感的最重要的印花，要仔细确认有无遗漏的地方。

③ 背景印花

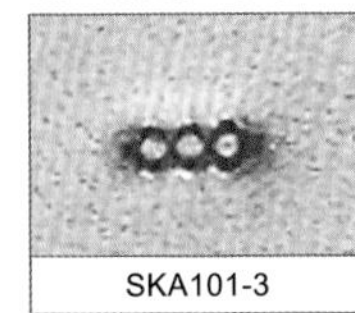
SKA101-3

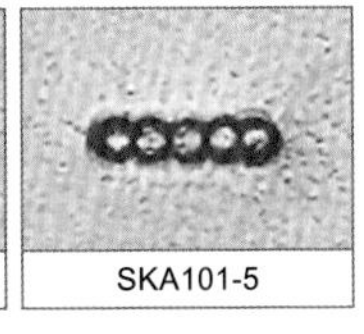
SKA101-5

和前面相比，本章图案中的背景更为细碎，所以更多地用到了由三个小圆点组成的 SKA101-3 印花。

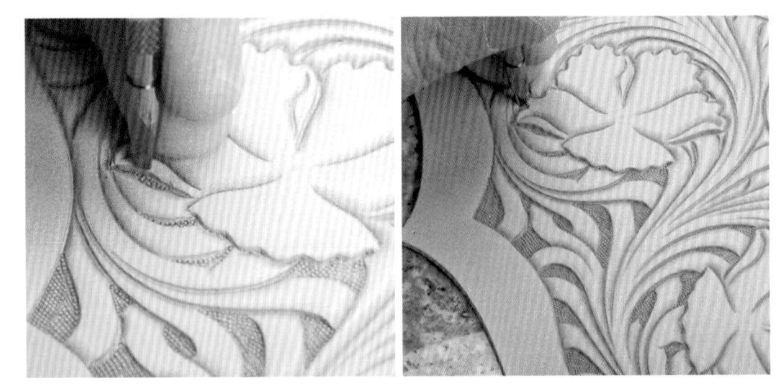

1 背景印花的使用方法和前面介绍的一样——用均匀的力道敲打，小圆点间尽可能不要彼此交叉重叠。SKA101-3 印花用于面积较小的部分，面积较大的部分则使用 SKA101-5 印花。

POINT.4 水分先从边缘处开始蒸发

皮革容易从边缘处开始干燥，所以打水的时候，四周要多打一些。

2 这是背景印花全部打完的效果。背景打上印花后呈深色，更加衬托出图案的魅力。至此已能让人充分领略到谢尔丹风格的美感。

④ 拇指印花

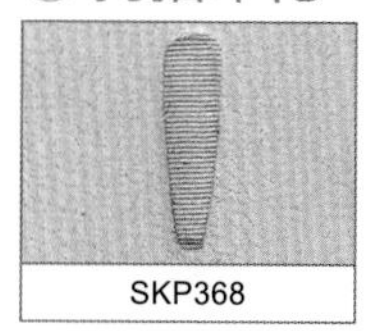

是阴影印花的一种，多用于为花瓣、叶子和枝茎等增添生机。

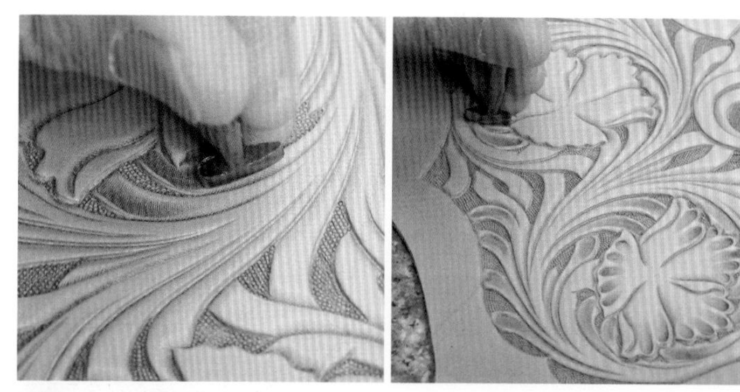

1 在枝茎顶端和涡卷中心打上拇指印花。尽可能将印花打在靠近顶端或中心的地方，但同时要注意不能压到轮廓线。如果花朵较多，可以按朝向分组敲打。

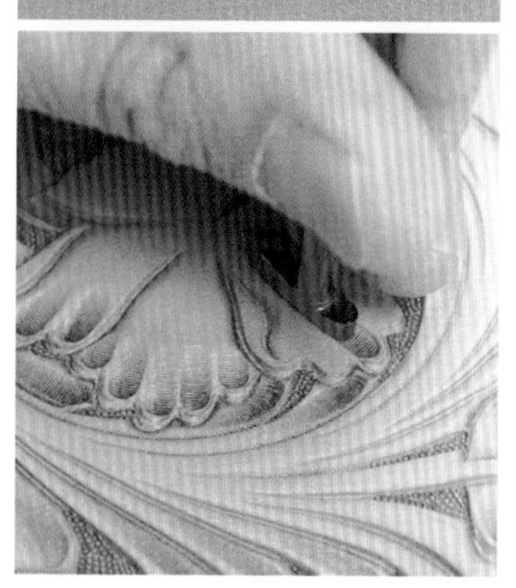

2 在叶子和花瓣上打印花时，注意印花的延长线要能交汇于一点，要在印花末端打出模糊不清的效果。

3 这是拇指印花打完的效果。花瓣、叶子、涡卷和枝茎生动而富有立体感。对印花末端进行模糊处理视觉效果也很不错，整个图案呈现出轻盈的感觉。

⑤ 花蕊印花 / 拇指印花 / 装饰印花 / 打边印花

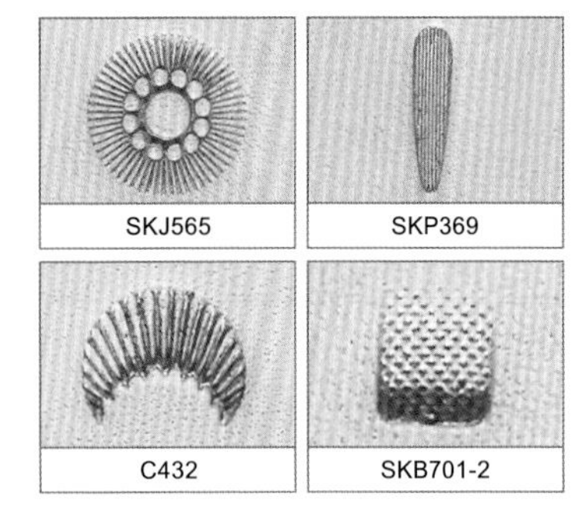

均用于进一步雕饰花朵和叶子。打SKJ565 印花时要用力。C432 印花无须打得太清晰，只需轻轻敲打即可。而打SKP369 印花时则要以花蕊为轴，转着圈敲打。

1 先在花朵中心打上 SKJ565 花蕊印花，然后用 SKP369 印花将花蕊印花的放射线模糊化。两种印花工具均需与花朵中心保持垂直。

2 在每片花瓣上轻轻地打上 C432 印花，再将 SKB701-2 印花打在花瓣两侧的轮廓线上，以突显前面被碾压过的轮廓线。

3 同样用 SKB701-2 印花突显叶脉。

4 如此，通过在花朵和叶子上制作花纹，花朵和叶子变得更加栩栩如生了。

⑥ 叶脉印花

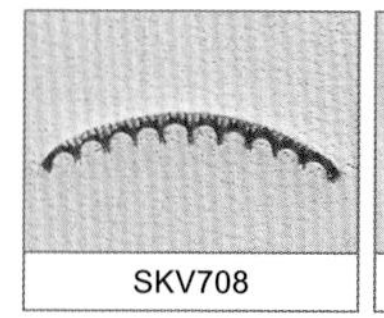
SKV708

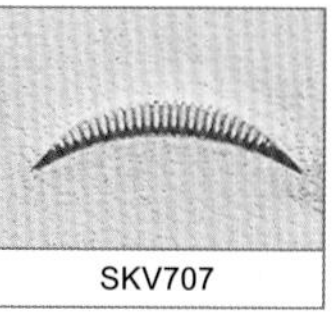
SKV707

SKV708 印花可以用来表现叶脉和涡卷上的纹理，也可以用来收尾。SKV707 印花用在分界线处，起强调的作用。

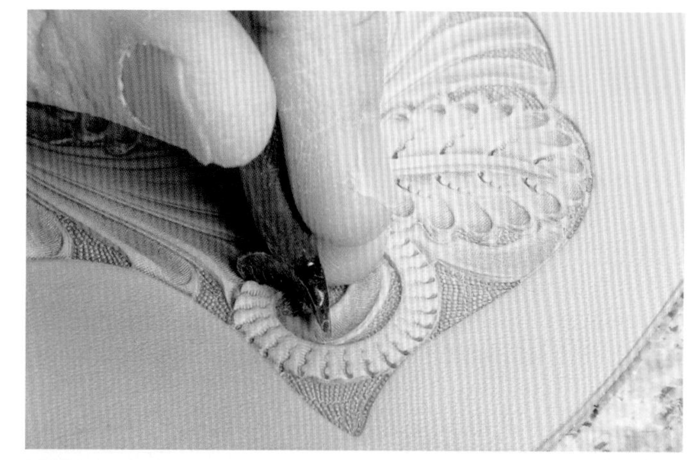

1 在涡卷部分打上 SKV708 印花，等距离倾斜着向中心敲打。叶子部分也使用此印花，配合拇指印花的角度，在主叶脉的左右两侧各敲打四处，同样保持等距。

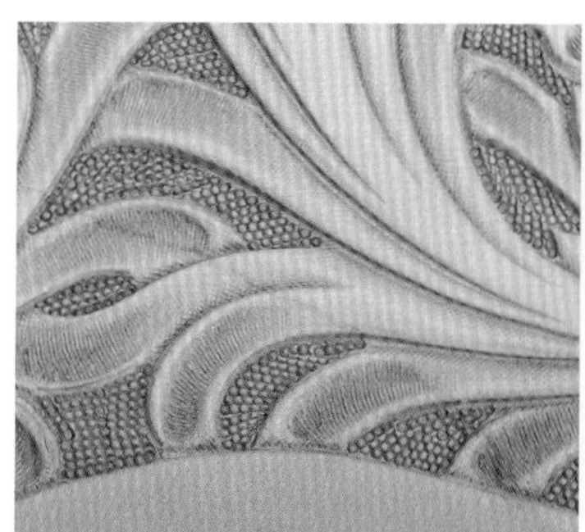

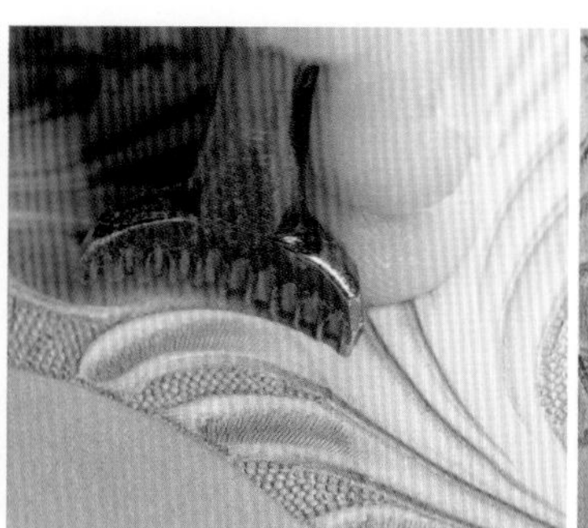

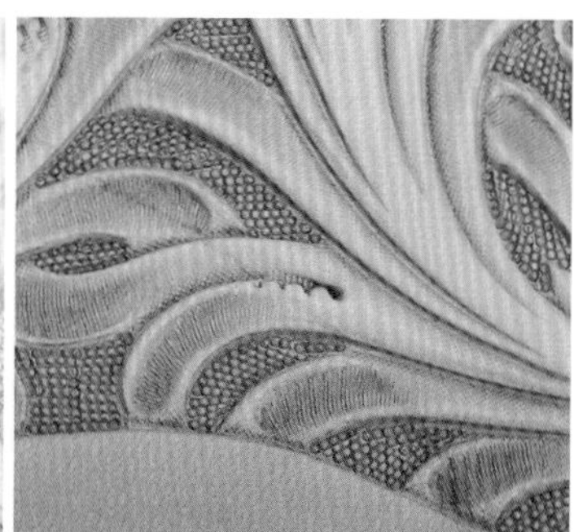

2 在只分成两枝的枝茎分岔处打上 SKV708 印花收尾。图样中这样的分岔处有两处。稍稍倾斜印花工具，用印花工具约 1/3 的部分敲打即可。

3 接下来用 SKV707 印花进行强调。在两片花瓣的分界线和叶脉基部用印花工具的一端进行敲打。在花朵正下方的花茎上打上 4 列左右的 SKV708 印花。

⑦ 种子印花 / 马蹄印花

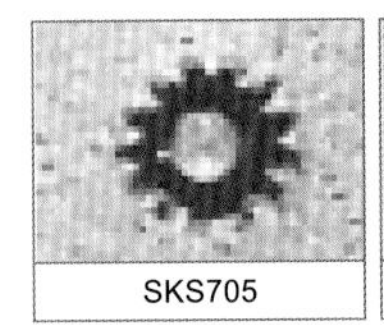
SKS705

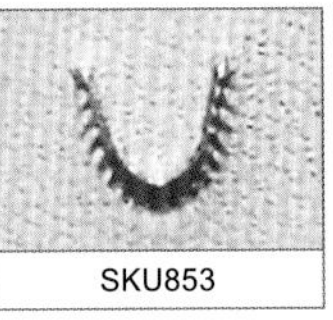
SKU853

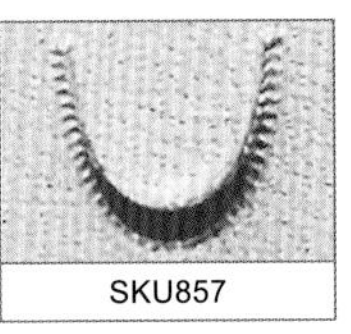
SKU857

两种都用于对分界线进行强调，SKS705 印花用于花朵正下方花茎的弯曲处，两种马蹄印花则依据弧度大小打在枝茎的分岔处。

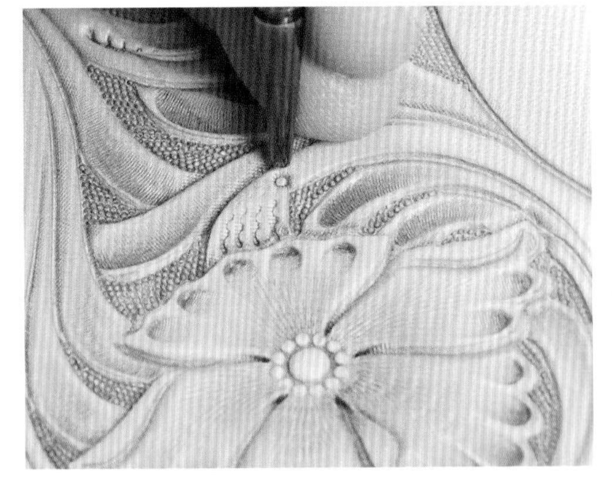

1 在花朵正下方花茎的弯曲处打上SKS705 印花，此图案中共有 3 处。

2 如图所示将 SKU853 印花打在花茎和叶茎上。将 SKU857 印花打在枝茎的分岔处。

3 这是种子印花和马蹄印花敲打完成的效果。马蹄印花要打得越来越浅、越来越小，使枝茎的层次关系以及立体感更清晰。

最终修饰

最终修饰是最后的收尾作业。其中，最重要的是掌握切割工艺，制造出漂亮的淡出效果。最终修饰还考验个人的审美能力——切割得太多会显得杂乱，太少又缺乏奢华感，因此务必慎重地选择切割的部位和数量。

1 一般在花瓣、枝茎的顶端和涡卷等处进行最终修饰。

网格印花

网格印花常与谢尔丹风格的唐草纹组合使用。乍看很像交叉编织而成的篮子的网眼，但其实只需单纯地按一定的顺序敲打印花工具即可。这里介绍和基础篇不同的网格印花敲打方式。

⑧ 网格印花 / 边框印花

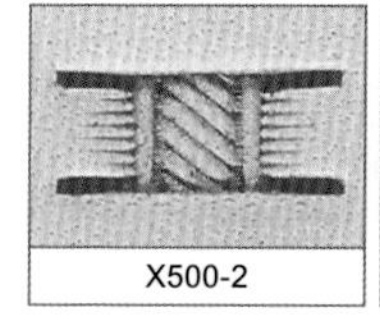

X500-2 印花被称为网格印花，是一种基本印花。D435-2 印花常被打在 X500-2 四周作为装饰。

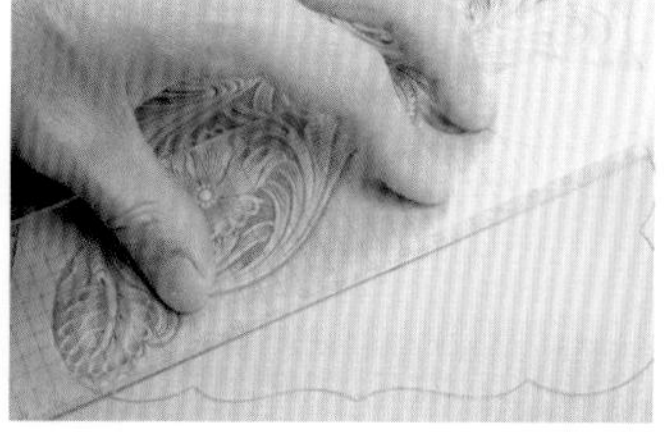

1 选取任意角度画线。因为这条线将成为基准线，所以尽量取最长的对角线。

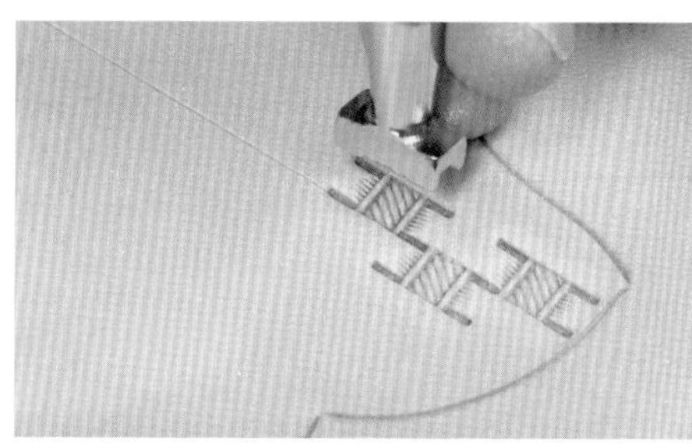
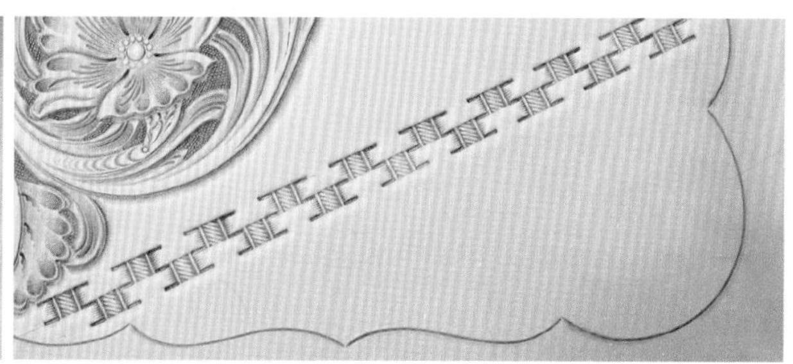

2 在基准线两侧交互敲打 X500-2 印花。先像图中那样打出两排。

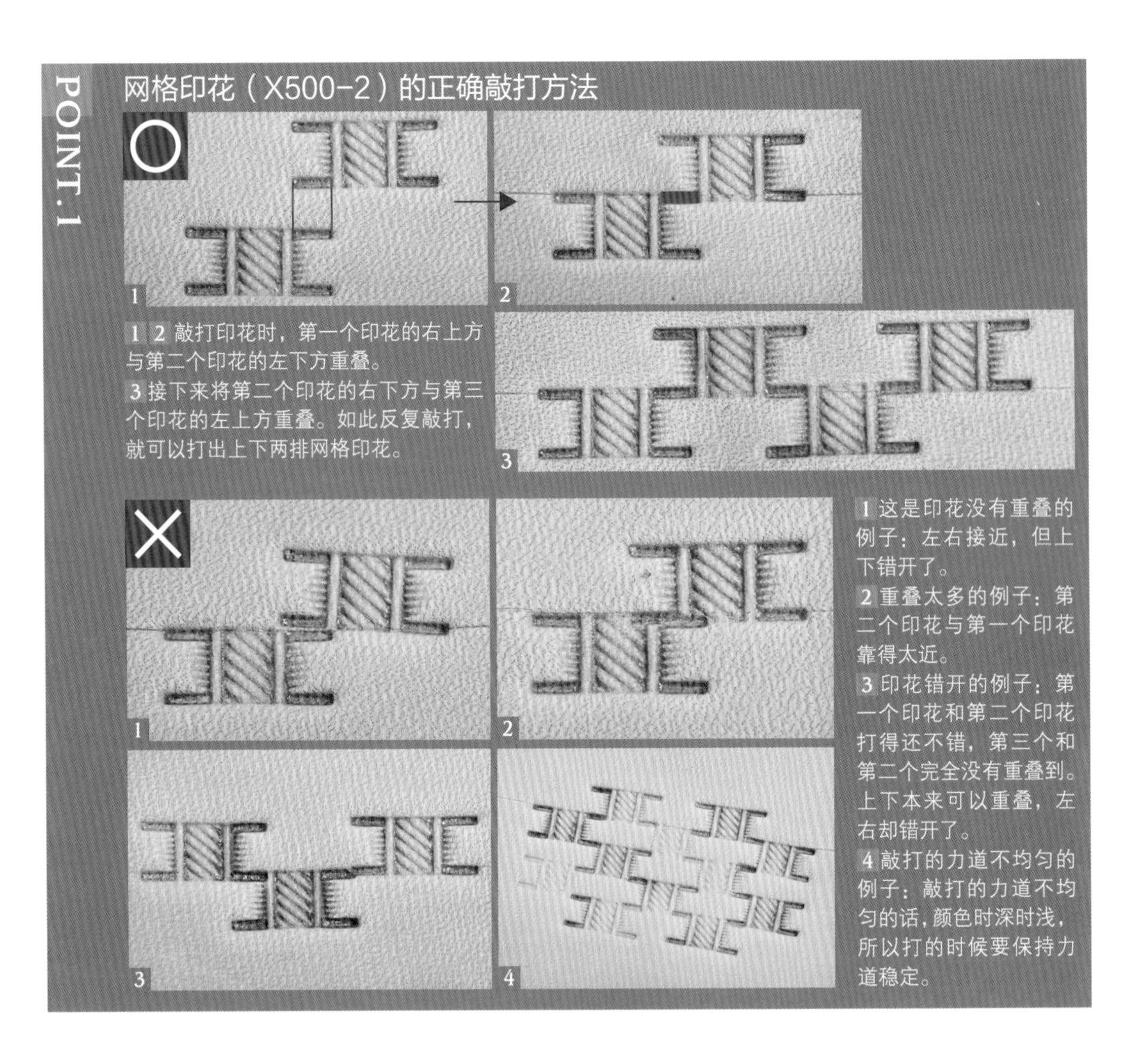

3 接下来打上第三排印花，第三排只需重叠着已经敲打好的印花继续敲打即可。

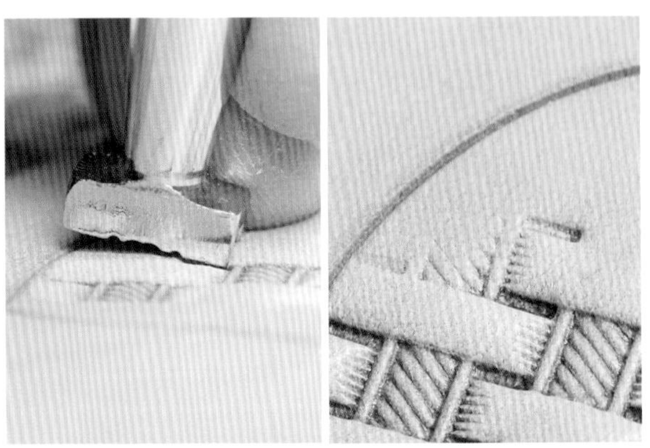

4 打到将要和边框线重叠的最外面一排时，将印花工具倾斜着敲打，让印花模糊不清，这样就不会压到边框线了。

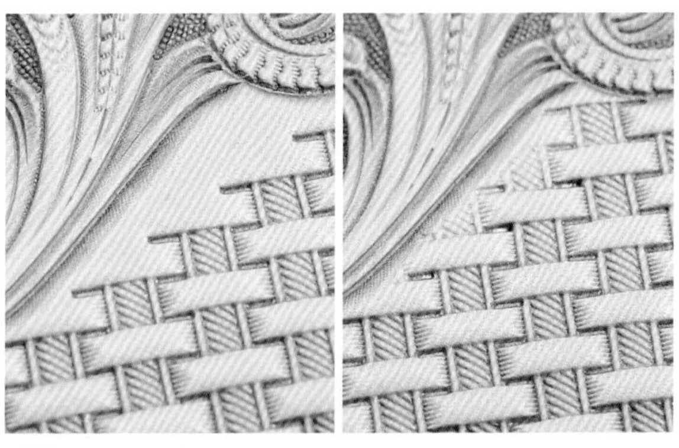

5 接下来重复第 3 步，继续重叠敲打。打边缘部分时和步骤 4 一样将印花工具倾斜着，打出模糊的印花。

6 这是网格印花全部敲打完的效果。注意，如果印花压到边框线就会显得很突兀。

7 接下来在四周打上 D435-2 印花，印花间不要交叉重叠，紧挨着逐一敲打。

8 在边框线的顶点部分打印花时，为了让顶点两边的印花正好“碰头”，从顶点向两边敲打。

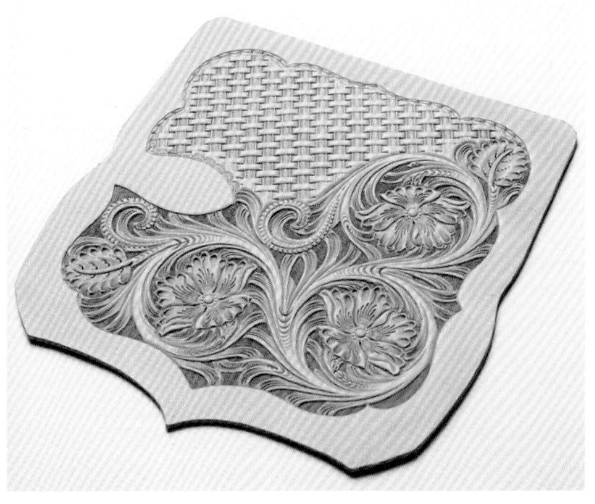

9 网格印花完成的同时，这一章的作业也全部结束了。打上网格印花后，谢尔丹风格那种优雅圆润的感觉就扑面而来了。

皮雕大师访谈 & 作品展示　INTERVIEW&WORKS

最重要的是享受皮雕的乐趣并明确自己想要的风格

TAKAYUKI OOTSUKA

大家孝幸老师

日本塔卡优质皮雕工房兼学校的创建者，作品享誉海内外，是日本谢尔丹风格皮雕首屈一指的大师。

KOUICHIROU OOYAMA

大山耕一郎老师

在大家老师的学习班学习过后，成为大家老师的入室弟子。曾在日本塔卡优质皮雕工房负责商品制作和学习班的运营。现在开设了自己的皮雕教室。

问：您学习皮雕的原因和赴美的原因各是什么？

大冢老师：从学生时代开始，我就对西部服饰很感兴趣，之后又开始对牛仔、马鞍以及相关的皮革配件和皮雕产生兴趣。后来，我进入日本皮艺学园跟着小屋敷老师学习，一两年后想自己做马鞍。当时，手上正好有一本欧美杂志《西部牛仔》（*Western Horseman*），上面刊登着20家左右的马鞍制造商的广告和报道，我就给他们写信，希望得到深造的机会。大部分制造商没有回信，只有一家打电话过来。那就是我之后的师傅唐纳德·布朗（Donald Brown）的工作室。在接到那通电话约2个月后，我来到美国，花了一个月左右的时间寻找愿意收我为徒的工作室。那时我才意识到，来深造之前应该更加努力地提高英语水平并提高自己在皮雕方面的造诣。于是我又回到日本，花了一年时间跟小屋敷老师学习皮雕基础并自学英语。正因为跟着小屋敷老师打好了基础，最后我才能顺利地在美国被收为徒。

问：您今后的梦想是什么？

大冢老师：我今后要继续制作可以感动顾客的作品，同时希望可以对皮雕业的发展有所贡献。

问：有什么特别想对读者说的吗？

大冢老师：如果非要对现在开始学习皮雕的人说一两句话，我认为最重要的是，明确自己想要的风格并好好享受皮雕的乐趣。

学校信息

日本塔卡优质皮雕学校
群马县邑乐郡大泉町住吉 3-1
电话：0276-61-0777
E-mail：taka-otsuka@taka-fine-leather.com
网址：http://www.taka-fine-leather.com
http://www.stemflow.jp

正面设计有 3 朵花的眼镜盒。皮雕技术自不必说，手缝技术也很高，这样更能衬托出作品的质感。

皮夹一面是谢尔丹风格的唐草纹特有的花朵，一面配有玫瑰图案。经过染色的深色背景让图案显得更典雅。

华丽的边框。可以镶上受赠者的名字，很适合作为礼物。

B5 尺寸的记事本封套。皮扣和封面上精巧的印花中蕴含着切割工艺，不仅设计美观，对功能性也进行了充分考量。

FIGURE CARVING

人物动物皮雕

在皮革上雕绘与人物或动物相关的图案的工艺被称为人物动物皮雕。本章由三浦老师教大家制作对初学者来说最简单的羽毛皮雕。首先，最重要的是认真全面地观察真实的羽毛。

用印花工具和压擦器忠实还原实物

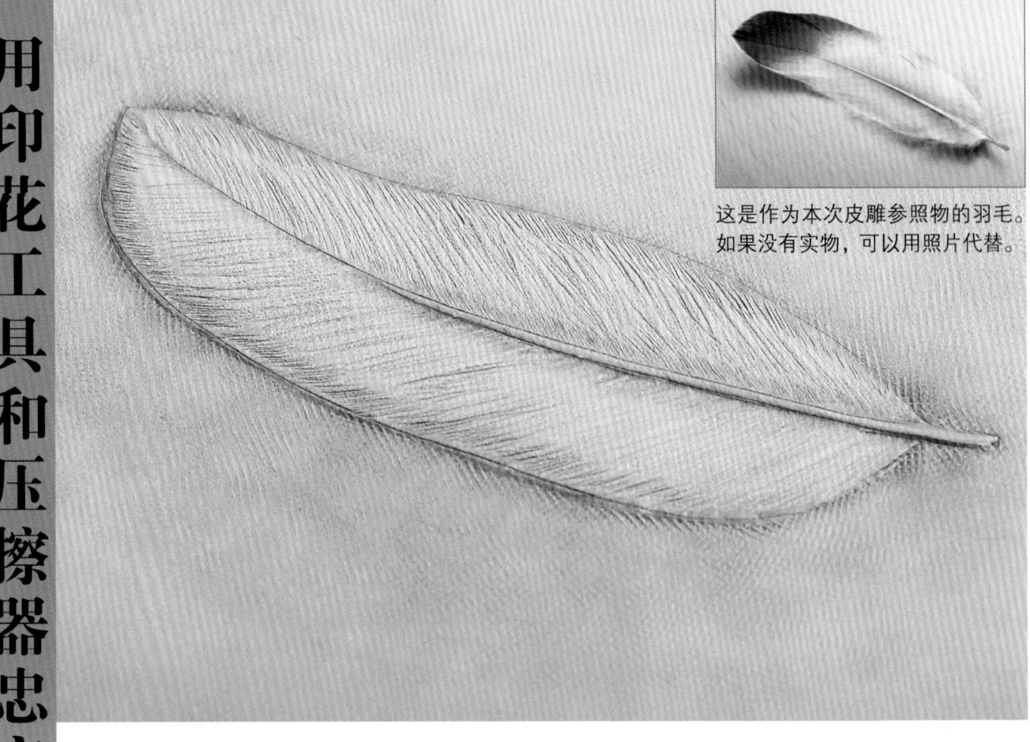

这是作为本次皮雕参照物的羽毛。如果没有实物，可以用照片代替。

进行人物动物皮雕时，乍看之下绘画能力好像很重要，但其实更重要的是敏锐的观察力——只有对实物进行细致入微的观察，熟知细节，才能在皮革上如实还原。否则，即使擅长绘画，也难以制作出栩栩如生的作品。

人物动物皮雕的最大特点是使用的工具很特殊。虽说也会用到旋转刻刀，但要使用更尖锐的刀头；使用印花工具时也经常需要改变敲打的角度。另外，通常还要配合使用一种新工具——压擦器来压擦轮廓线等。

此外，人物动物皮雕所用的印花工具的种类和敲打方式，根据图案不同差异很大，与按照一定章法来敲打印花的谢尔丹风格的唐草纹皮雕相比，难度又高一筹。但是正因为如此，人物动物皮雕的表现方式更为自由，更容易体现出制作者的个性。

人物动物皮雕的基础

为了更好地展现细节，需使用人物动物皮雕专用的旋转刻刀和印花工具——这些印花工具可以通过改变倾斜的角度制造出各式各样的效果。下面就来认识一下这些工具并学习它们的使用要领吧！

POINT.1 基本的刀头和印花工具

人物动物皮雕的旋转刻刀要使用比一般旋转刻刀更尖锐的刀头。基本的印花工具有4支（图案见右图）。这些印花工具倾斜的角度不同，制造出的效果也各异。

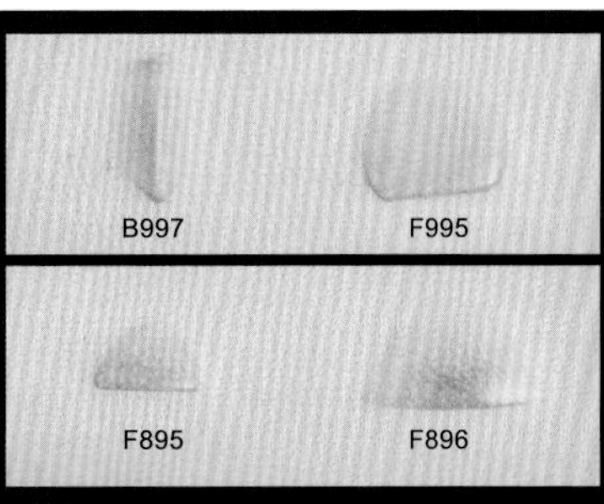

POINT.2 使用压擦器

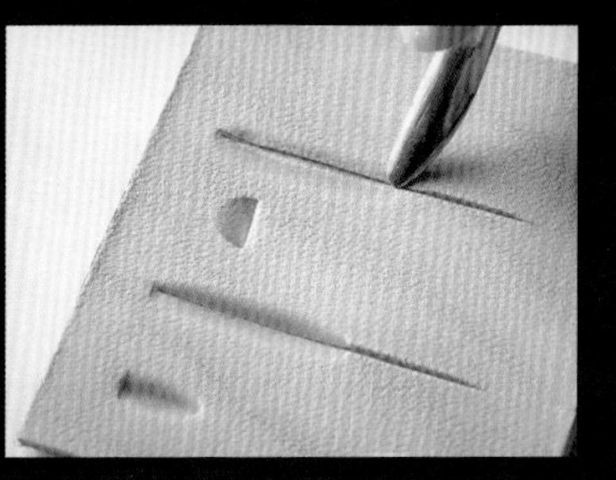

如果想在轮廓线的两侧都打上相同的印花，虽然可以使用基础印花之一的B997印花（又被称为双重打边印花），但要打得左右均匀对称有些难度。这时压擦器就派上用场了——先用F895印花敲打单侧，然后用压擦器轻轻压擦，就可以制造出和B997印花相同的效果。此外，压擦器还可以用来雕琢细节。

POINT.3 变换敲打力道

印花工具敲打的力道不同，在皮革上产生的阴影也不同，从而影响最终成品的效果。因此有必要熟练掌握印花工具的敲打力道。右图为用力敲打和轻轻敲打的效果差异。

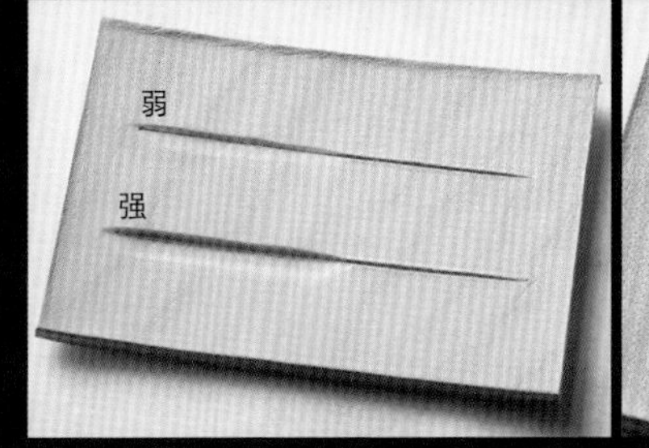

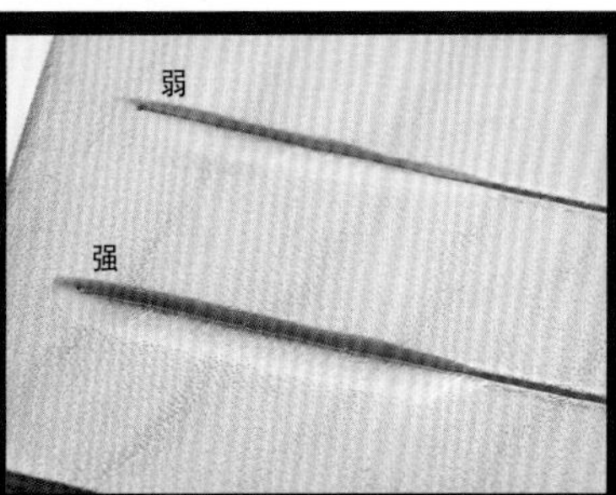

POINT.4

使用一支印花工具，敲打出不同的形状

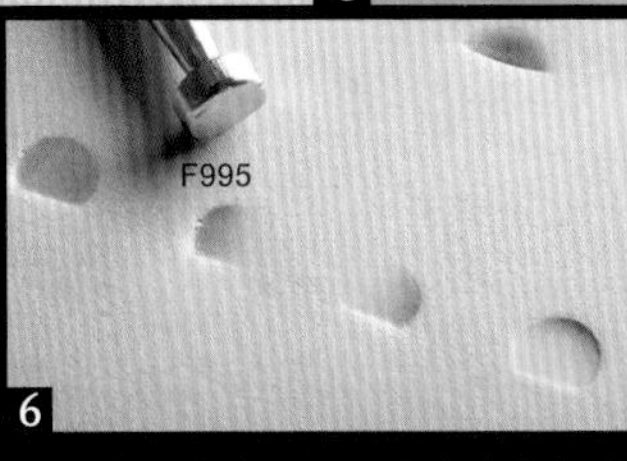

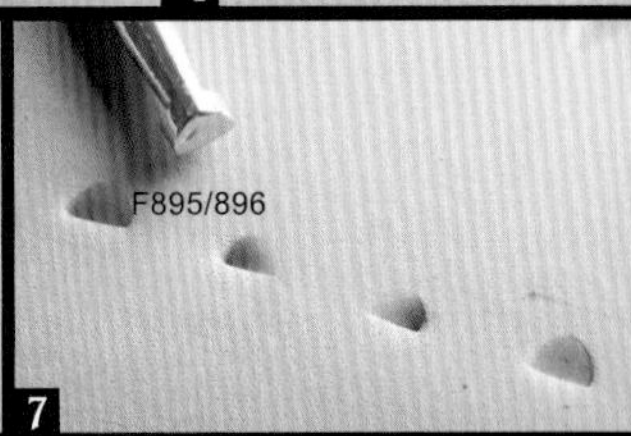

1 2 3 4 将 B997 印花分别向前面、左边、右边和后面四个方向倾斜，可以敲打出不同的形状。
5 将 B997 印花朝前面、左边、右边和后面敲打后形成的四种不同的图案。
6 以同样的方法敲打 F995 印花，产生的阴影方向也互不相同，适用于不同的部位。
7 这是改变 F896 印花的角度敲打出来的效果。F895 和 F896 印花形状相同，差别仅在于大小。因此，可根据敲打面积灵活选用。

使用基本的印花工具，练习敲打简单的图案

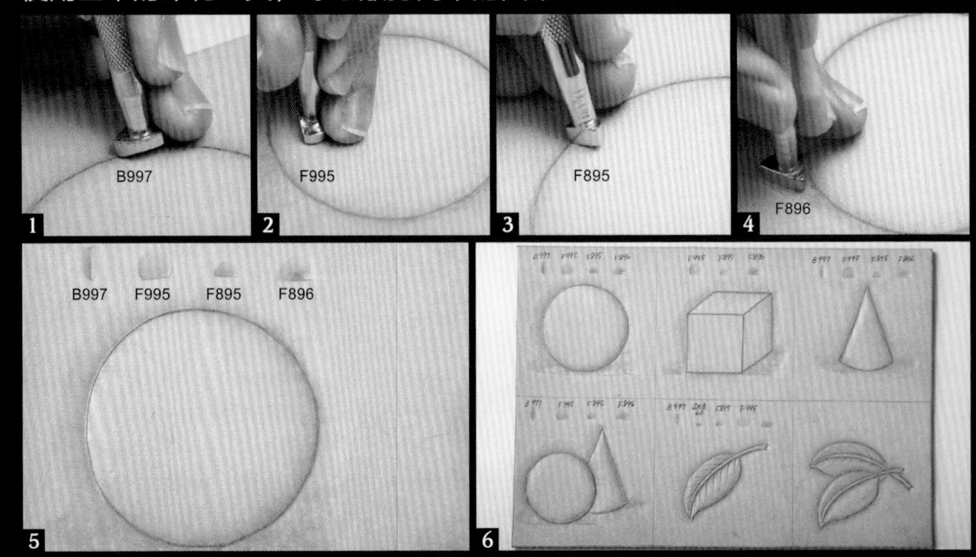

1 沿着旋转刻刀切割出来的线条，用 B997 印花打出斜角。
2 用 B997 印花打出斜角后，再用 F995 印花让斜角变得柔和。如图所示从圆的中心向四周敲打印花工具，可以使图案看起来像一个曲线柔和的球体。
3 用 F895 印花突显球体边缘的立体感。
4 用 F896 印花碾压球体的外侧，让球体更具立体感。这与背景印花的效果相同。
5 这是球体完成的样子。
6 入门阶段，只使用 4 支基本的印花工具就可以练习打出各种形状。

描图

这次不用自己设计图案，而是在皮革上放上照片或复印件来描图，初学者也可以做到。首先，用相机拍下实物的照片，将照片放大到实际想要的尺寸，然后将图纸放到皮革上，用铁笔勾勒出大致轮廓。

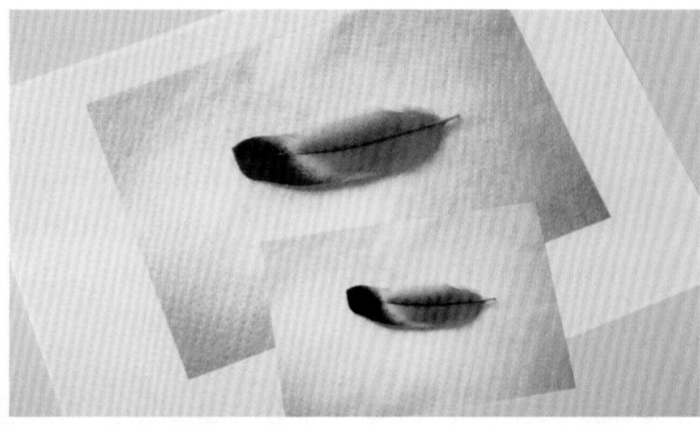

1 这次要制作的是羽毛皮雕，所以先找来一根真实的羽毛，然后用照相机拍下照片，再将照片放大到实际想要的尺寸。羽毛不要扔掉，描图时还可以参照。另外，如果找不到实物，也可以从杂志等上面将喜欢的图案剪下来。

2 为皮革打水，朝一个方向均匀、完整地润湿，尽量不要留下水渍。

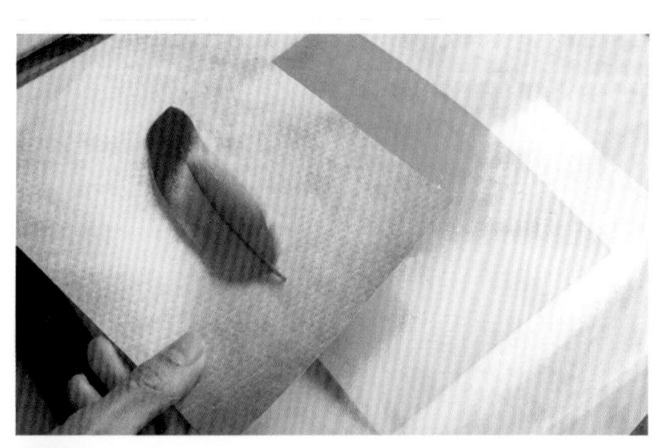

3 如果直接在皮革上放上准备好的图纸，纸会被弄湿，所以要在皮革和纸之间夹一层玻璃纸。

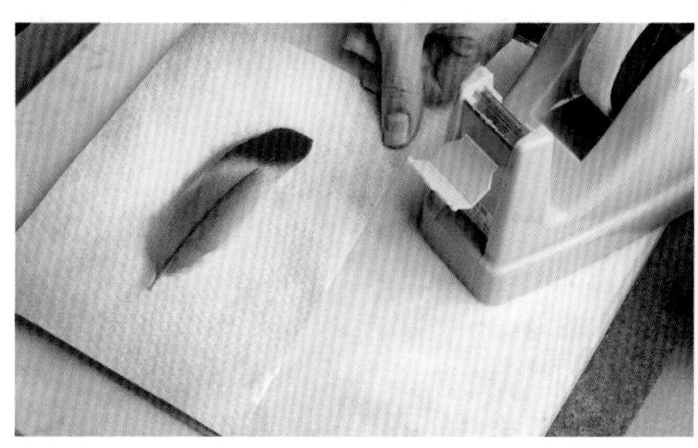

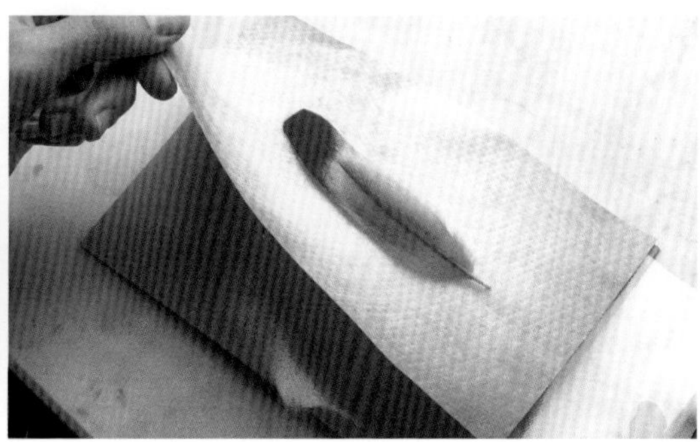

4 用透明胶带把图纸固定在皮革上，这样不仅可以保证图纸不会随意移动，还有助于复核线条。

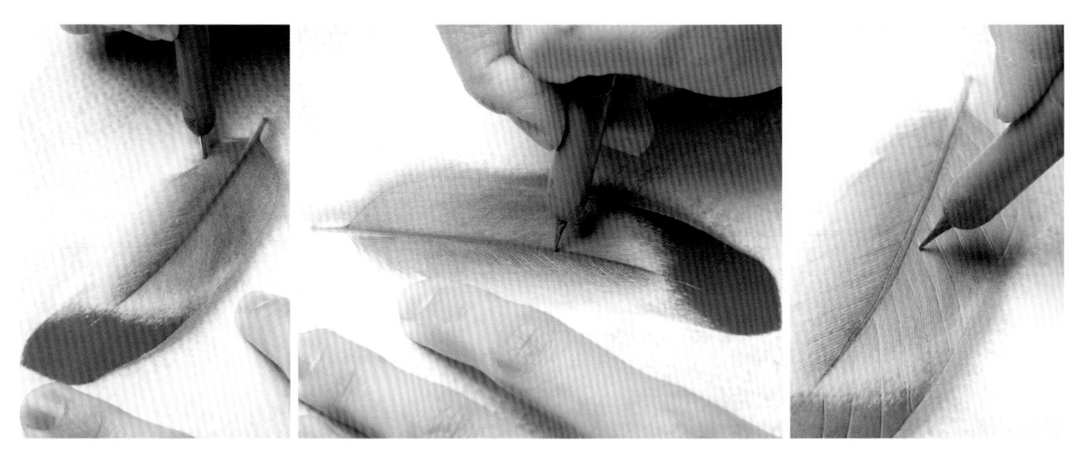

5 粗略地描画出羽毛的轮廓、羽轴（羽毛中间的杆）以及羽枝（羽毛的纹路）。羽枝只需要描出大概的走向即可。

6 翻开图纸，确认有无漏描的地方。取下图纸再修改或画线的话，线条位置可能会发生偏移，所以一定要确认必要的线条是否都描了。

POINT.1 观察实物，表现真实感

敲打印花工具之前，可以将参照物放在手边。除了最初阶段，制作过程中也可以边制作边观察，这样有助于制作出更具真实感的作品。

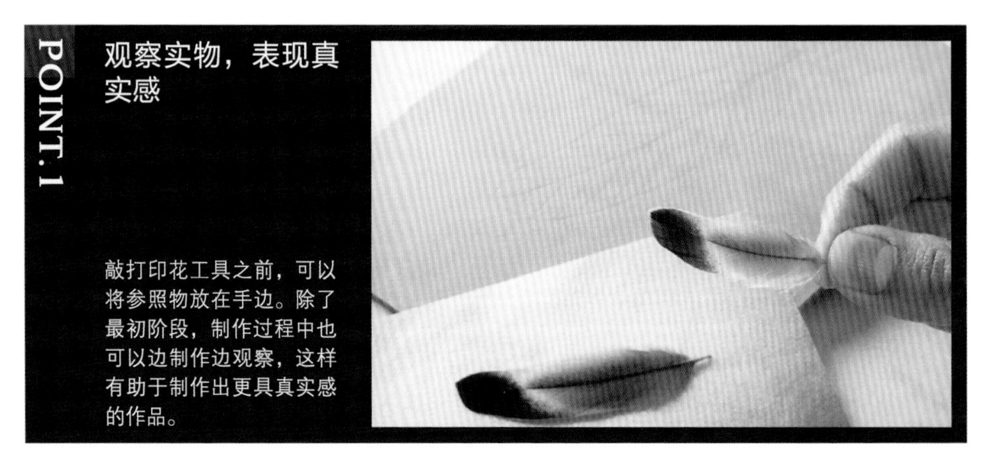

刻轮廓

在皮革上描画出羽毛的轮廓后，用旋转刻刀沿着轮廓切割。先刻轮廓和羽轴，暂时无须刻羽枝。羽枝稍后将用印花工具配合压擦器制作，这样能更好地表现出羽毛的轻盈感。

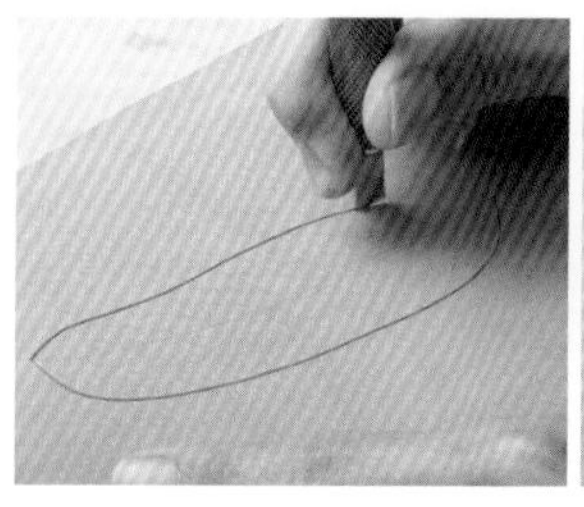

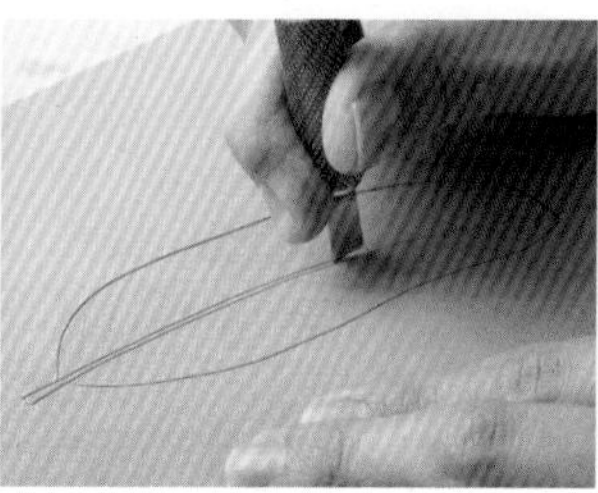

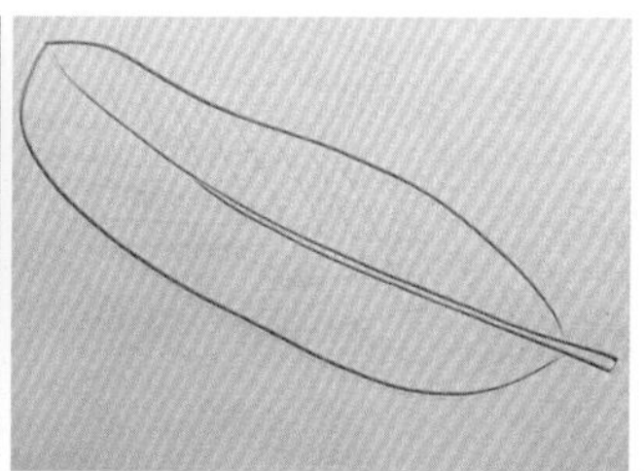

刻的时候，如果发现线条描歪了，可以用旋转刻刀进行修正。

打印花

用旋转刻刀刻出轮廓后，再用印花工具打上花纹来制造立体感。人物动物皮雕所使用的印花工具，敲打的角度和力道不同，制作出来的风格也不尽相同。有时我们需要根据敲打的位置适当微调。

① 制作斜角

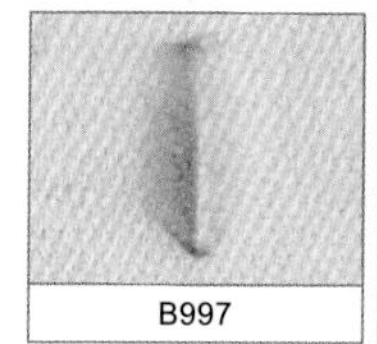

B997	F995

印花可以让刀线的外侧凹陷进去，产生立体感。F995 印花则可以让 B997 制作出来的斜角更柔和。

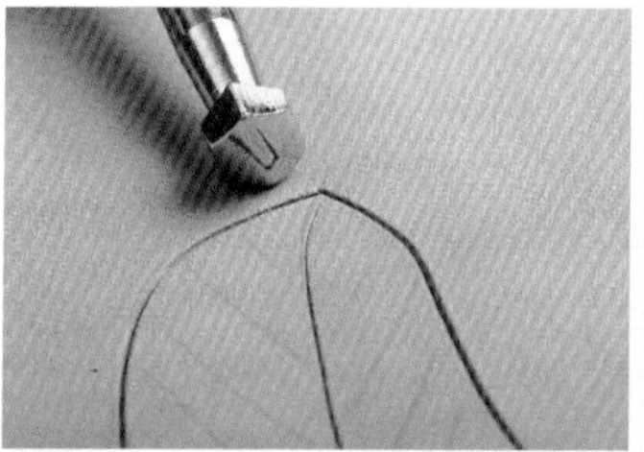

1 用 B997 印花在羽毛轮廓处打出斜角。注意，不要一次性全部打完，要分成小段来进行。

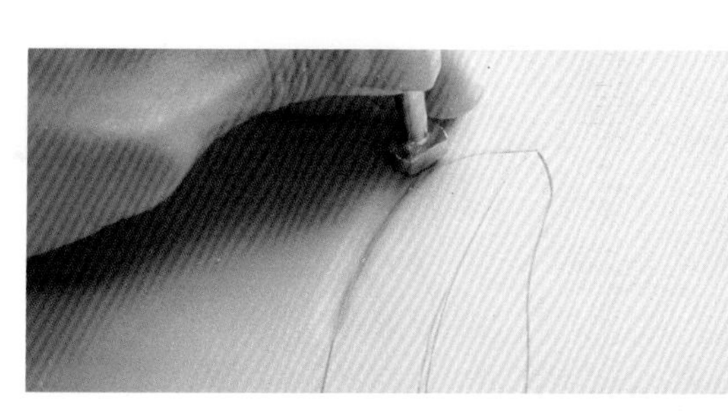

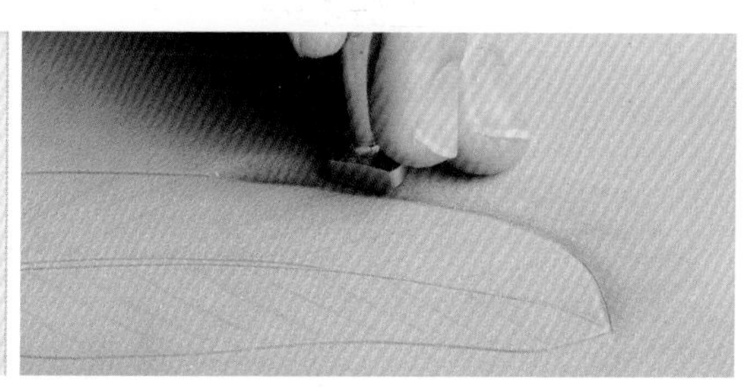

2 用 F995 印花将 B997 印花打出的斜角变得柔和。因为如果放的时间过长的话，斜角留下的痕迹会很明显，所以打完 B997 印花之后，要立刻打 F995 印花。这也是我们要分段制作的原因。

POINT.1

垂直于线条敲打印花工具

F995 印花要垂直于羽毛轮廓线平滑地敲打。右图中①是没有打上 F995 印花的状态；②是用 F995 印花让斜角变得柔和的状态。可以看出，①中 B997 印花所制作出来的斜角线条很清晰地留了下来，所以要用 F995 印花抹消这个痕迹。

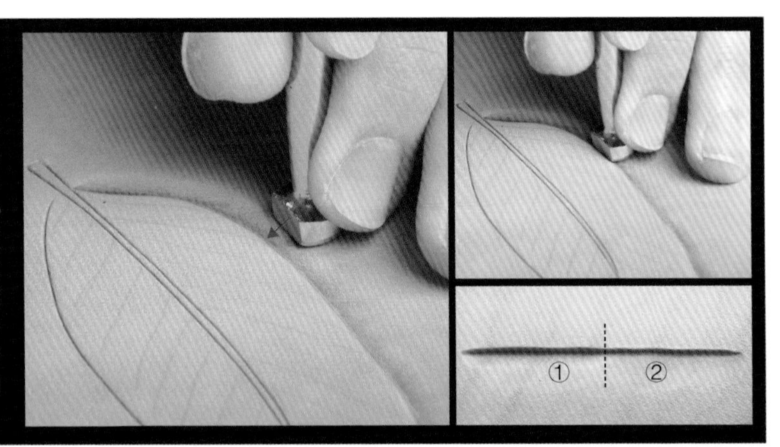

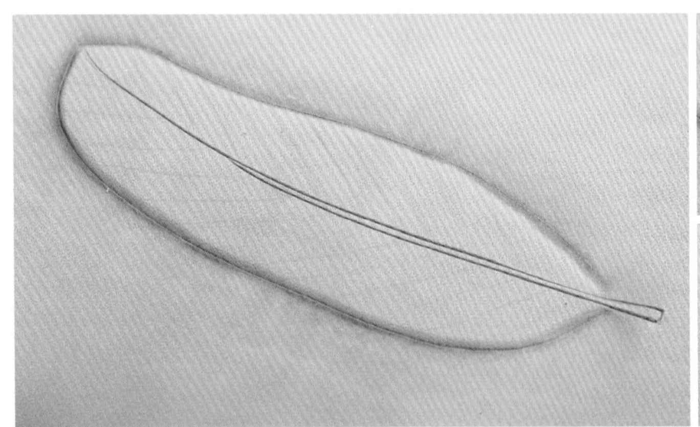

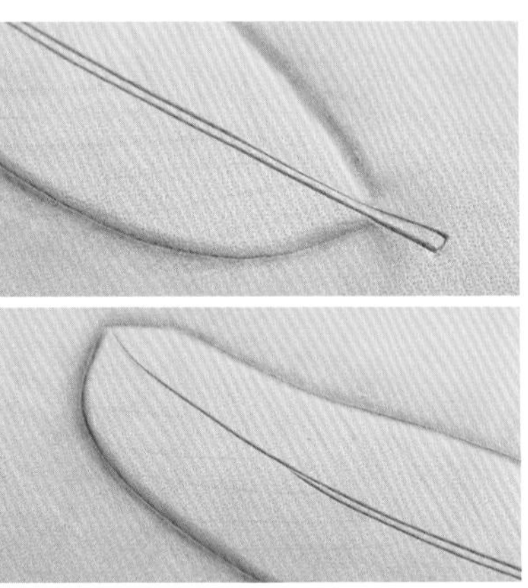

3 这是交替使用 B997 印花和 F995 印花为羽毛轮廓打上斜角后的效果。

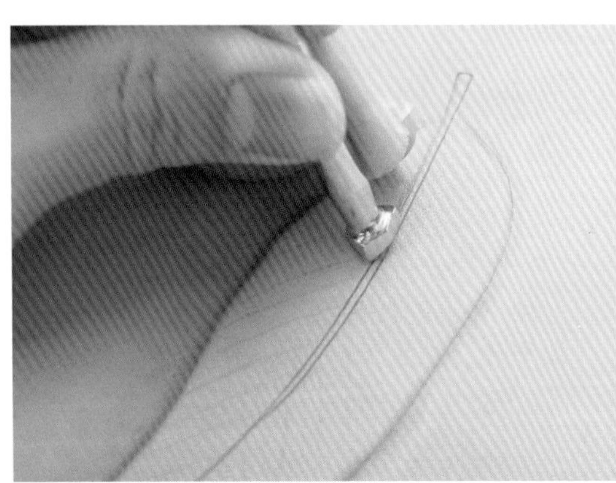

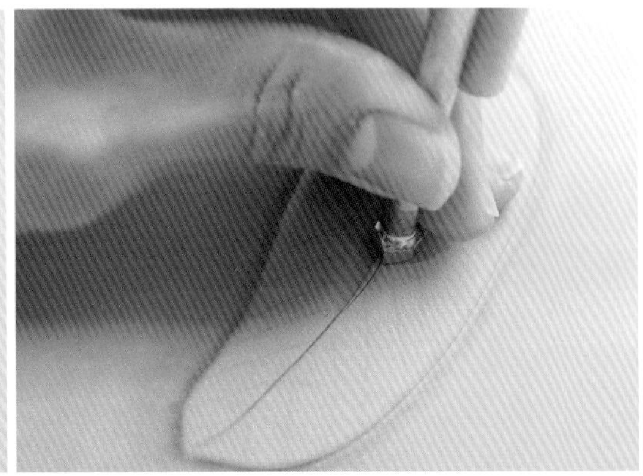

4 接下来在羽轴上制作斜角。在羽轴左侧打印花时，将 B997 印花向左侧倾斜；在右侧打时，将 B997 印花向右侧倾斜。

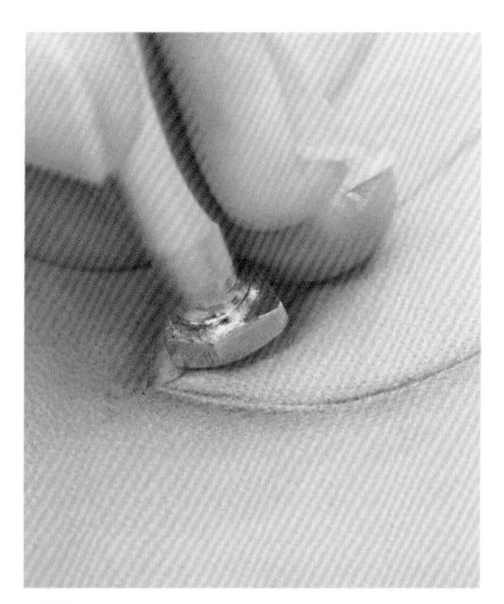

5 敲打至接近羽毛尖时，无须敲打两侧，只需在中央笔直敲打 B997 印花。

POINT.2 根据想表现的风格改造印花工具

市售的印花工具形状是固定的，如果买不到自己想表现的风格的工具，亲手改造也不失为一种方法。通过削掉印花工具的一部分，可以使印花更锋利或更平滑。图中右侧是市售的 B997 印花，左侧是三浦老师加工过的、更加尖锐的 B997 印花，可以打出更有表现力的图案。

6 和轮廓处相同，羽轴部分也要在打完 B997 印花后马上用 F995 使斜角变柔和。

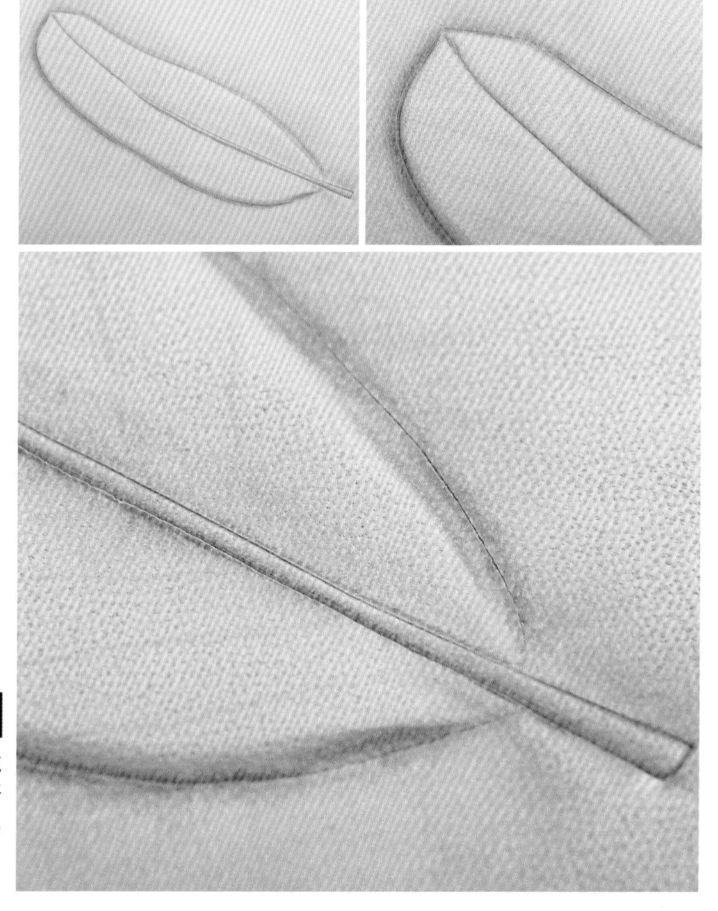

7 这是轮廓和羽轴部分都打完印花的效果。皮革的厚度和个人喜好不同，斜角的深度也会略有差异。一般来说，想使立体感更强的话，将轮廓稍微打深一点儿比较好。

② 制作羽枝

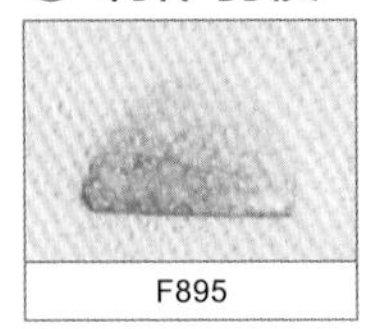

沿着最开始描的羽枝，用F895印花，分成外侧（靠近羽毛轮廓）、内侧（靠近羽轴）和中间（二者之间）三部分分别敲打出羽枝。

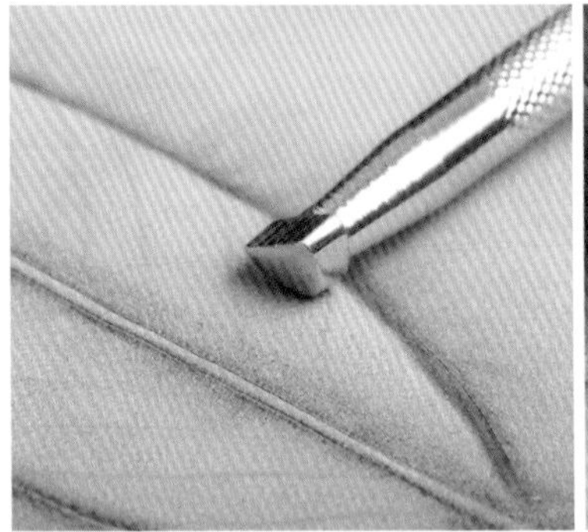

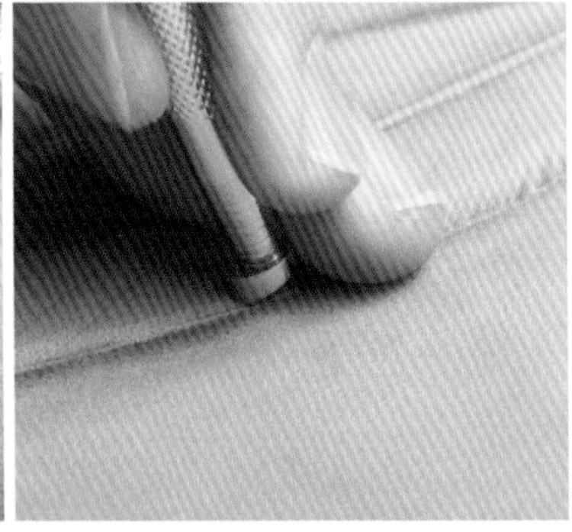

1 先用F895印花在外侧，即靠近羽毛轮廓的部分，由外向内勾画出纹理。然后沿着纹理打印花。

2 为了表现得更为细腻，印花工具要一点儿一点儿移动，打上去的印花要尽量紧密，否则纹理间隔太大会显得不够真实。

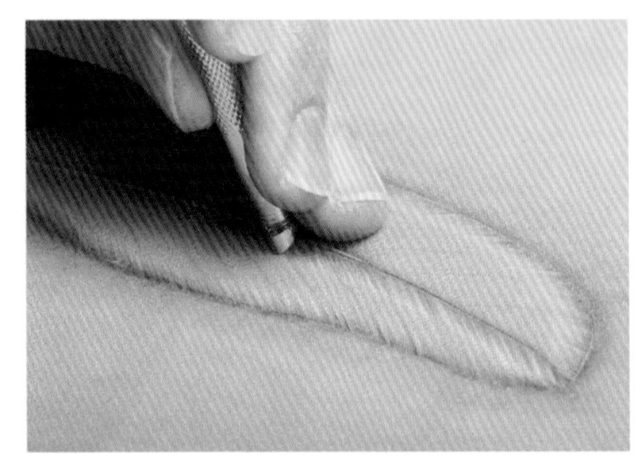

3 接下来敲打内侧的部分。沿着羽轴由内向外勾画出纹理，注意角度要和外侧的保持一致。

4 敲打的力道尽可能保持稳定。这是外侧和内侧部分的纹理都打完的效果。

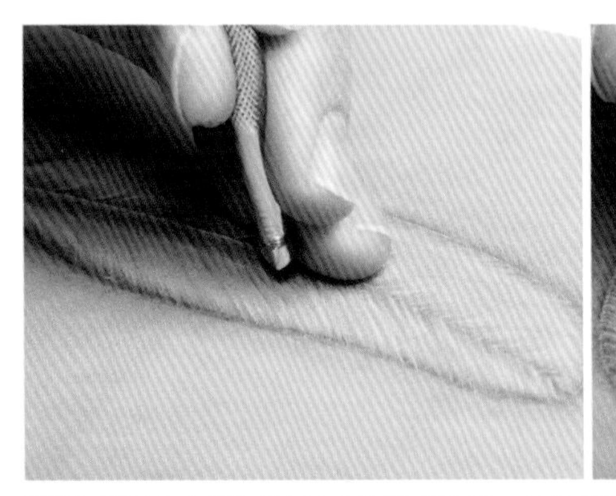

5 最后在内侧和外侧之间制作出纹理。敲打时要沿着两侧凸起部分的弧线滑动印花工具。尤其注意不要压到凸起的部分。

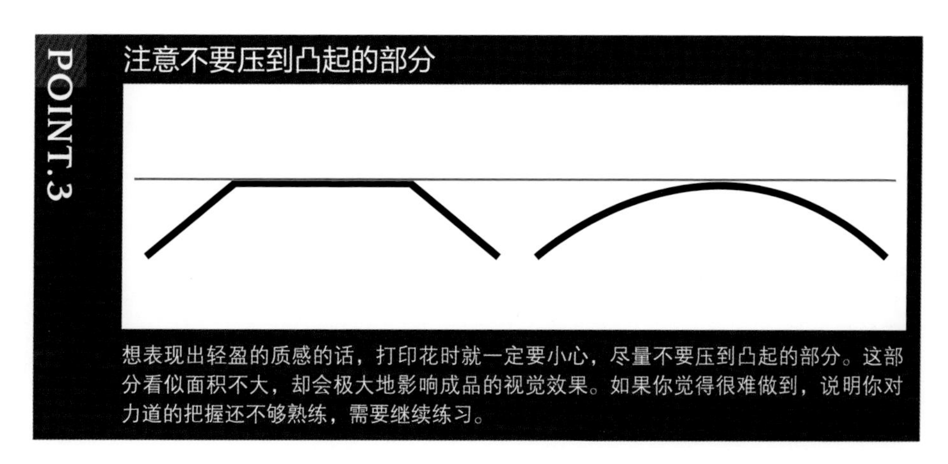

POINT.3 注意不要压到凸起的部分

想表现出轻盈的质感的话，打印花时就一定要小心，尽量不要压到凸起的部分。这部分看似面积不大，却会极大地影响成品的视觉效果。如果你觉得很难做到，说明你对力道的把握还不够熟练，需要继续练习。

6 这是羽枝全部打完的效果。先打外侧和内侧的部分，再将两侧之间的纹理连接起来，这样做不仅能最大限度地表现出羽毛的细密感和轻盈的质感，看上去也不生硬。

③ 强化立体效果

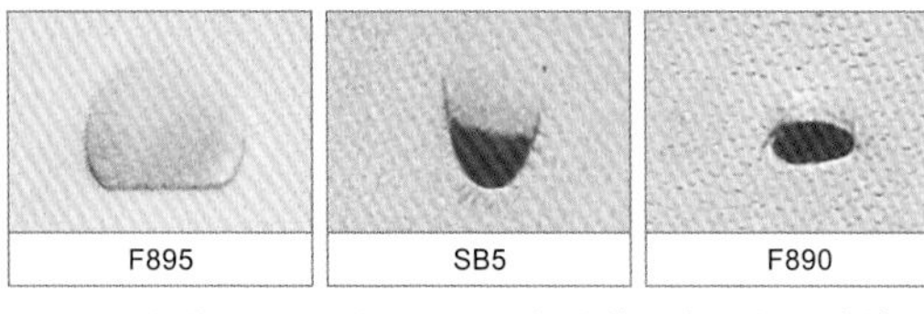

用F895印花、SB5印花和F890印花进一步强化立体效果。SB5 印花在谢尔丹风格的唐草纹饰中也会用到，被称为浮雕印花。

1 制作完纹理后羽毛的轮廓线变得有些模糊不清，因此用 F895 印花重新在轮廓线上打出斜角。

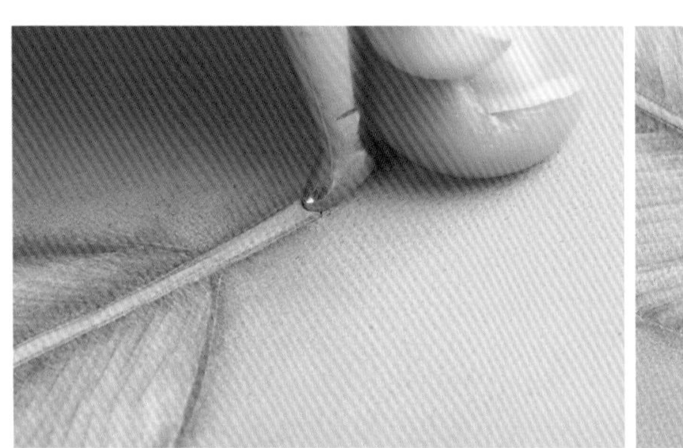

2 在羽轴的基部打上 SB5 印花来突显立体感，同时可以表现出羽轴的切面。

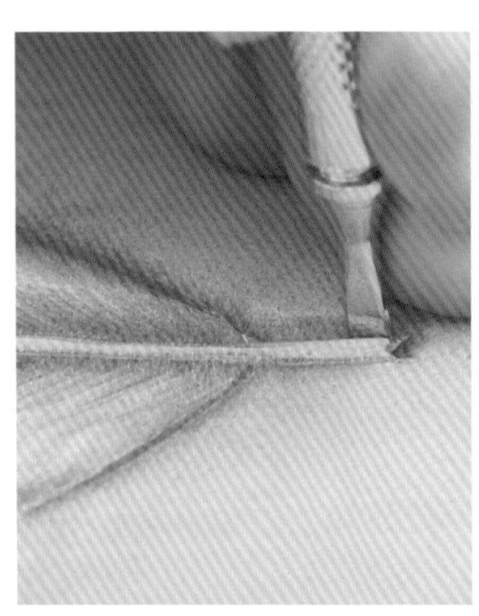

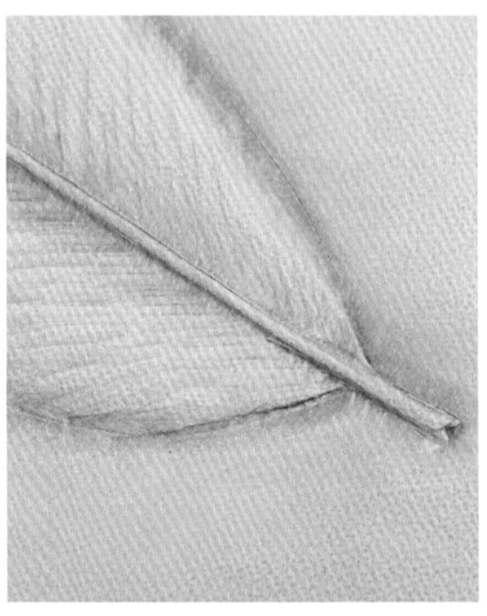

3 在羽轴和羽片间打上 F890 印花突显立体感。每个小细节的加强都会使羽毛整体变得更加鲜活。

④ 打出背景

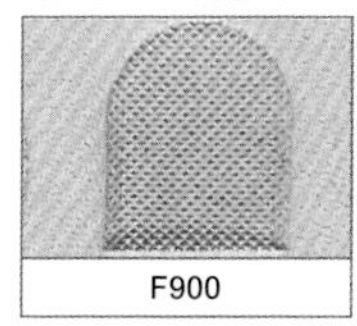

在羽毛轮廓外打上 F900 网格印花，以此区分作为主体的羽毛和周边的背景。

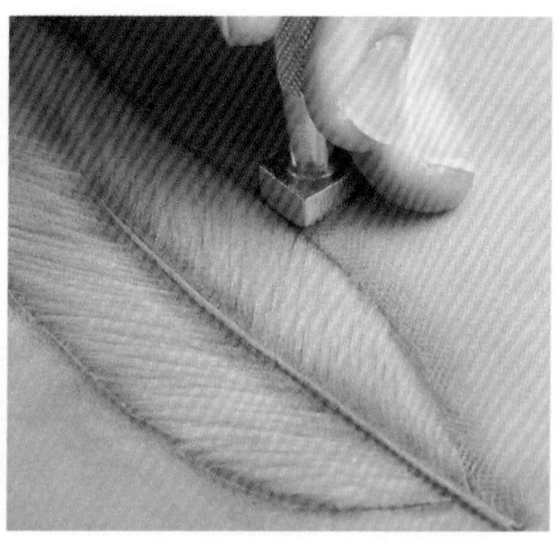

1 首先沿着羽毛轮廓在四周打上 F900 印花。靠近轮廓线的部分要稍微用力，使颜色比较深。

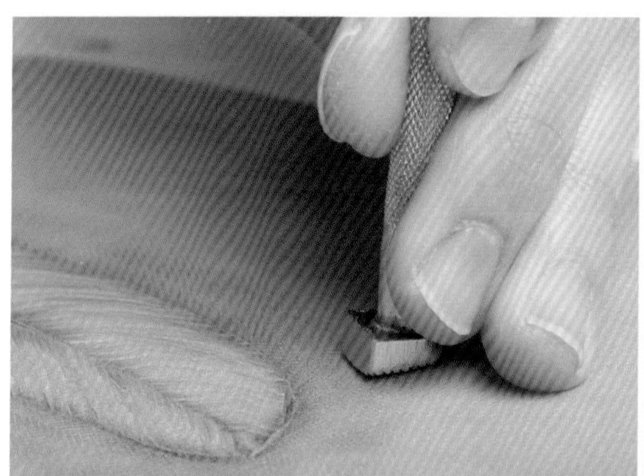

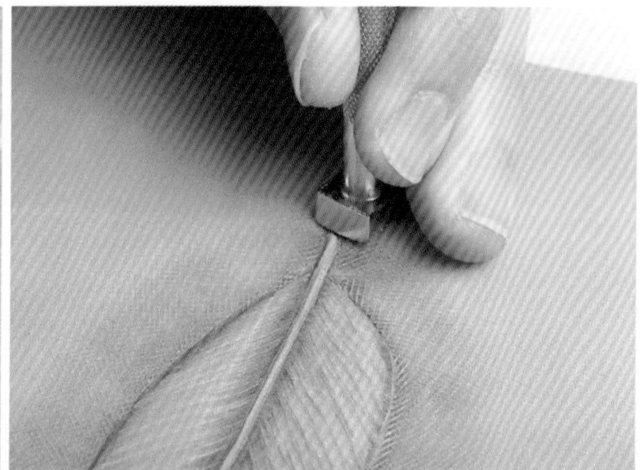

2 在四周打完一圈后，再用 F900 印花往周边打两三圈。这次，随着由内向外敲打，敲打的力道逐渐减小。羽毛轮廓处的颜色较深，越往周边颜色越浅，这样立体感就比较自然。

3 打印花的作业全部完成。人物动物皮雕的随意度较高，当然还可以用其他印花工具加强细节，全凭个人喜好而定。

用压擦器进行修饰

印花打完之后，用压擦器压擦线条，进一步对细节进行修饰。这样不但可以加强立体感，还能使羽毛呈现得更细腻——纹理越细腻，作品看上去越逼真。如需染色，使用压擦器时要稍微用力些。否则颜色的表现力会使羽毛纹理看上去不明显。

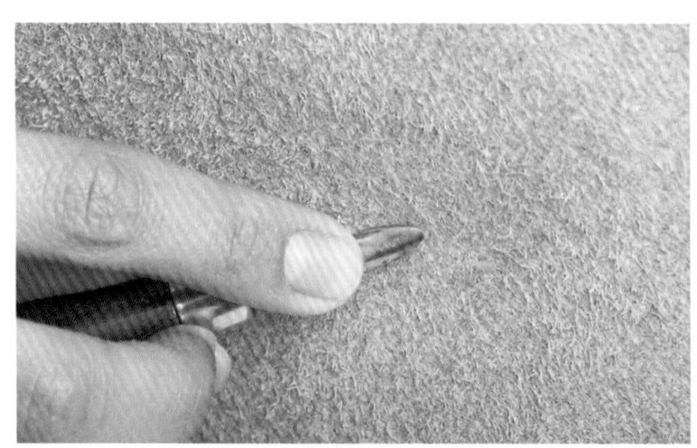

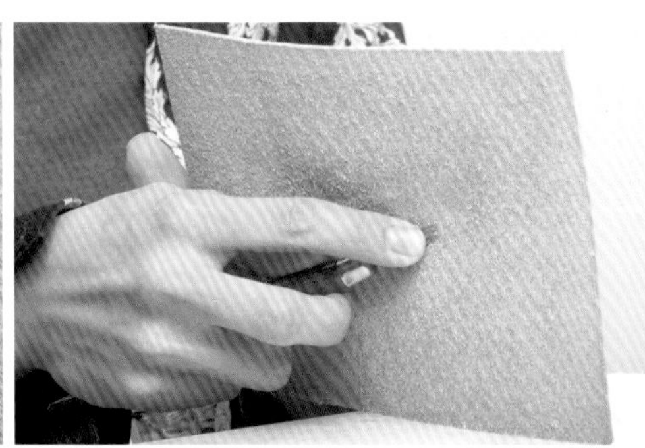

1 将压擦器抵在皮革毛面，对准羽毛的左右两端推压擦器，制造凸起，利用皮革本身的厚度让羽毛浮于皮革表面。

POINT.1

注意不要过分凸起

用压擦器从毛面推的时候，要注意推的位置。如果不该凸起的部分也凸起了，羽毛就会显得不真实。另外，如果过分凸起，也有失真实感。

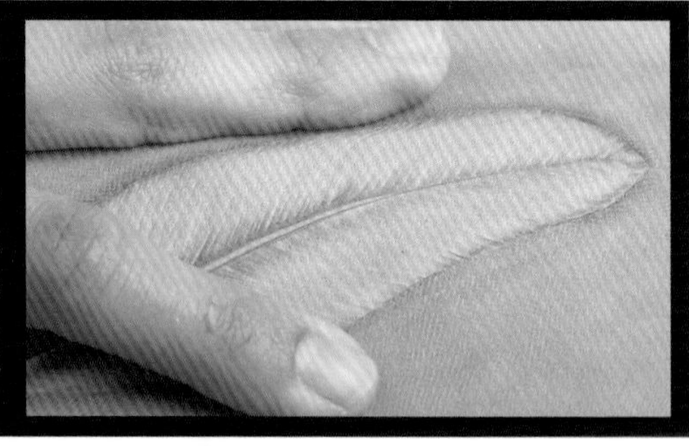

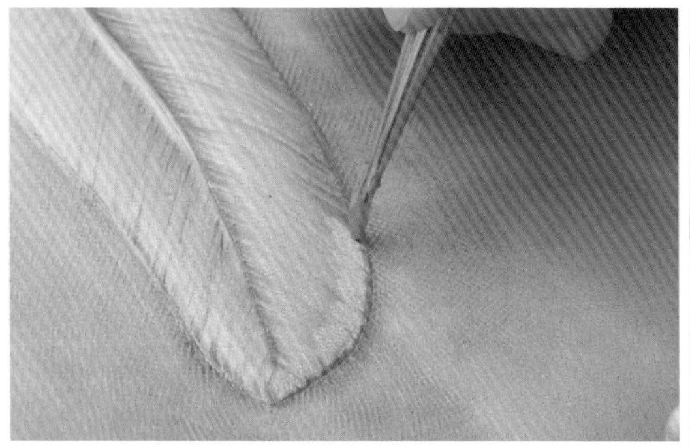

2 用压擦器的头压擦羽毛的纹理。纹理越细密真实感越强，因为市售压擦器头较粗，不容易压擦出精细的图案，所以三浦老师对压擦器的头进行了加工，使其变得更为锋利。

3 这是羽毛皮雕的成品。羽片表现得细致入微，羽轴的凸起也很到位。

POINT.2 染色——对人物动物皮雕而言是把双刃剑

这是给前面制作的羽毛皮雕染色后的效果。想接近实物，单靠现成的颜色有时是不够的，通常需要自行混合染料。如果染得好，成品将栩栩如生，但一旦染色不成功，反而会破坏羽毛的美感，所以一定要有把握后再染色。

皮雕大师访谈 & 作品展示　INTERVIEW&WORKS

观察力比绘画能力更重要

SHIHO MIURA

三浦志保老师

原本是专业厨师，认识了从事皮具制作的丈夫后，因兴趣开始学习皮具制作。皮雕技艺是跟塔蒙皮雕教室的井出老师学习的。

问：学习皮雕的原因是什么？

三浦老师：起先是因为丈夫在制作皮雕，心想如果自己也会的话就能帮上忙了，渐渐地开始对皮雕产生兴趣。后来决心以成为讲师为目标系统地进行学习，于是开始拜师学艺。刚开始四处碰壁，吃了许多苦，但是丈夫鼓励我说："没有人从一开始就很熟练。"我本身也很不服输，一心想着要更加熟练，所以反复练习。

问：掌握人物动物皮雕的秘诀是什么呢？

三浦老师：我常常被问："你学过绘画吗？"其实我没有专门学过绘画。确实，人物动物皮雕需要一点儿美术审美能力，但是我不认为这是必需的。一心想着"不擅长绘画"的话，学习还没开始就结束了。我认为更重要的是观察力。如果参照物是实物，就仔仔细细地观察；如果是照片，就在脑海中想象照片 360 度旋转的样子。所以其实观察力和想象力才是最重要的。此外，要掌握每支印花工具的特性。最后就是要有非会不可的执着精神。

问：今后的愿景是什么？

三浦老师：希望越来越多的年轻人对人物动物皮雕感兴趣。现在，我正在着手成立工作室，今后准备创办学校，将皮雕这件有趣的事推而广之。

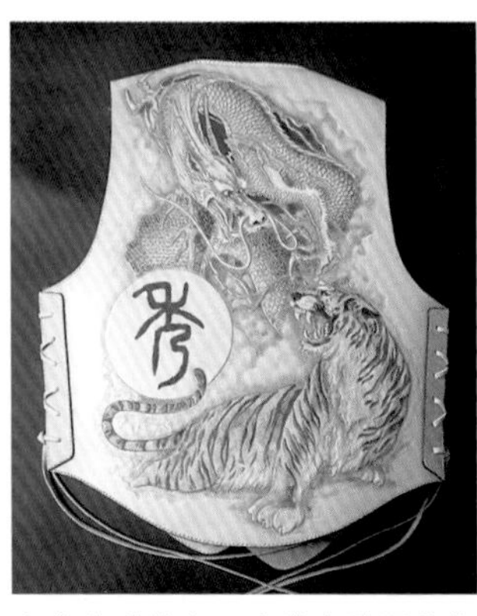

龙虎皮雕背心。这类皮雕服装作品在三浦老师的作品中比较罕见。

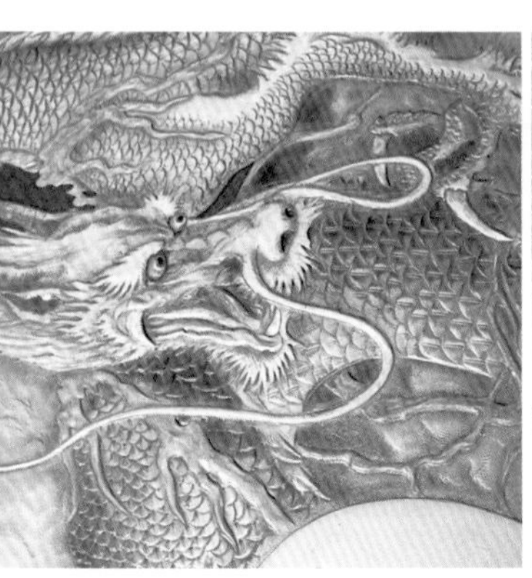

每根胡须和每片鳞片都毫不马虎。

老虎生动得如同要飞扑过来，染色也真实无比。

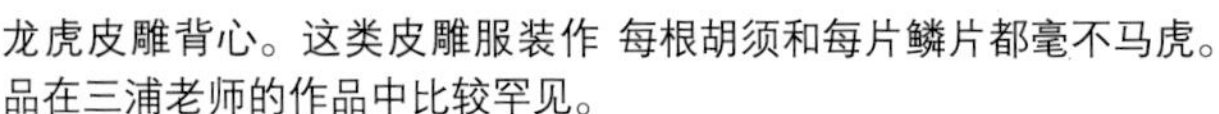

在一张山羊皮上雕刻的印第安人造型。随风飘动的羽毛和马蹄扬沙生动至极，简直让人想象不到这竟然是件皮雕作品。马更是像要从皮革里飞奔而出一般生动。

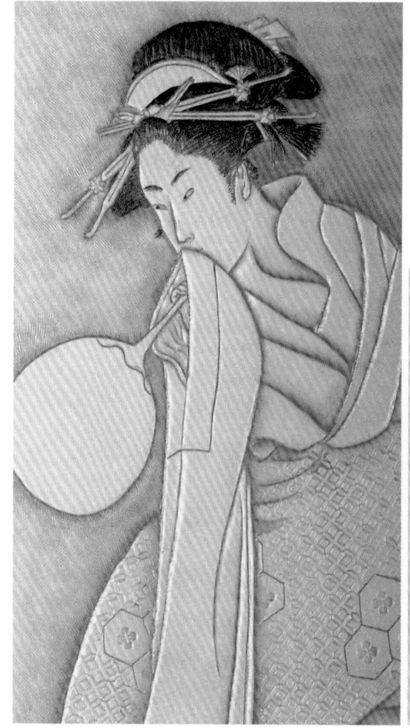

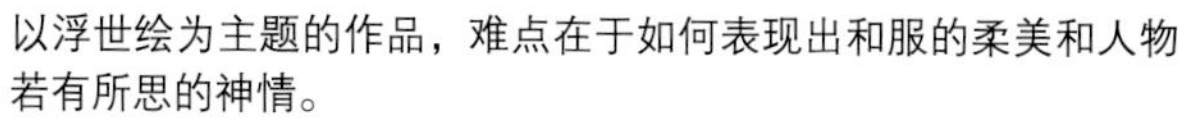

以浮世绘为主题的作品，难点在于如何表现出和服的柔美和人物若有所思的神情。

尺寸 : 64cm × 25cm

乘坐宝船的七福神。除了七位福神外，云朵、浪涛也都经过了精雕细琢。七福神好像真的马上就要来到我们身边，为我们送来好运。

ORIGINAL STYLE CARVING
原创综合性皮雕

在这一章，与日本皮雕史一路风雨与共的西玛皮艺学校的岛崎清老师将以杯垫和皮夹为例，给我们示范如何根据原创图案来制作皮雕作品。

在杯垫上雕刻原创唐草纹

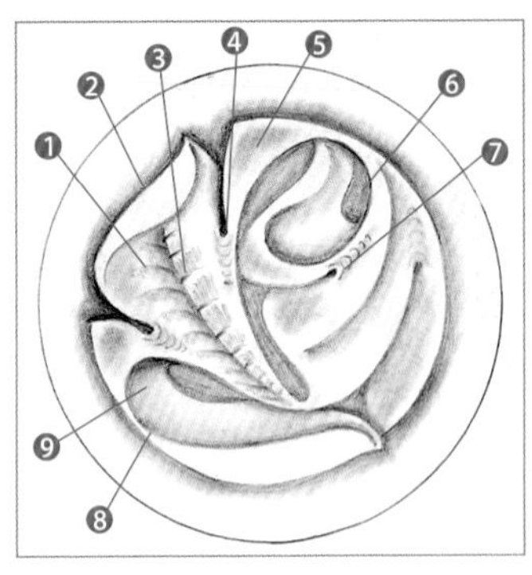

① 叶脉印花 V463
② 打边印花 B198
③ 装饰印花 C429
④ 收尾印花 H907
⑤ 阴影印花 P213
⑥ 背景印花 A104
⑦ 马蹄印花 U852
⑧ 造型印花 F895
⑨ 打边印花 B61

如果不想参照实物，该如何根据原创图案在皮革上雕刻造型呢？在这方面，西玛皮艺学校的岛崎老师拥有十分丰富的经验。岛崎老师是当今日本皮雕制作第一人，他不仅技术纯熟，而且在长期从事手工皮具制作的过程中形成了自己独一无二的风格——不使用油性染料和液体染料，仅运用各种切割及印花技巧来造型。通过以下两个作品的示范，岛崎清老师将向我们展示这些技巧。

第一个作品是皮雕杯垫。使用的是日本皮艺社制造的基础印花工具。在学习的过程中，要特别留意刻刀线的顺序和打印花的顺序，这是每位皮雕艺术家的个性之所在。虽然岛崎清老师的风格不一定适合你，但了解这种观察方法将有助于你去观察其他皮雕艺术家的作品。

设计图案并描到皮革上

先设计图案，然后将图案描到将使用的皮革上。描上去的线条只是一个大概的轮廓，用旋转刻刀切割时多少会有所改变。描图时，要确保没有漏描的地方。

1 设计图案，对艺术家而言是最为重要的事情。

2 岛崎老师的设计图十分细致，会将印花效果一并考虑进去。

关于图案设计

图案是皮雕制作中最基础、最重要的元素。初学阶段，可以用现成的图样，但是如果不会自己设计图案，皮雕的乐趣就大打折扣了。岛崎老师也是在实践了几乎所有风格的皮雕后，才最终确立了自己独特的风格。所以，不用急于求成，逐步练习，直到可以原创图案。

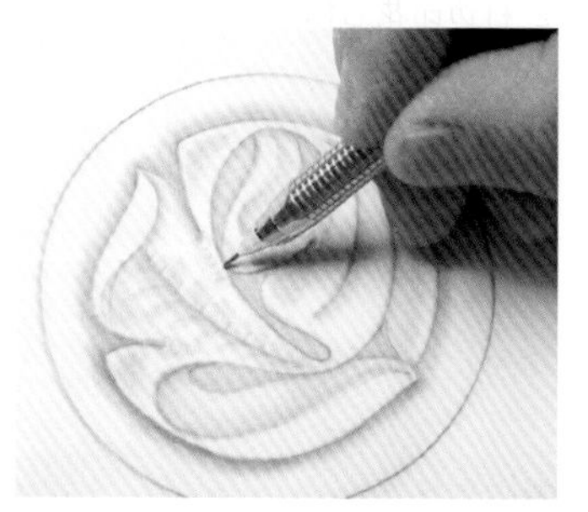

3 先在描图纸上描出图案的轮廓。

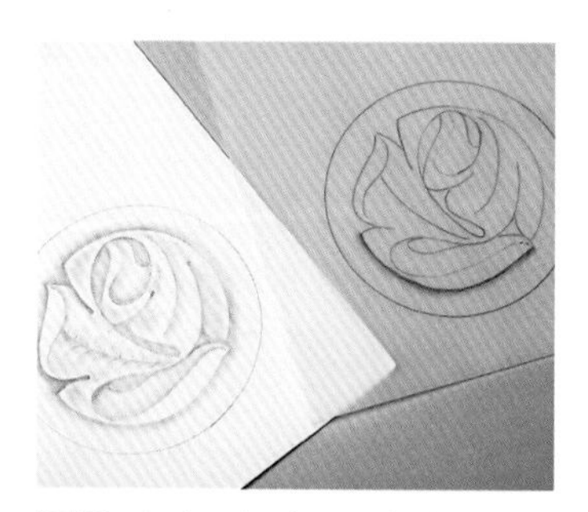

4 左边是设计图，右边是描在描图纸上的图案轮廓。

5 用胶带将描图纸固定到大理石上。

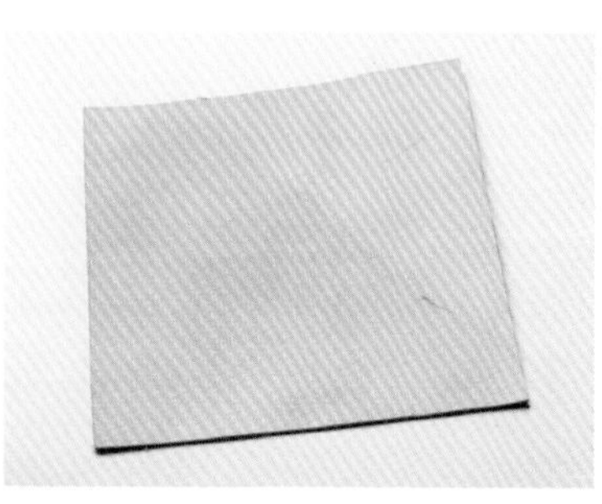

6 将打算使用的皮革裁成比图案稍大的块。

7 用海绵将皮革均匀地打湿，夹在用胶带固定好的描图纸和大理石之间，对好位置。

8 用铁笔在皮革上描出图案的轮廓。

9 描交汇的线条时，小心不要让皮革或描图纸移位。

10 描完后，翻起描图纸确认是否有漏描的地方。没有的话将描图纸撤掉。

11 这是在皮革上描好的图案。图案上的线条是之后所有制作的基础。

刻刀线

描完轮廓后，用旋转刻刀沿着轮廓刻刀线。旋转刻刀始终要垂直于皮革切入，这样切面才会呈匀称的 V 形。先刻图案中位于上层的线条，再刻下层的线条。

1 红色的是要先刻的上层线条，蓝色的是要后刻的下层线条，绿色的是不用刻的线条。

2 刻之前，在磨刀石上涂上磨刀膏，磨一下旋转刻刀的刀刃。

旋转刻刀基本功

旋转刻刀的刀刃应垂直切入皮革。如果倾斜切入，切面就不能呈左右均等的V形。

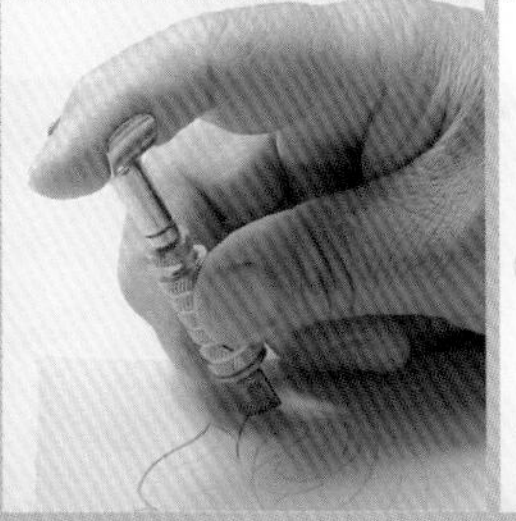

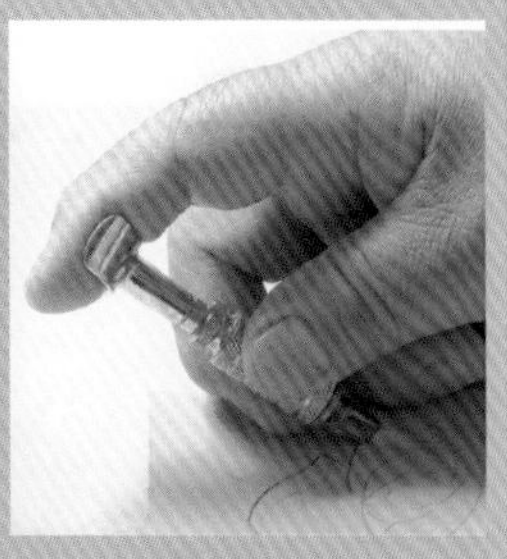

旋转刻刀倾斜的程度不同，切割出的线条也会深浅不同。一般维持在45° 左右，向后倾斜（远离自己的方向）的话切割线较深，向前倾斜（靠近自己的方向）的话切割线较浅。

3 参考左页的示意图，先切割上层的线条（红色的），再切割下层的线条（蓝色的）。

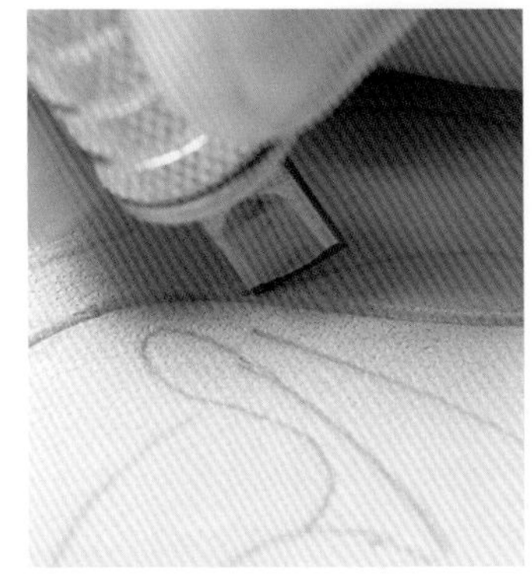

4 切割到交汇处时不要让线条连起来。

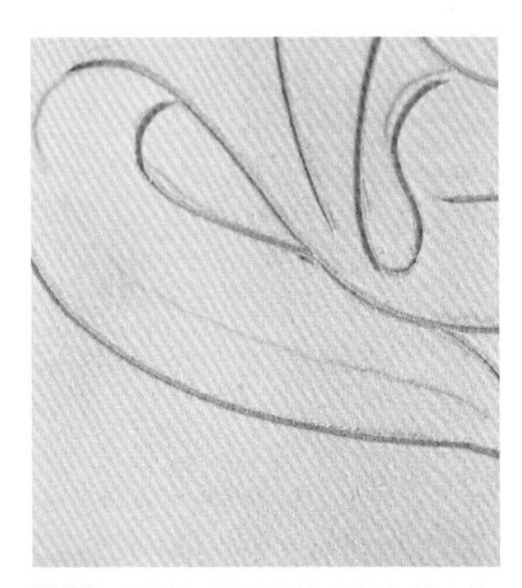

5 不用切割的线条（绿色的）先轻轻划出痕迹，之后将用印花工具来敲打出柔和的线条。

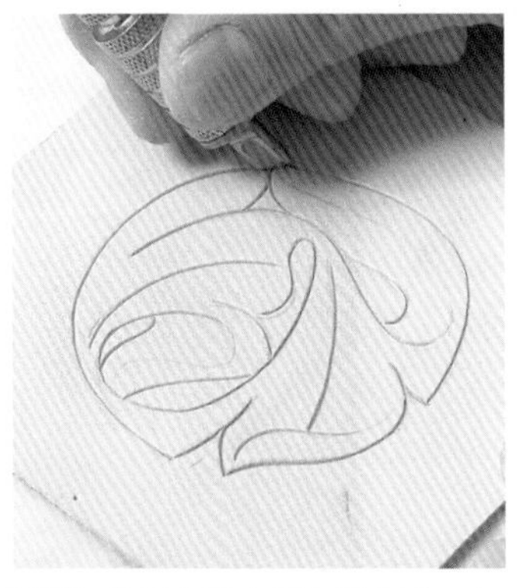

6 若想表现出不同的风格，切割时可以依照个人喜好改变线条的深浅。

7 这是线条切割完成的样子。再次确认线条的上下层次关系是否正确。

打印花前，贴好防伸展内里

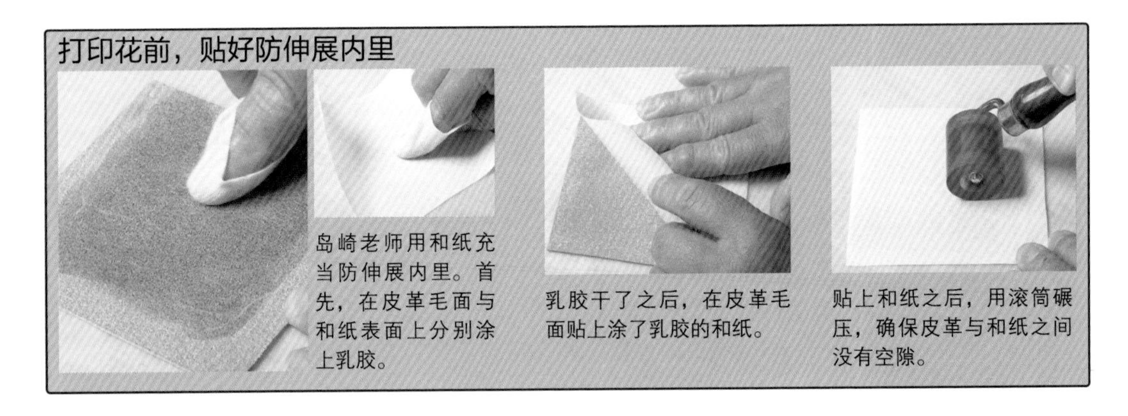

岛崎老师用和纸充当防伸展内里。首先，在皮革毛面与和纸表面上分别涂上乳胶。

乳胶干了之后，在皮革毛面贴上涂了乳胶的和纸。

贴上和纸之后，用滚筒碾压，确保皮革与和纸之间没有空隙。

给上层的线条打上打边印花

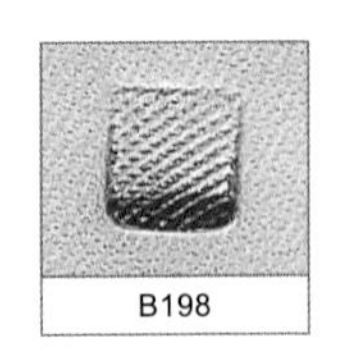

B198

以上准备工作做好后，开始打印花。先在图案的轮廓线上打上打边印花。与前面的做法相同，先打上层的线条，再打下层的线条。打的时候印花工具要始终与皮革表面保持垂直。

1 如果之前打入的水已经干了，打印花前再次给皮革打水。

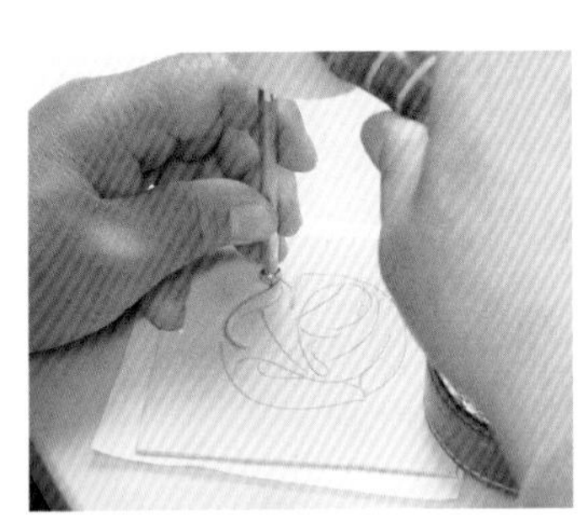

2 一点儿一点儿移动印花工具进行敲打。根据线条的粗细调整敲打的力道。

3 对比图中两条线上的印花，可以看出使用的力道并不一样。

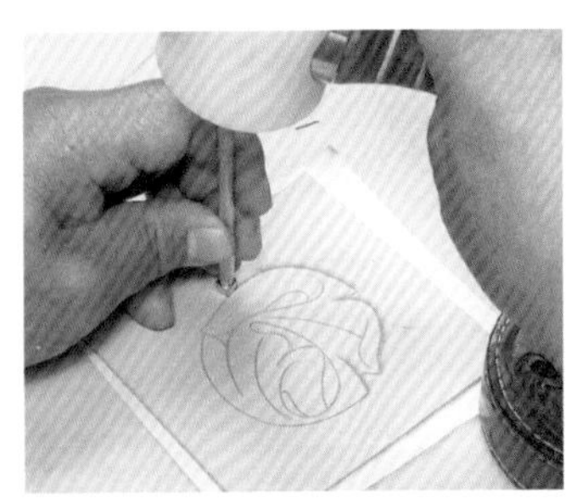

4 不时复核图案，确保先给上层的线条打上打边印花。

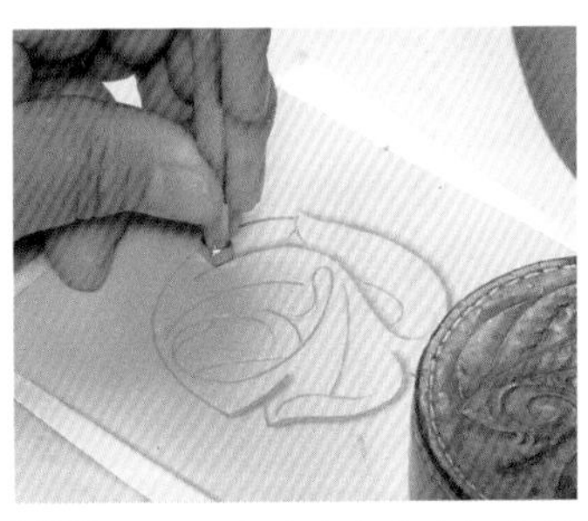

5 还要注意确定印花应打在线条内侧还是外侧，这需要对图案的结构心中有数。

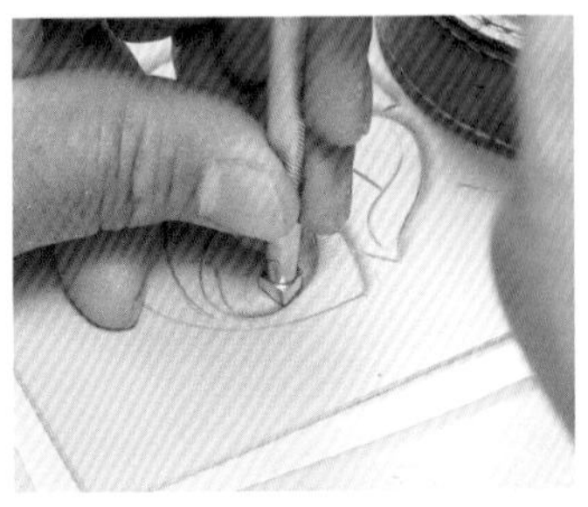

6 在较窄的部分打印花时注意不要超出线条。

7 可以先处理容易分辨出来的上层线条。

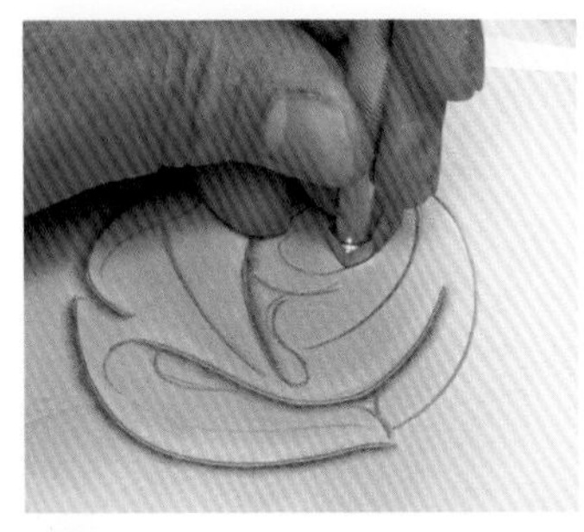

8 然后集中处理上下交汇的线条，这时要格外留意层次关系。

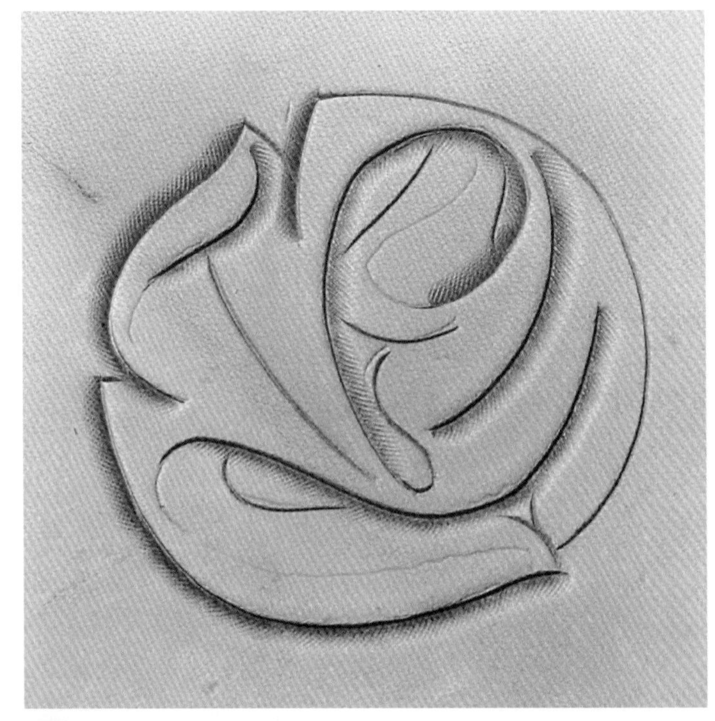

9 这是上层的线条全部打完的样子。只添加了少许阴影，图案的立体感立显。

给下层的线条打上打边印花

确定上层的线条都打上打边印花后，开始在下层的线条上打印花。记住：狭路相逢“上者”胜——也就是说，当上下两条线条交汇时，位于下层的线条要在遇到上层的线条前停下。这一点适用于所有风格的皮雕。

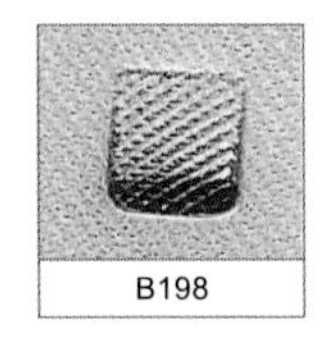

B198

1 这里上下层的线条交汇了，打上印花的是上层的线条，未打上印花的是下层的线条。

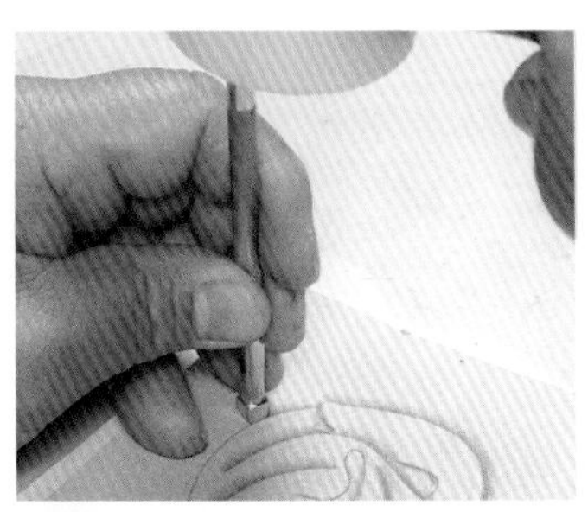

2 给下层的线条也打上打边印花，在交点前停下来。

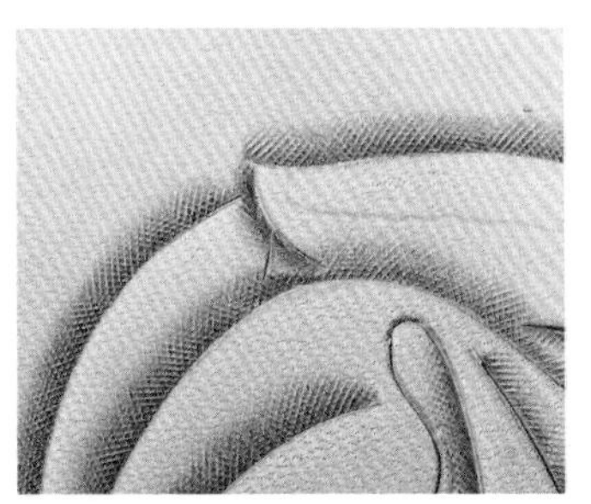

3 这是上层线条和下层线条交汇的部分，打边印花要打成图示的效果。

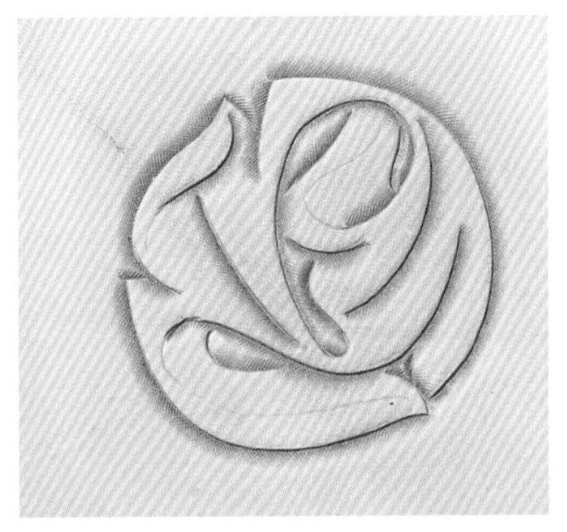

4 这是下层的线条全部打上打边印花的效果。打边印花的作业基本完成。

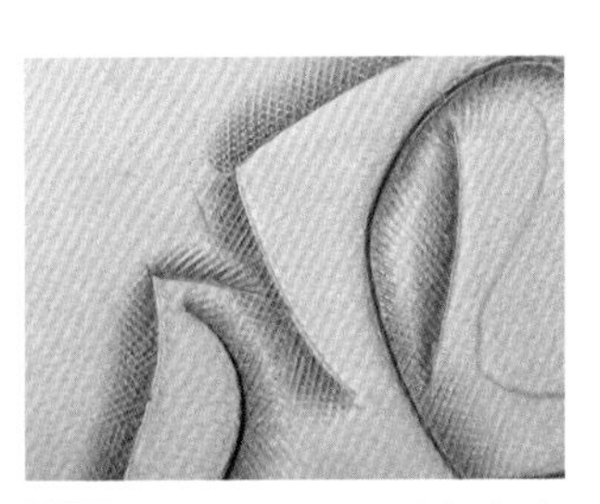

5 如果想突显线条交汇部分的立体感，可以打上补充的印花。

6 这里使用的是 F976 造型印花。

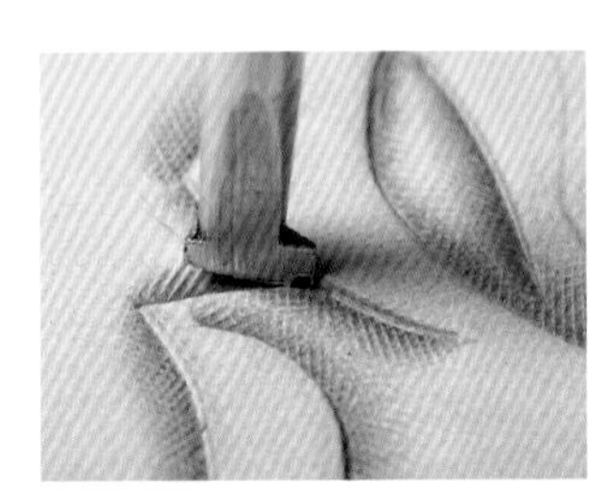

7 在下层线条的边缘处打上这种印花。注意不要压到上层的线条。

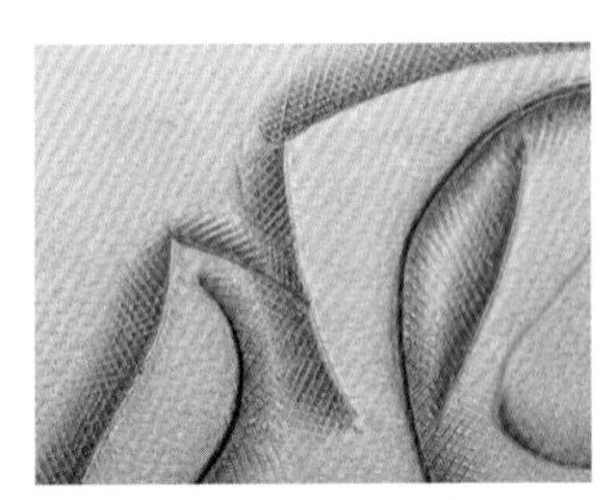

8 打完 F976 印花后，下层线条的轮廓清晰可见。

用打边印花制造淡出效果

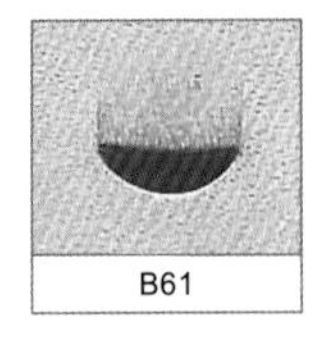
B61

B61 是一支特殊的打边印花，它兼具阴影印花的平滑与打边印花的纹理，特别适合用在打边印花之后，制造自然的淡出效果。敲打时要注意范围和力道。

1 用 B61 印花为图中圈出来的地方增加立体感，这是敲打之前的样子。

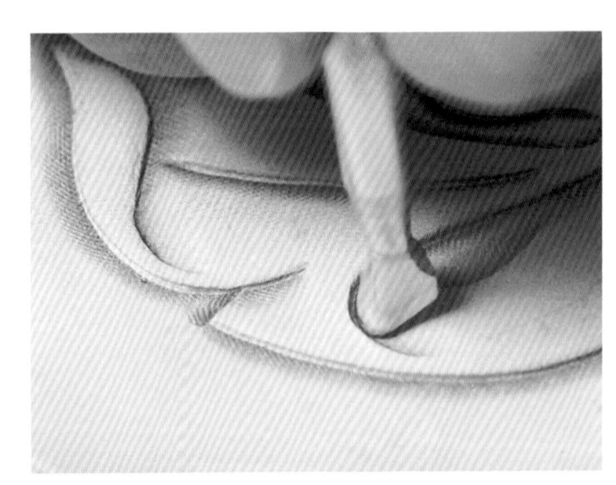

2 将 B61 印花沿着弧线的内侧打在之前打上去的打边印花之上。

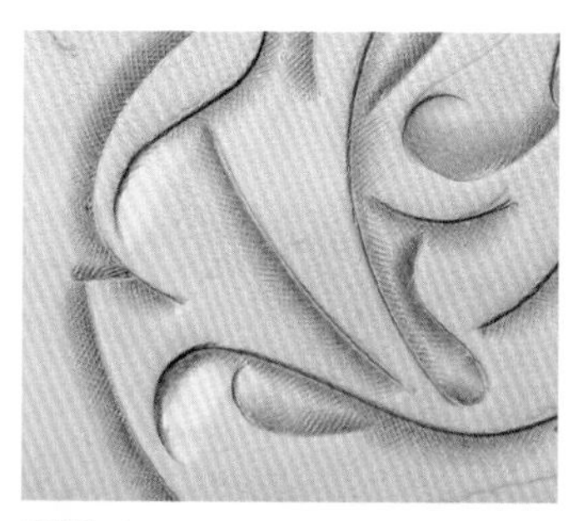

3 打上 B61 印花后，增强立体感的效果立竿见影。

适量加水

皮革干了的话，印花就不容易打上去。根据皮革的状态适当加水。

4 这是打完的整体效果。像这样将较大面积的斜面点缀其间尽管会使阴影的颜色浅一些，却更能突显立体感。

在叶脉上打上造型印花

用旋转刻刀刻轮廓时有几处没刻，设计初衷是打算用 F895 造型印花让这几处表现出柔和的质感。在哪个区域使用哪种印花以及如何使用全凭制作者自己的想法而定。

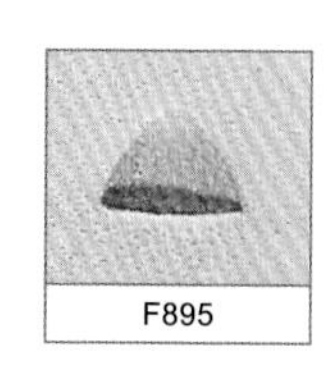

F895

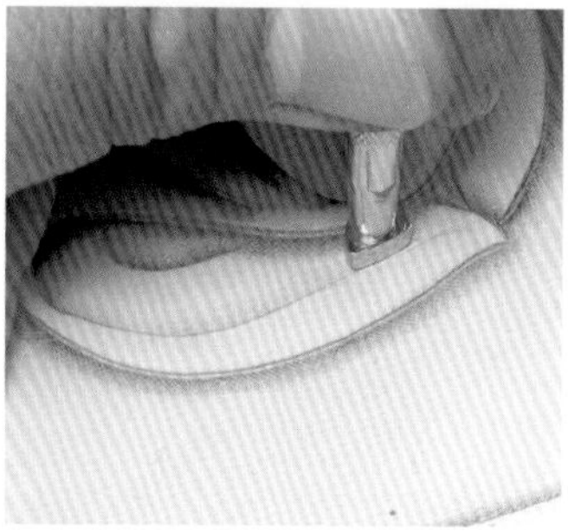

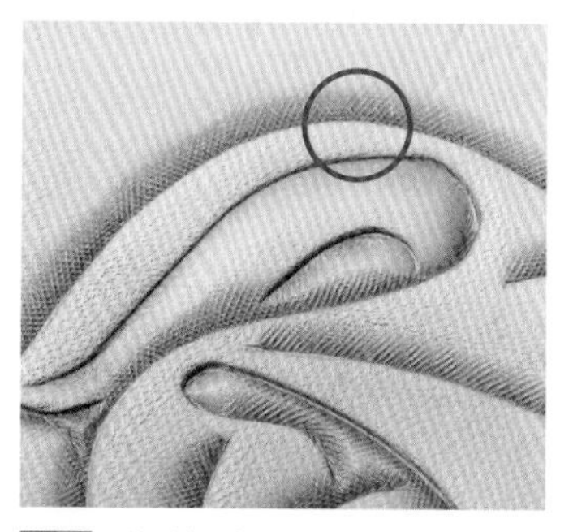

1 因为这条叶脉线条并未进行过切割，敲打时要小心不要打得歪歪扭扭。

2 碰到打过淡出的打边印花的地方，让二者自然地连接起来。

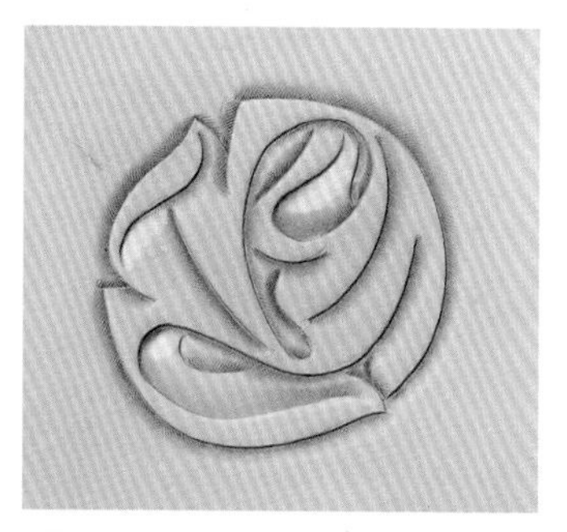

3 和刻刀线后打上打边印花的线条相比，这种方式打出的线条显然要柔和不少。

用装饰印花在叶子上制作纹理

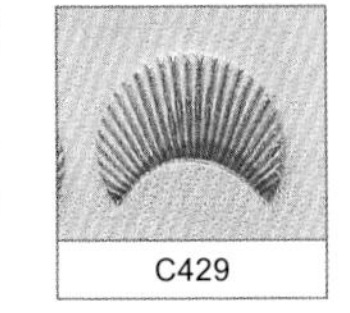
C429

装饰印花可以称得上是具有代表性的皮雕专用印花，这里用它为叶子增添立体感。敲打时最好依照间距窄→宽→窄的顺序，这样比等间距敲打更能在视觉上呈现出立体感。

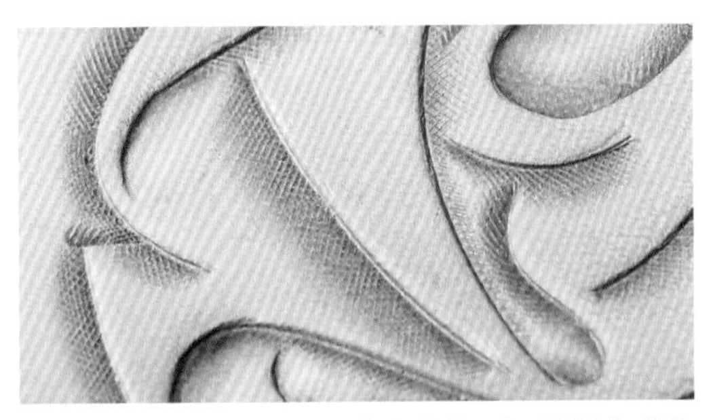

1 沿着敲打过打边印花的主叶脉，在对侧敲打装饰印花。

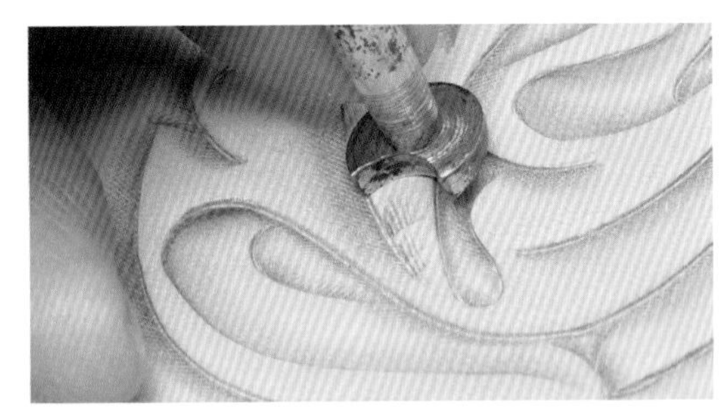

2 装饰印花的放射线要和主叶脉的走向保持一致。注意调整间隔和力道。

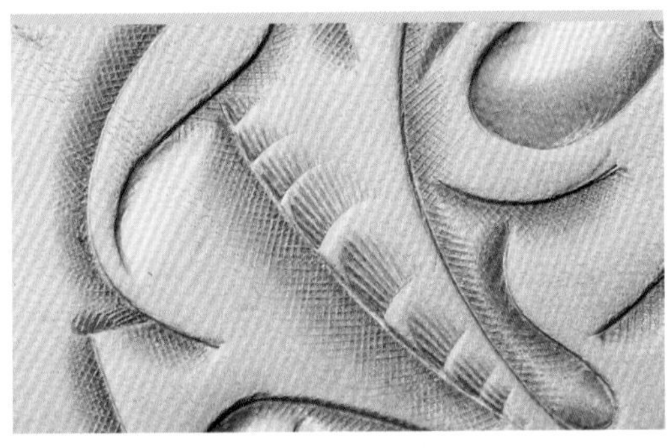

3 逐渐调整印花的角度，通过改变间隔和印花的宽度表现立体感。

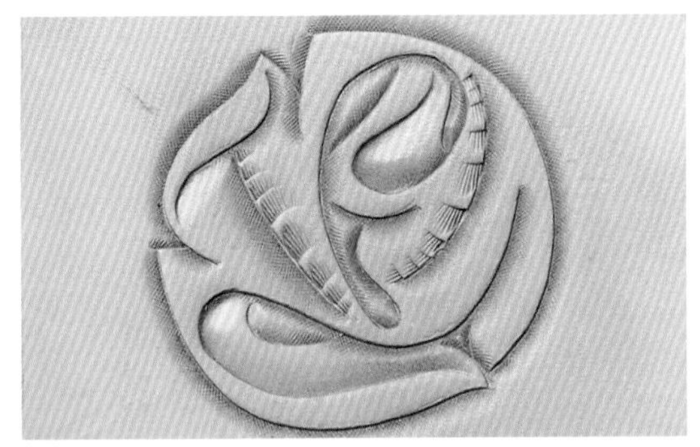

4 右侧的叶子上也打上装饰印花。这是装饰印花全部打完的效果。

打上阴影印花和叶脉印花

P213　V463

用阴影印花在叶尖制造阴影，再用叶脉印花在装饰印花的反面制作侧叶脉。如此，叶子的形象将更加清晰。

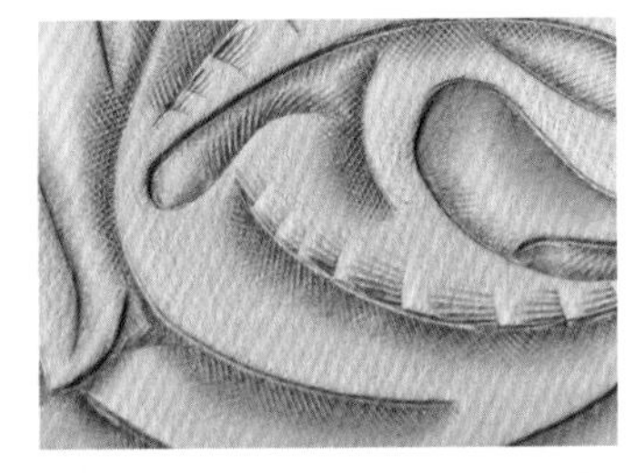

1 在叶尖部分用 P213 印花制造出阴影。

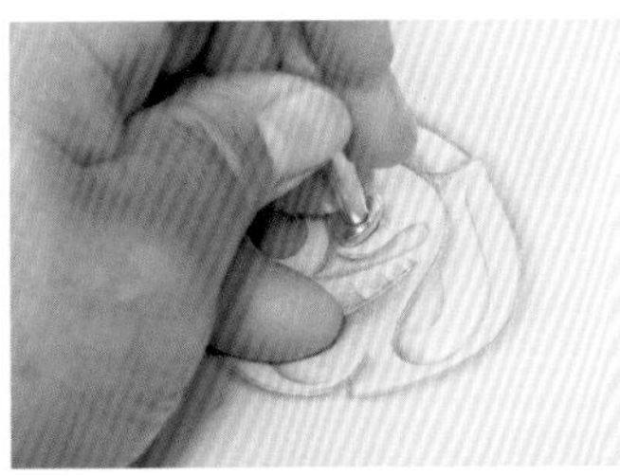

2 移动阴影印花时，尽可能与先前打的打边印花连起来。

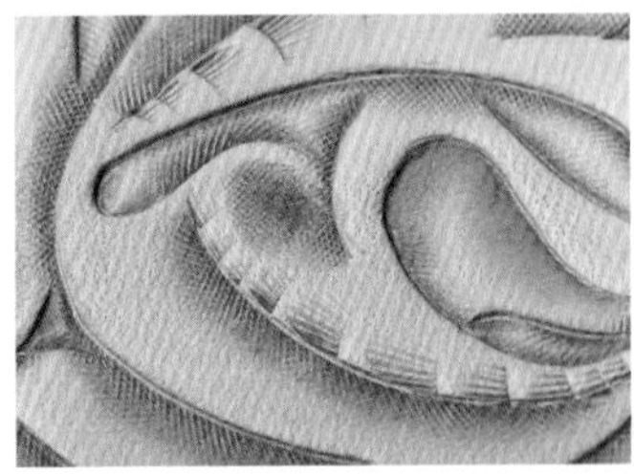

3 在叶尖制作出凹陷，进一步表现出立体感。

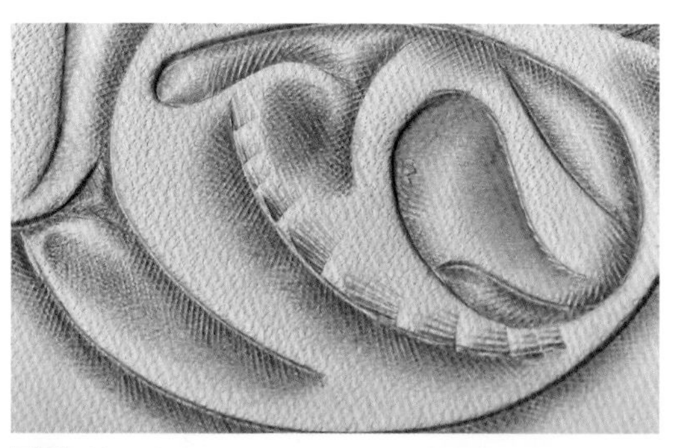

4 接下来用 V463 印花来制作侧叶脉。叶脉印花通常打在主叶脉的弧线外侧（与 B198 印花同侧）。

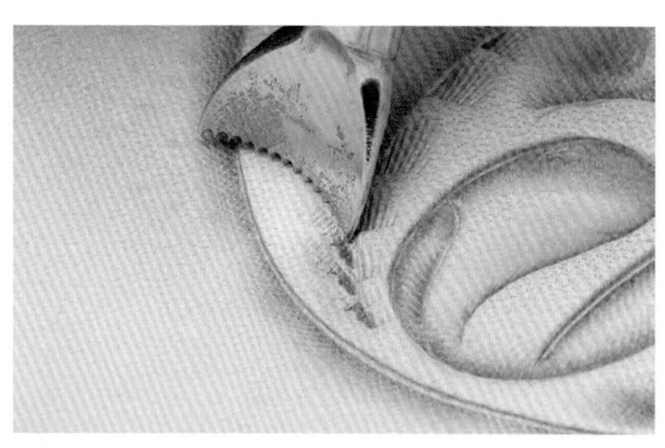

5 应随着主叶脉弧度的变化，对打上去的印花角度及长度做出调整。

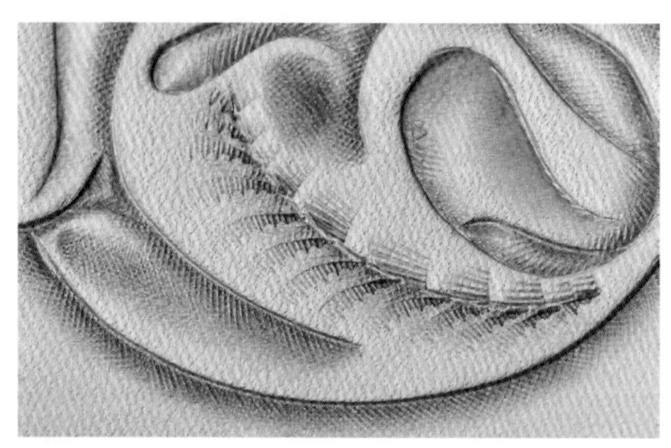

6 就长度而言，开始打得短些，越靠近主叶脉中点越长，过了中点后往叶尖方向时再逐渐减短。

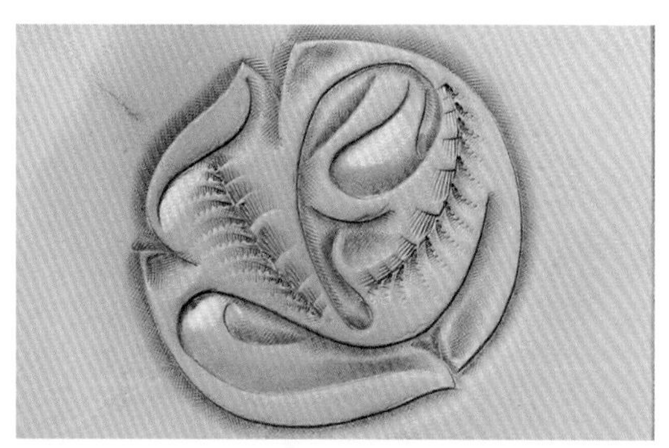

7 这是打完叶脉印花和阴影印花的效果。叶脉印花让叶子看起来更完整，阴影印花进一步突显出叶子的立体感。

打上收尾印花和马蹄印花

在叶子的分岔处用收尾印花强调，再用马蹄印花表现褶皱，这样叶子部分就完成了。使用马蹄印花时也要灵活变换敲打角度，敲打出不同大小的印花。

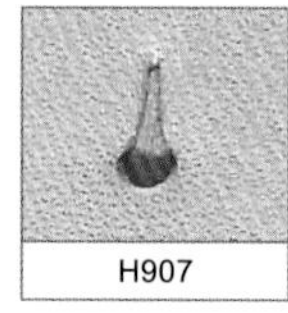

H907 U852

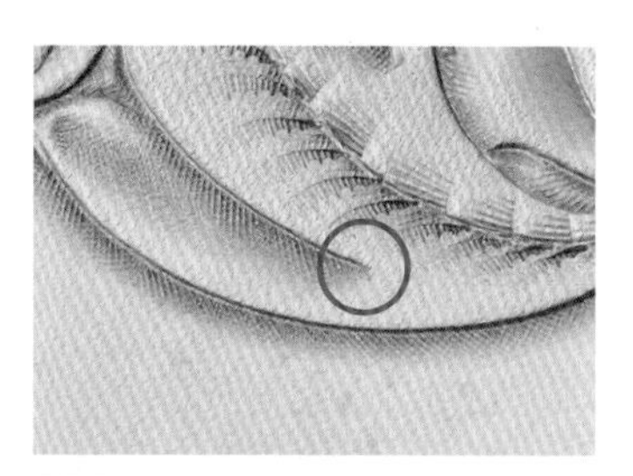

1 如图所示在叶子的分岔处打上 H907 印花进行收尾。

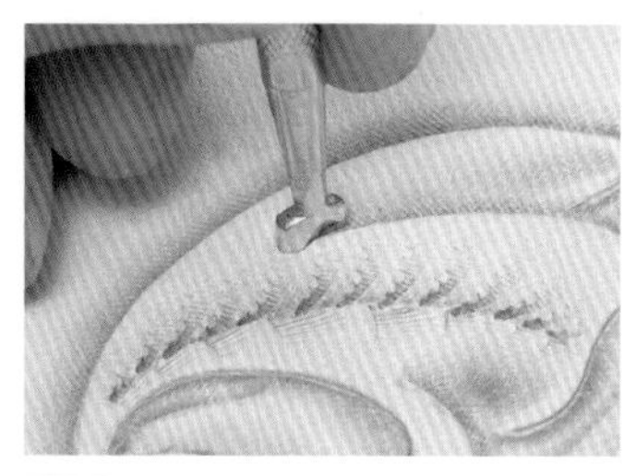

2 注意，打上去的印花要与切割线的方向保持一致。

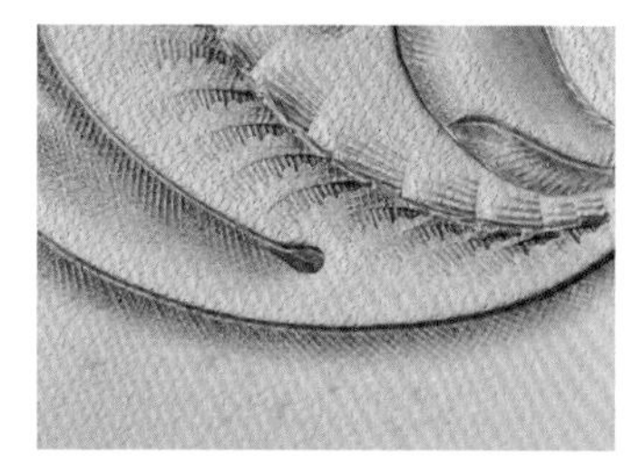

3 这是打上收尾印花后的效果。只需一个这样的印花就可以让叶子的形象变得清晰。

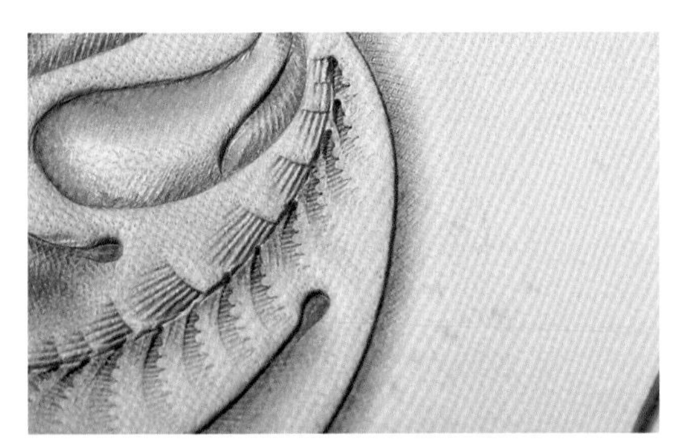

4 在收尾印花的延长线上打上马蹄印花。

5 随着敲打的进程，应逐渐增大印花工具倾斜的幅度，使打出的印花越来越小。

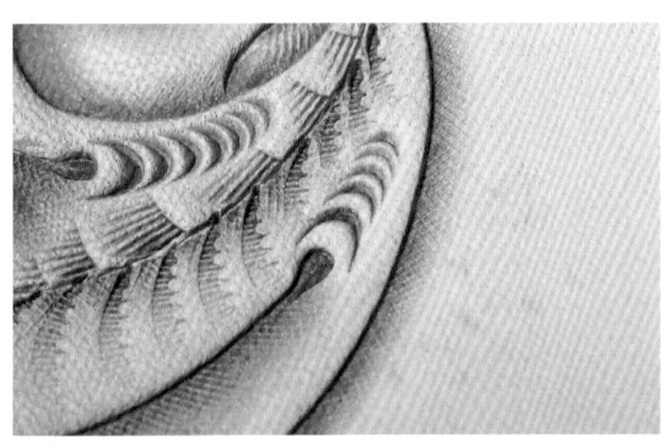

6 这些大小不同的印花都是用同一支马蹄印花敲打出来的。

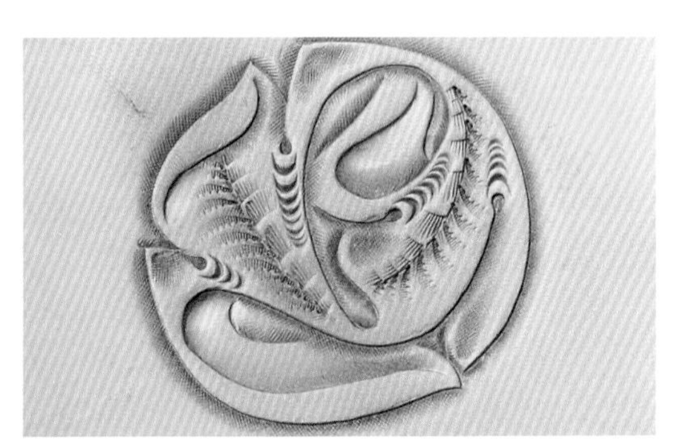

7 这是收尾印花和马蹄印花敲打完成的效果。叶子部分的制作到此结束。

打上背景印花

A104

打上背景印花后，图案看上去会像浮在皮革表面一般。背景印花可以重复敲打，第一遍先打底，之后更仔细、更均匀地敲打第二遍。每敲打一遍，背景的颜色都会变深。这里使用的是网纹背景印花。

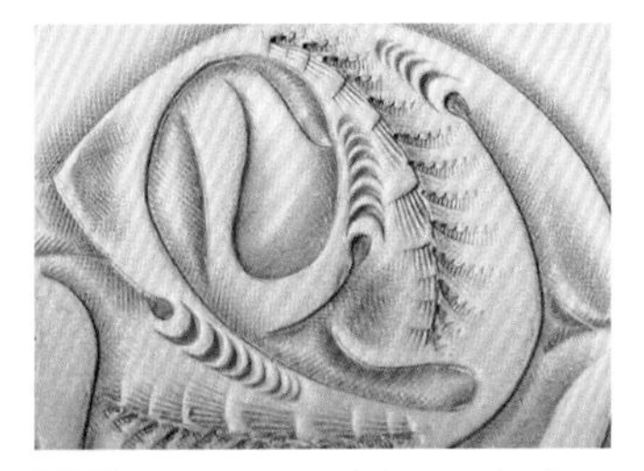

1 仔细考量，确定需要打背景印花的地方。

2 配合整幅图案的轮廓线一点儿一点儿地打上背景印花。

3 这是第一遍敲打，即打底完成的效果。确认轮廓线是否仍然清晰。

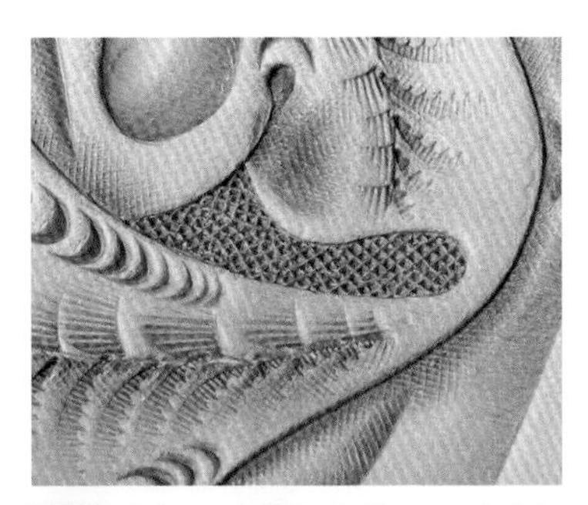

4 再打一遍背景印花，可以看出背景的颜色比前一次深了。

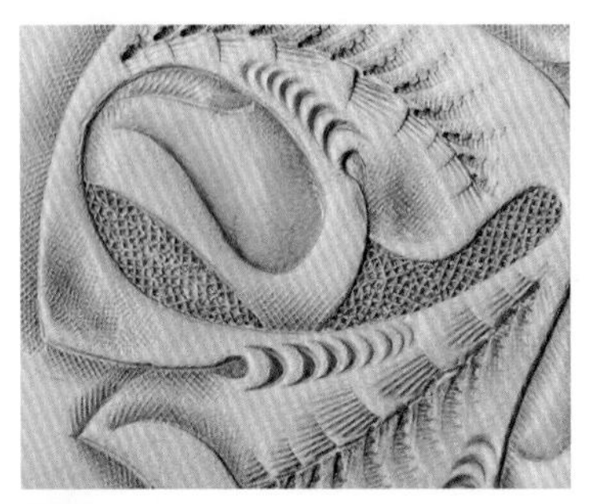

5 左边只打了底，右边是重复敲打后的效果，差异很明显。

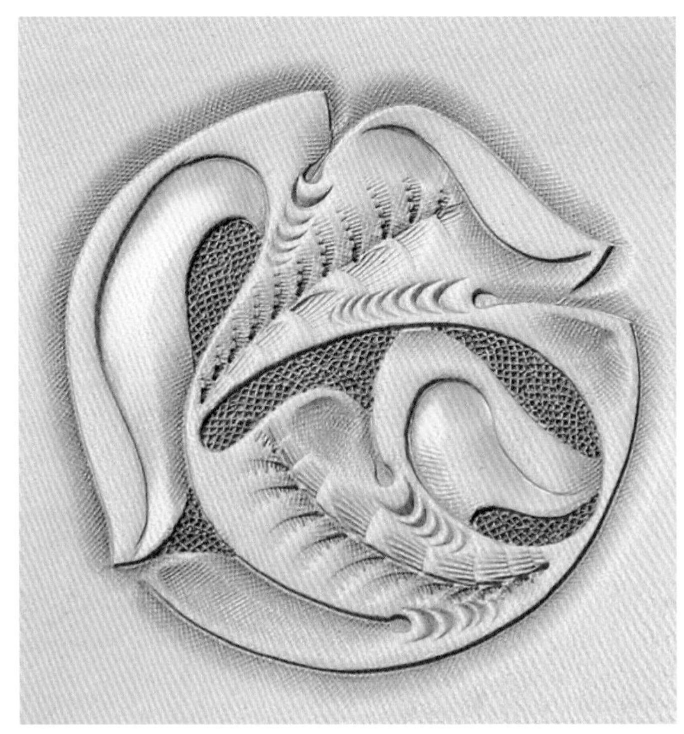

6 打上背景印花之后，打印花的工作就结束了。因为岛崎老师几乎不进行染色和润饰，所有皮雕作业到此全部完成。

将雕刻好的图案裁下来

皮雕完成后，以图案为中心裁下一块圆形来作为杯垫。裁切本身十分简单，不过稍有错位，图案就不正了，所以要认真确定裁切的位置。

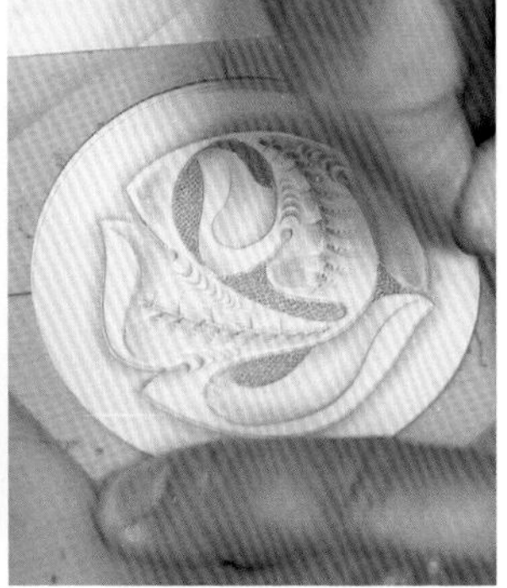

1 使用圆形的模板，画出裁切线。慎重确定模板放置的位置。

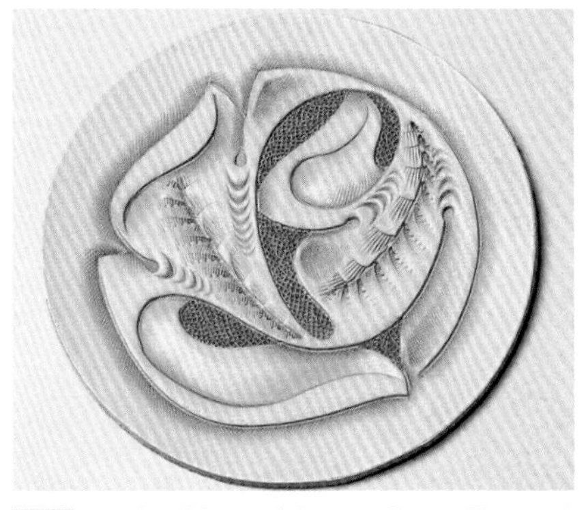

2 只使用刻刀和皮革刀，就可以裁出这样一个时髦的杯垫了。

在皮夹上雕刻唐草纹和羽毛

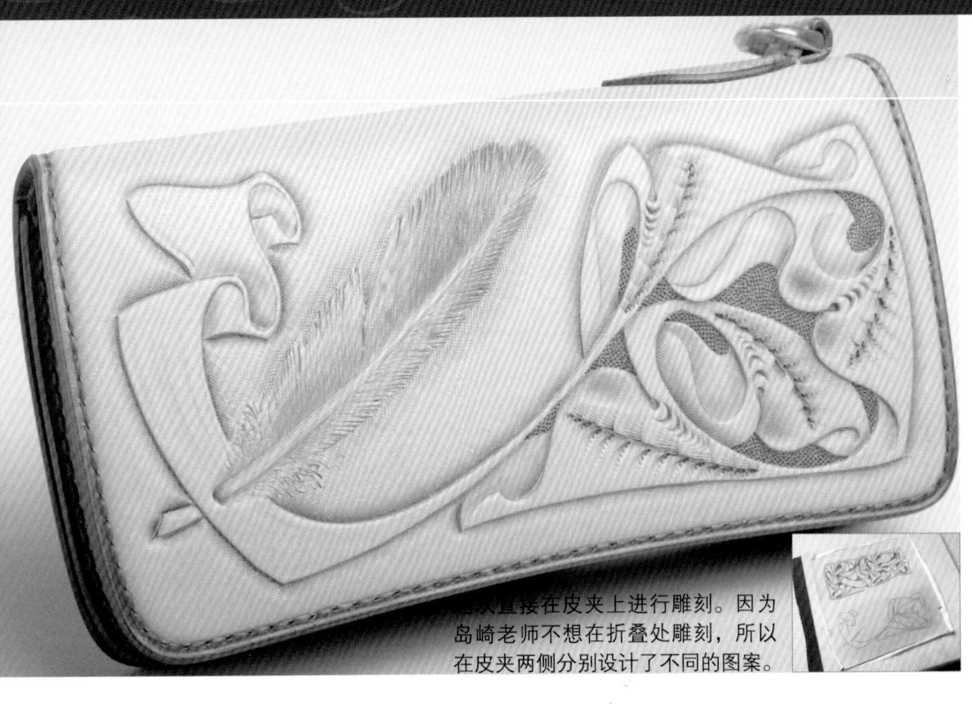

这次直接在皮夹上进行雕刻。因为岛崎老师不想在折叠处雕刻，所以在皮夹两侧分别设计了不同的图案。

这一节我们要介绍一个稍微复杂一点儿的皮雕作品的制作方法。除了前面学过的技法，还会用到一些新的技法，其中还包括岛崎老师的独门绝技。继续带着问题观察作品，比如叶子是用哪些印花组合来表现的？羽毛如此逼真，是怎么做到的？如果是我，会怎么做？当然，若能亲手实践，一定会有更深刻的感悟。

刻轮廓、打上打边印花

开始时与制作皮雕杯垫一样，在皮革表面描好图后用旋转刻刀刻出轮廓，并打上 B198 打边印花。线条交汇处使用的则是 F941 造型印花。

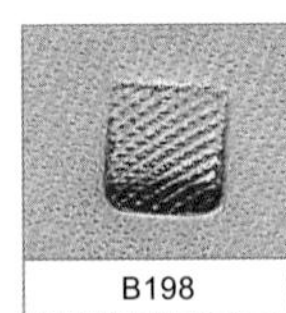

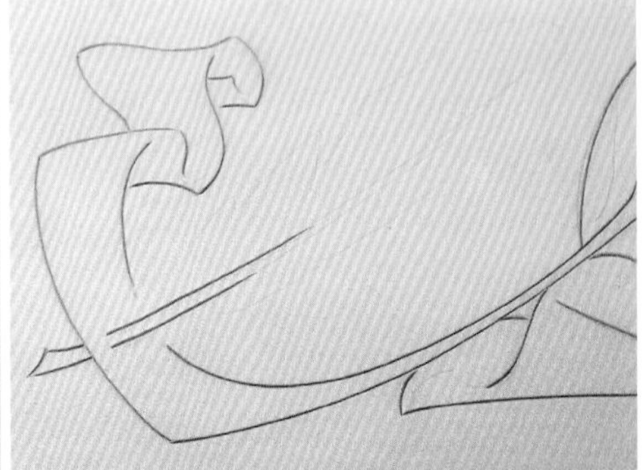

1 用旋转刻刀刻轮廓。羽毛部分只需刻一半羽轴，剩下的部分保留描上去的线条即可。

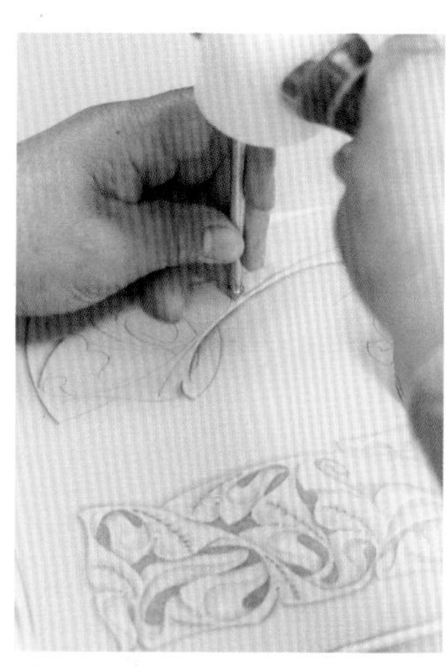

2 在用旋转刻刀刻出来的线条上打上打边印花。

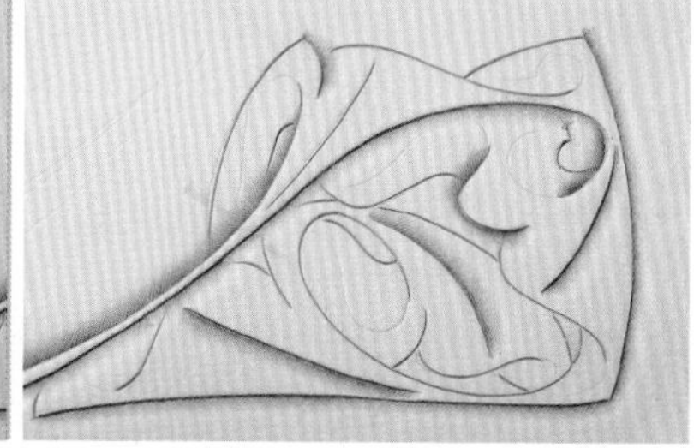

3 先在上层的线条上打上打边印花，不要弄错打印花的位置。另外，在需要淡出的部分敲打打边印花时要逐渐减小力道。

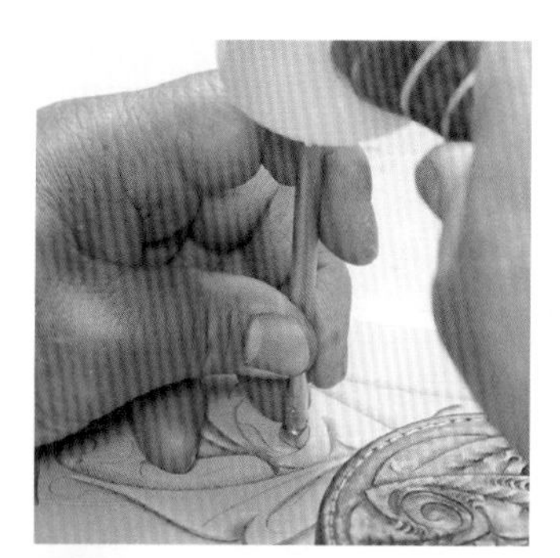

4 在下层的线条上也打上打边印花，线条交汇处打上 F941 印花。

5 这是打完打边印花的效果。羽毛的羽片部分不打打边印花，保留描上去的线条即可。

用压擦器制造律动感

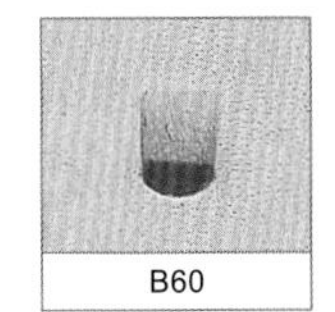
B60

与印花工具不同的是，压擦器可以画出流畅的线条，很适合用来在一个大面积的物体表面（如本图案中的缎带）制造律动感。另外，如果想表现羽毛插入缎带的效果，就要在插入的地方用印花对层次进行强调。

1 使用比较大的压擦器顺着缎带的走向画几道，表现出自然的律动感。

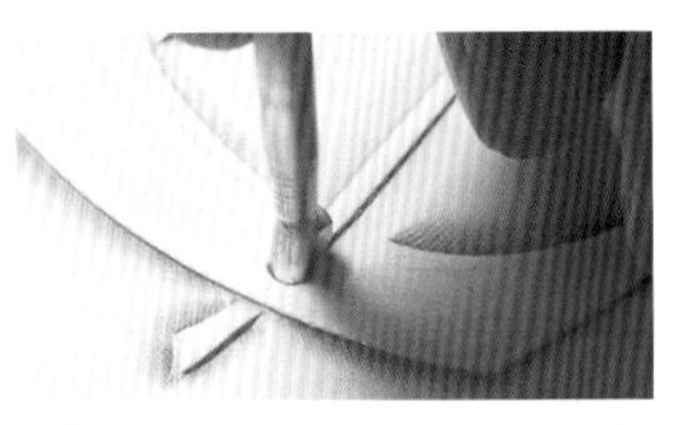

2 在羽轴插入缎带的地方用力打上 B60 印花。

3 别看都只是寥寥几下，效果却很显著。

用造型印花呈现羽毛的轮廓

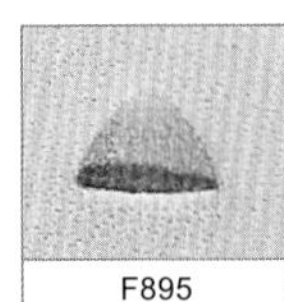
F895

F898

用造型印花柔和地呈现羽毛的轮廓，虽然效果与旋转刻刀刻出的线条以及打边印花打出的线条不同，却可以完美地结合在一起。

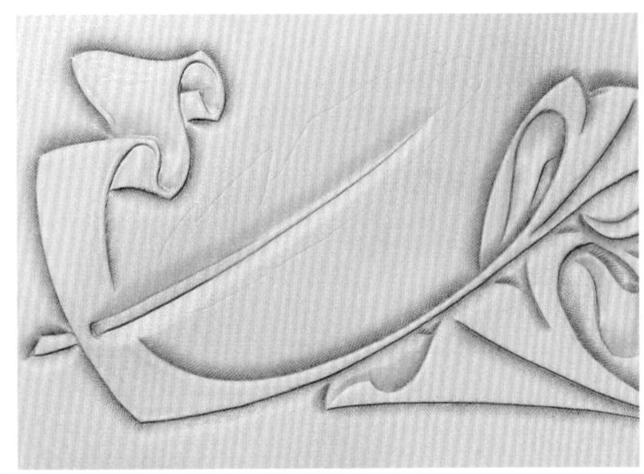

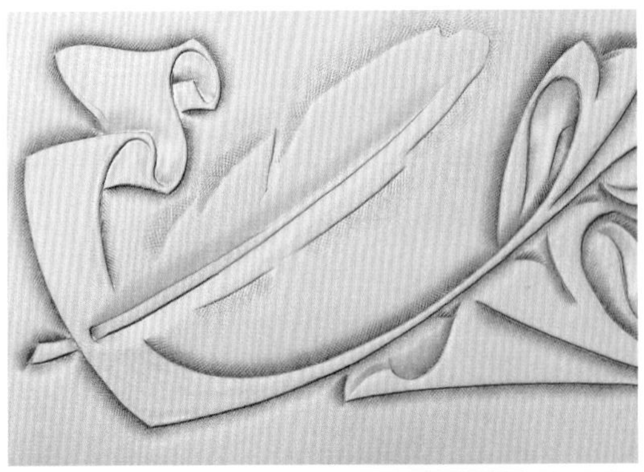

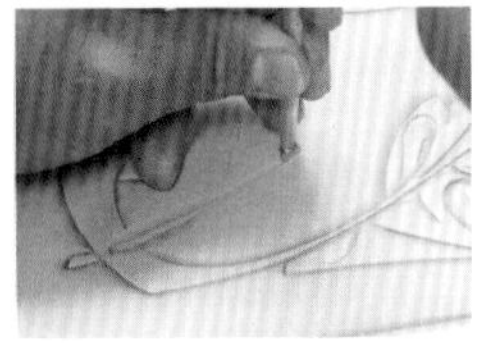

1 羽轴的下半段已打上了打边印花，沿着打边印花的方向继续在羽轴的上半段打上 F895 印花，让两段自然地连接起来。越靠近羽毛尖，敲打的力道应该越小，从而使印花越来越细。

2 在羽毛的轮廓线上打上 F898 造型印花。如上图所示，这种印花与打边印花的效果截然不同。

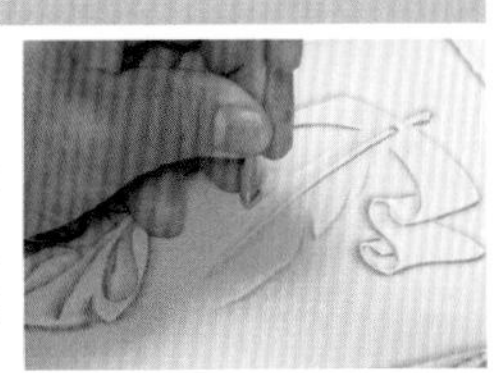

用压擦器制作纹理

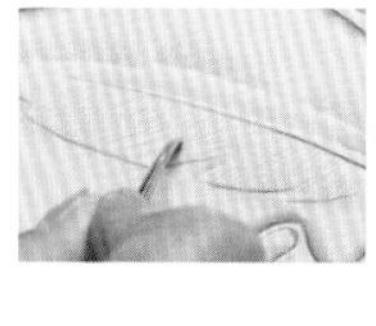

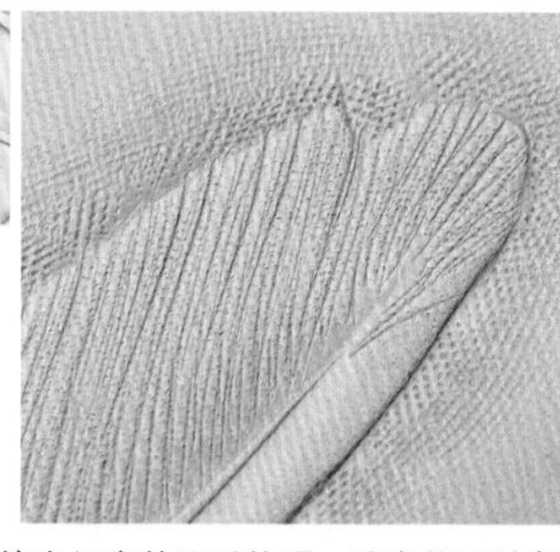

耐心地用压擦器压擦出细密的羽毛纹理。注意纹理的朝向要一致。

强调羽毛参差不齐的边缘

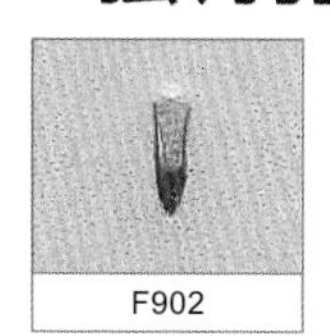

F902

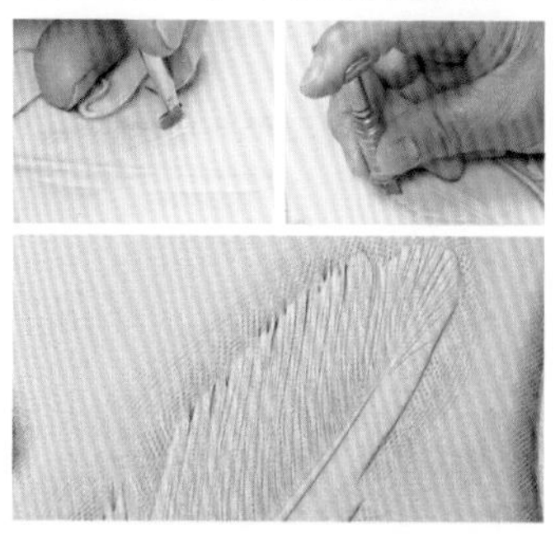

F902 印花与旋转刻刀相互配合，稍稍“破坏”一下羽毛整齐的边缘。F902 印花用来制作稍大一些的分岔，旋转刻刀用来制作较小的分岔。参差不齐的羽毛看上去更有真实感了，不是吗?

用压擦器制造凌乱感和倾斜感

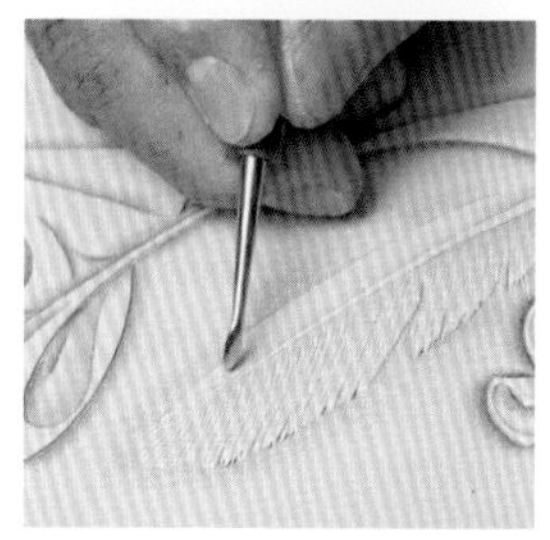

1 在羽毛打上造型印花的部分用压擦器随意地画几道。

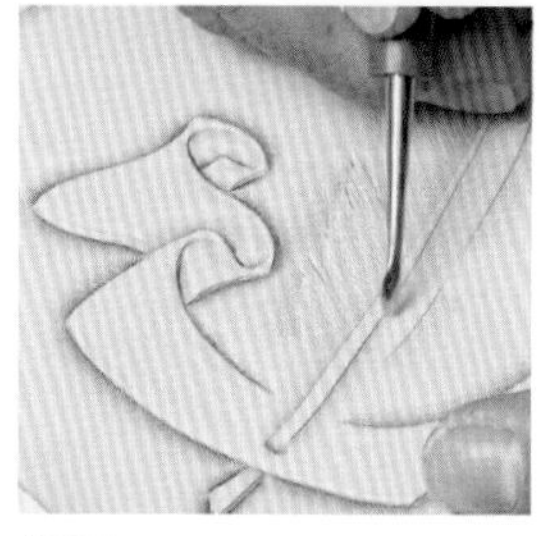

2 羽轴两侧也用压擦器画一下，给人一种两侧向中间倾斜的感觉。

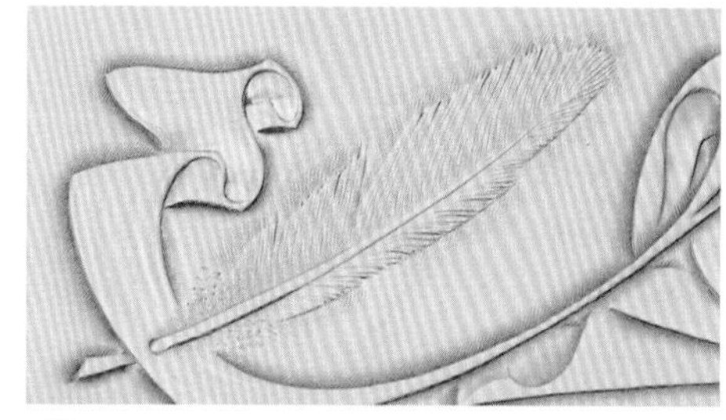

3 羽毛立体感的强化效果一目了然。每个小细节都是通过细致的观察发现的。

用压擦器给羽毛“上色”

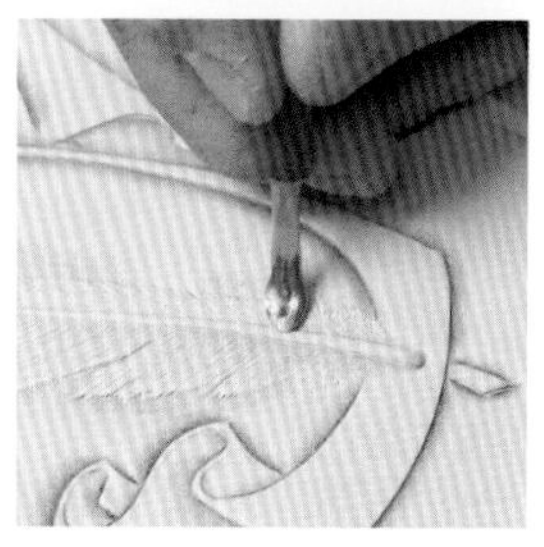

1 选用比较大的压擦器来压擦羽毛的纹理。

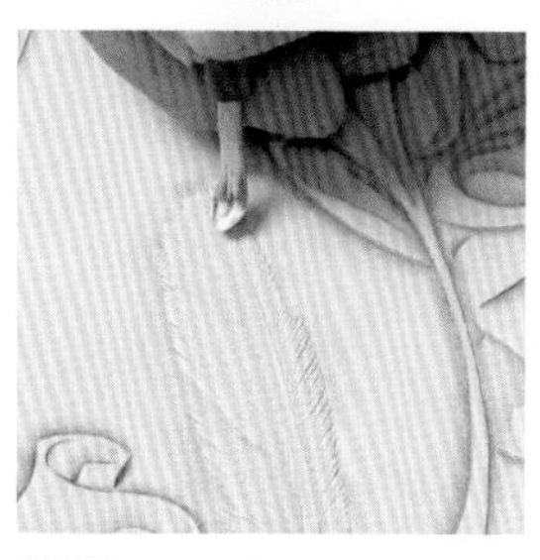

2 在不破坏纹理的前提下，逐渐加大压擦的力道。

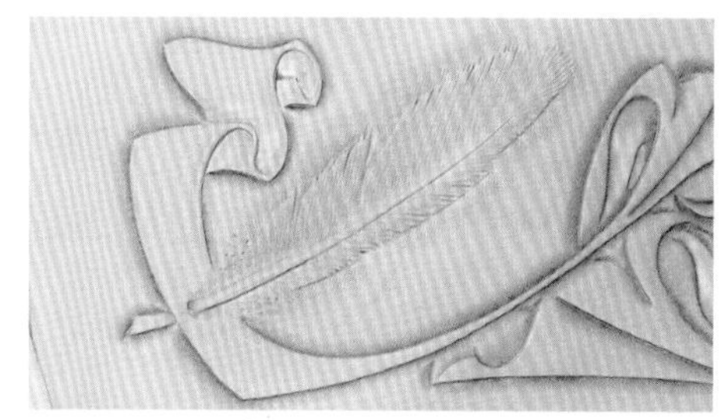

3 和上图相比，你会发现羽毛的颜色竟然加深了。这是岛崎老师不使用染料却能“上色”的独门绝技。

用装饰印花表现叶脉

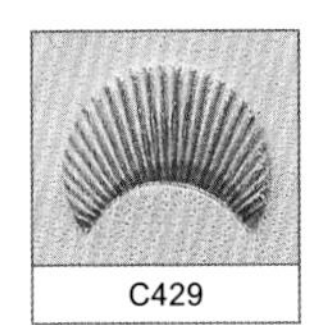

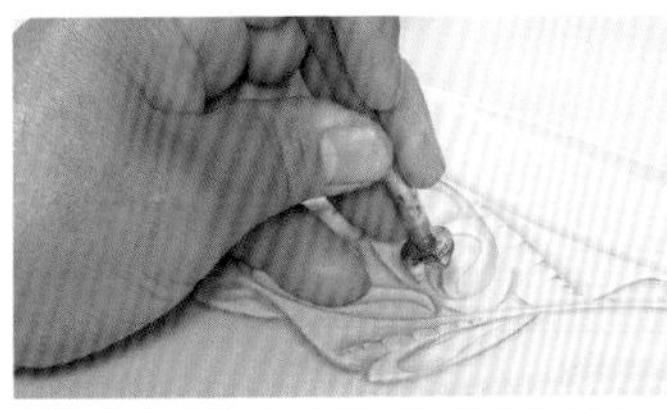

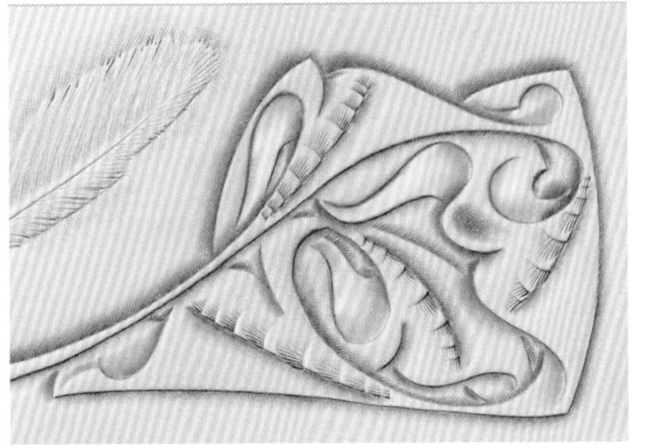

在叶脉没有打上打边印花的那侧（凸起的部分）打上装饰印花来表现叶脉，注意按照从窄→宽→窄的顺序调整间距。

用阴影印花制作阴影

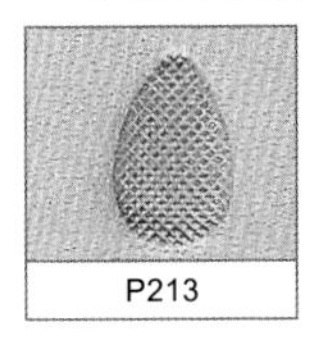

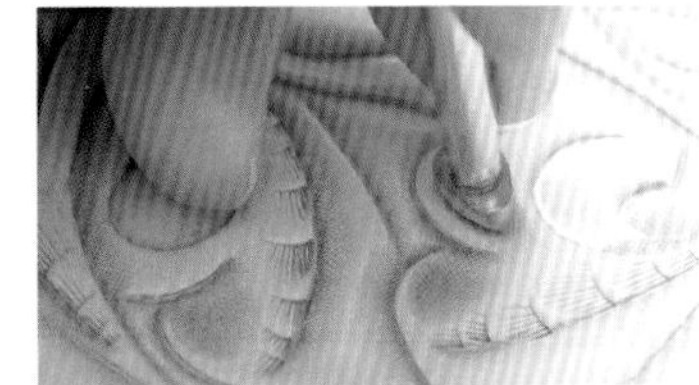

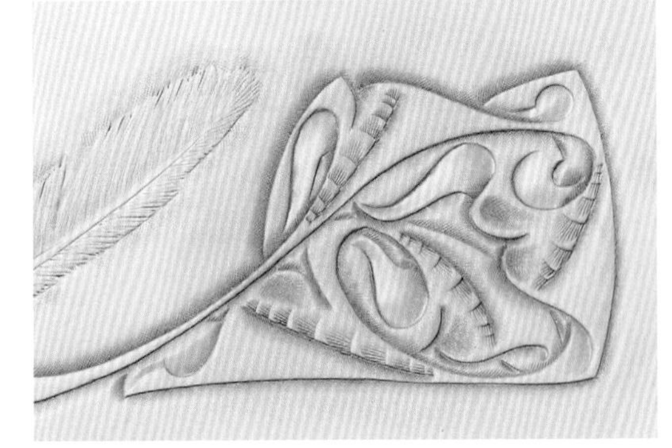

用阴影印花在叶子扇形饰边的内侧制作阴影。如果阴影印花与弧线的间距不等，阴影就会显得不协调，所以要尽量保持一样的间距。

用叶脉印花制作叶脉

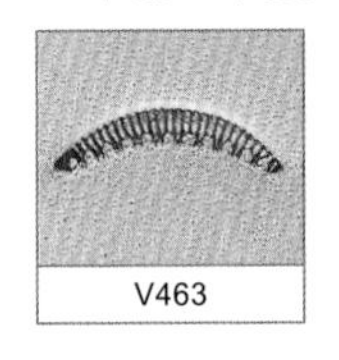

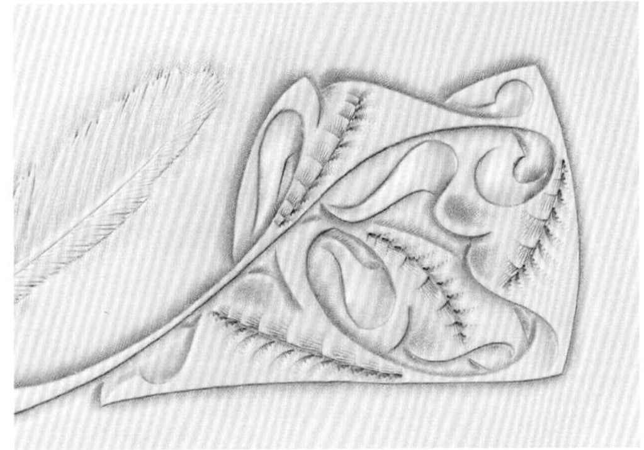

用叶脉印花在打过打边印花的一侧制作侧叶脉。注意调整间距和角度，使之与之前的装饰印花保持平衡。

用收尾印花结束线条

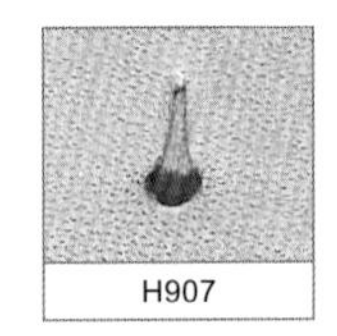

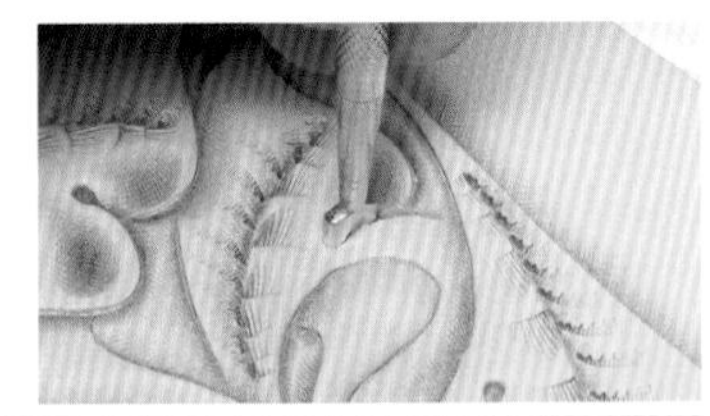

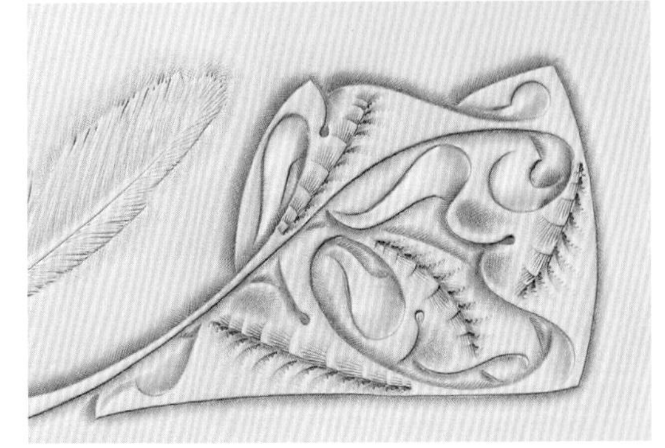

在叶子的分岔处打上收尾印花来收尾。打上收尾印花后，线条的走向会更清晰。

用马蹄印花表现褶皱

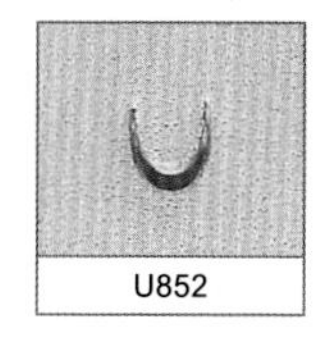

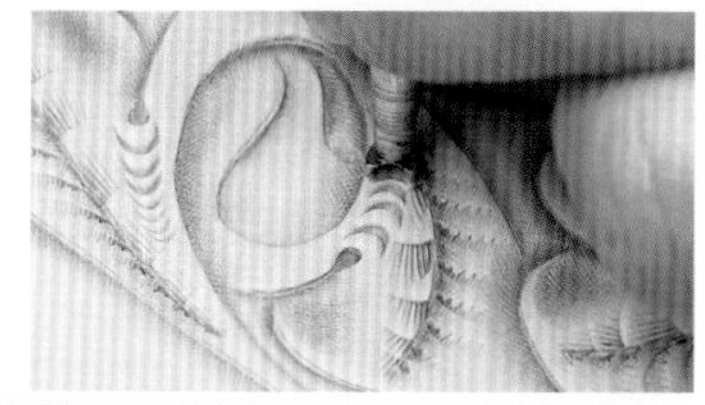

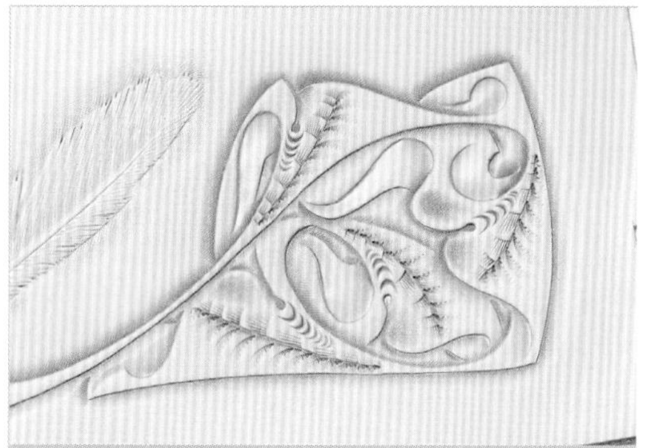

在收尾印花的延长线上打上马蹄印花。逐渐倾斜印花工具，使打上去的印花越来越小。

用背景印花让背景凹陷

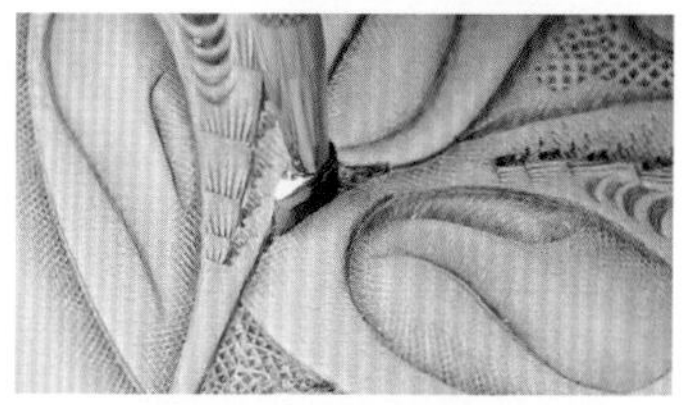

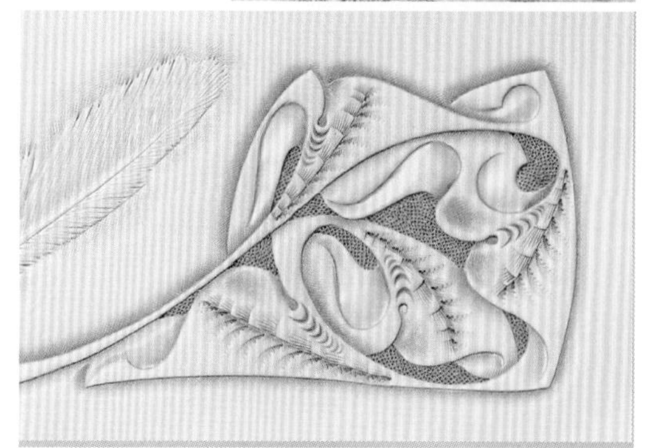

最后在背景部分打上背景印花，让图案从背景中浮现出来。

用染色来强化抑扬顿挫感

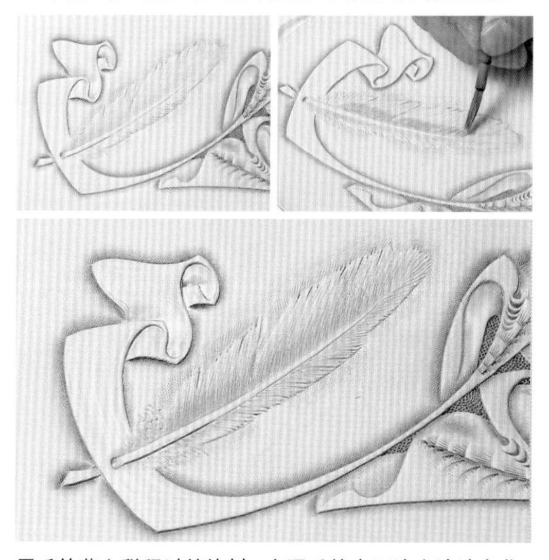

用毛笔蘸上稀释过的染料，在羽毛的表面涂出浓淡变化。注意涂薄薄一层即可，如果涂得太浓，表面雕刻上去的纹理就会被盖住。

完成

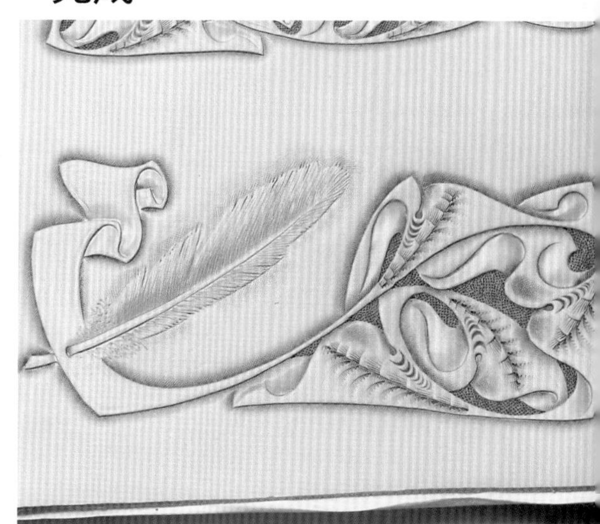

岛崎老师不再使用任何油性或水性染料，至此皮雕制作大功告成。这幅不算太复杂的作品中灵活运用了多种皮雕技法，却丝毫没有做作之感。所谓润物细无声，这正是岛崎老师的作品魅力之所在。

皮雕大师访谈 & 作品展示　INTERVIEW&WORKS

追求卓越是进步的秘诀

岛崎清老师

岛崎老师自日本皮革工艺发展的初期便投身其中，并以独特的个人风格引领着日本皮革工艺的发展。他创办了西玛皮艺学校，并在那里亲自授课。

问：学习皮革工艺的契机是什么？

岛崎老师：我有一个专职做夏威夷风格饰品的朋友，我经常看他做东西，逐渐萌生了自己做小东西的念头。那时我很想要一个带纽扣装饰的皮钥匙扣，就开始自学皮具制作。我没有特意拜过师，最初就是跟着斯图曼先生的《工程设计》（*Project Design*）这本书从头到尾反复练习。

问：您是怎么确立个人风格的？

岛崎老师：做皮具一段时间后，我意识到必须有属于自己的个人风格，从那时起我花费了一段时间去摸索自我的风格。真正找到大概要追溯到25年前。虽然现在我的作品几乎不使用染料，但一开始也是用染料的。正因为用过，才想是不是可以不用呢？虽然没人这么做过，但不能说不用染料效果就不好。后来发现其实行得通，当然并不是单纯地不用染料，而是想办法用别的技巧来做出更好的效果。

除了皮雕技法外，手缝技法我也是一开始就学习了。如果想制作上乘的作品，就必须掌握所有的技法。正是有了诸如此类的各种各样的经验，才成就了我今天的个人风格。

问：请您给我们的读者一些建议吧！

岛崎老师：皮雕技法其实可以用在很多物件上，希望大家能对“皮革”这一素材充满热情，去享受它无限的可能性。另外，虽说可能有些难，但还是希望大家能制作出高水平的作品。追求卓越的过程才是最值得享受的。

学校掠影

岛崎老师的皮雕作品

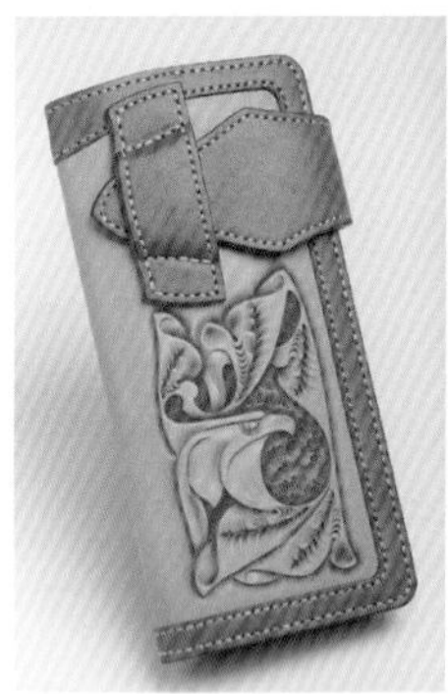

雕有岛崎老师作品中特有的叶子和鹰的图案的长皮夹。

岛崎老师钟爱的小盒子，盖子用花朵和叶子装饰。设计非常简洁，品质却极高，一如既往地体现了岛崎老师的设计风格。

以叶子和涡卷为图案的书架。活用了书架本身的造型，成品秀美清爽。

雕有花朵、叶子和年份的简易笔筒。

运用皮雕技法，再现立体式花朵的吊坠。

岛崎老师出版了多本皮雕图案作品集。这里列出的只是其中的一小部分。

CARVING ITEM CATALOG
皮雕作品图鉴

下面展示的是运用皮雕技法制作的各式有趣的皮革用品。除此之外，如果遇到喜欢的作品，你不妨买回去仔细研究它的制作方法，相信上面的图案设计会对你皮雕技艺的提高有所帮助。

皮夹 WALLET

皮夹是最常见皮革配饰。即使款式相同，运用的皮雕技法不同，成品的风格也不尽相同。

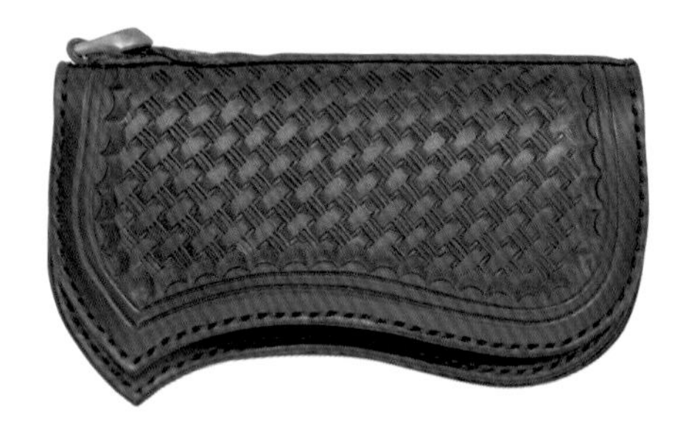

AC-WHB 皮夹

印花花纹以及日本樱桃工作室 (atelier cherry) 原创的设计，绝妙地搭配出这款鞍形皮夹。

原创中款皮夹

黑色皮革配网格纹的皮夹。由恶魔艺术（EVIL ART）和觉醒（AWAKE）联合打造。

亚利桑那州长皮夹

日本塔卡优质皮雕工房制作的长皮夹。分挂带式和链条式两种。

长皮夹

网格纹装饰的长皮夹。纽扣和佩带是一大亮点。

鞍形网格纹皮夹 D款（定制）

长皮夹、钥匙扣和扣绳的套装。皮夹和钥匙扣上配有网纹印花。

十字架皮雕皮夹

中央的十字架上缠绕着唐草纹的长皮夹。有8个卡槽，储存空间大。

和风长皮夹

雕有龙的造型的长款皮夹。同时配套有钥匙扣和扣绳，实惠好看。

两折短皮雕皮夹

小巧的两折皮夹。上面同时有唐草纹和网格纹。

两折长皮雕皮夹

组合了唐草纹和网格纹，是一款基础的长皮雕皮夹。

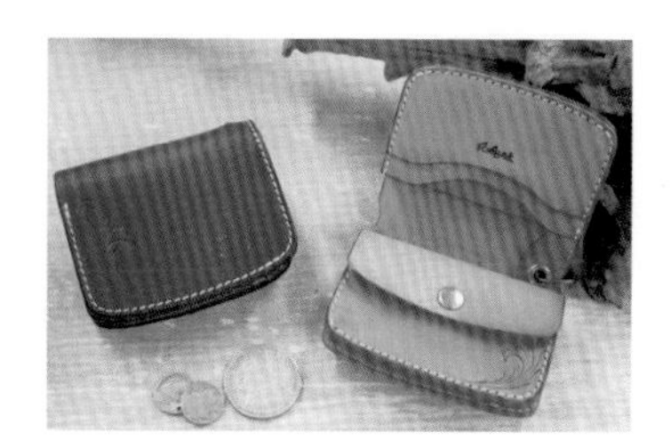

鞍褥革两折短皮雕皮夹

极简风格的两折皮夹。精选鞍褥革创造出与众不同的风格。

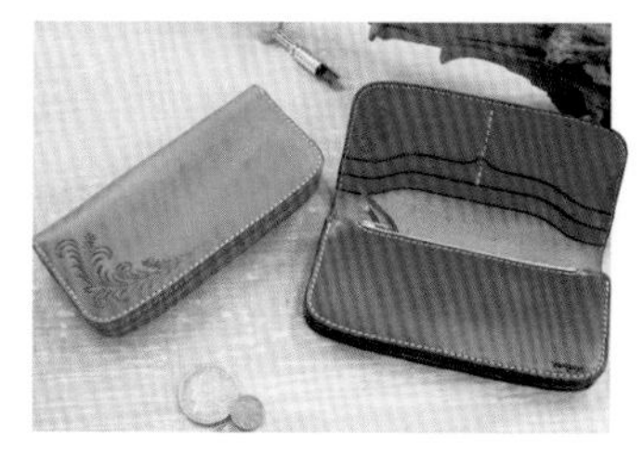

鞍褥革长皮雕皮夹

用美国鞣制的鞍褥革制作的长皮夹。独特艳丽的颜色让人回味。

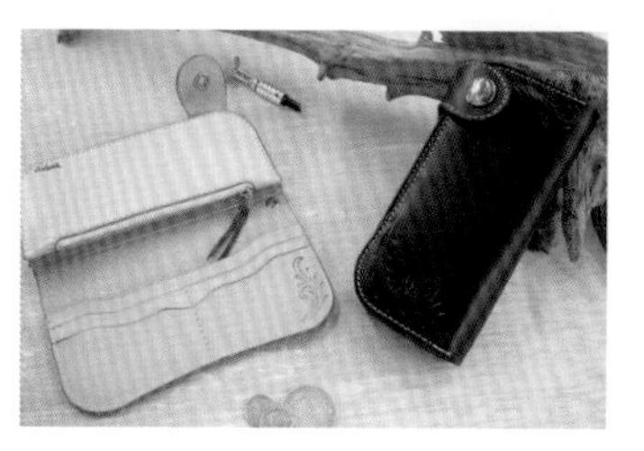

斯特吉斯小长皮夹

表面和卡槽带有装饰的长皮夹。考虑到使用的便利性，卡槽使用了波浪形设计。

摩根长皮夹

首里织物特产的罗顿红皮与皮雕的结合品，充分体现出冲绳风味。皮夹和钥匙扣都带有摩根纽扣。

长皮夹

长皮夹上饰有羽毛皮雕。纤细的设计彰显原创感。

斯特吉斯两折小皮夹

由有着 30 年皮雕经验的工匠制作，在两折皮夹上刻上一处花纹作为点缀。

斯特吉斯两折皮夹

使用方便、设计新颖的两折皮夹。盖子上的装饰物、鹿绳和串珠是亮点。

长皮夹

以冲绳传统的迷萨织物中的“四”和“五”为图案，设计独特。镶嵌处用的是首里织物。

两折皮夹

西玛皮艺学校原创的两折皮雕皮夹。内部设计也充分考虑到了使用的便利性。

两折铁马皮雕皮夹

铁马皮雕图案引人注目，小巧的两折皮夹。尺寸：12cm×9.5cm，适合骑哈雷时使用。

三折长皮夹

玫瑰花纹的谢尔丹风格皮雕长皮夹。长皮夹中少见的三折式设计，最多可以收纳 100 万日元。

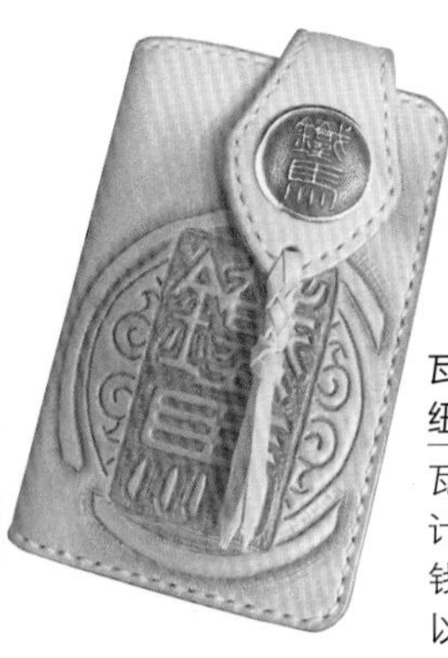

瓦当印皮雕 & 圆形银质纽扣式折叠扣带皮夹

瓦当印和铁马的组合设计。配有三个卡槽和零钱包，如果不放零钱可以塞入6张卡。

铁马皮雕 & 圆形大纽扣皮夹

运用了铁马皮雕的长皮夹。内侧隐藏的口袋可以放入公交卡等。

两折皮雕皮夹

注重使用便利性，配有木珠串和谢尔丹风格的精美唐草花纹，是一款古朴而时尚两折皮雕皮夹。

铁马姬皮雕 & 银质圆形纽扣扣带青色皮夹

14cm × 9cm 的两折短皮夹，女性使用起来也很方便。有零钱包和卡槽包两种可选。

铁马皮雕 & 银质圆形纽扣扣带黑色皮夹

带扣带的短款皮夹。内部同样有零钱包和卡槽包两种可选。另有白色的。

日式风格的多功能皮夹

雕有精美的龙和莲花，钥匙扣和纽扣上也有奢华的银质龙纹。

大和工房皮夹

重复雕刻的谢尔丹风格的皮雕，展现出压倒性的美感。

其他 OTHERS

除了皮夹以外，还有许多用具也适用皮雕和印花技术。可以根据每个用具的特性，制作出独一无二的原创作品。

各类手机套

分别带有镂空图形和网格纹印花的手机套。从扣带处穿一条绳子即可悬挂。

印花款手机套

两侧用皮绳穿起，可以根据手机的厚度调整。内侧也有印花。

皮雕烟盒

独具个性的印花烟盒。充分保证厚度，即使是软包装也不会被压坏。

马鞍革皮雕手环

两处揿纽方便扣起、设计简洁的手环。可以常年使用。

皮雕公文包

用白绫皮和马鞍革制作的豪华皮雕公文包。背面也有唐草纹和网格纹。

皮雕小包

包盖上饰有谢尔丹风格皮雕的随行小包。红色木珠装饰别具风味，扣带上配有钥匙扣。

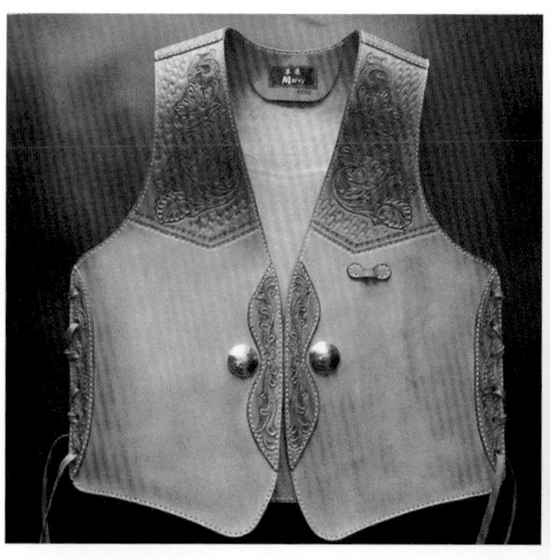

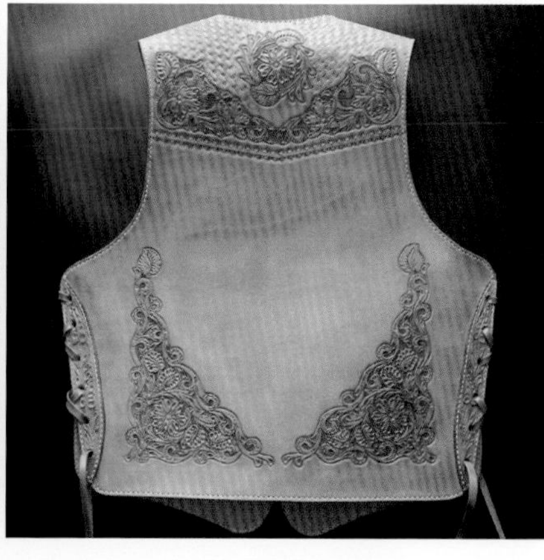

皮雕皮革背心

肩部、后背和腰部带有皮雕设计的背心。同时带有内侧袋和太阳镜挂扣，功能性强。

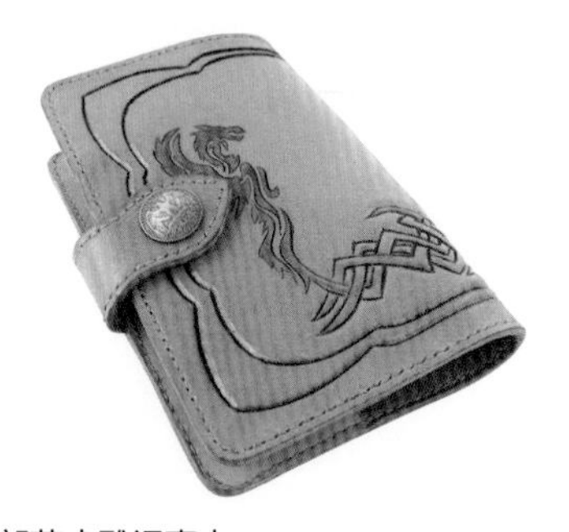

部落皮雕记事本

配有部落图案、充满原创性的记事本。中间配有 6 个环扣。

手机套

主体上是唐草纹、扣带上是印花图案的手机套。厚度可调节，颜色有棕褐色和黑色可选。

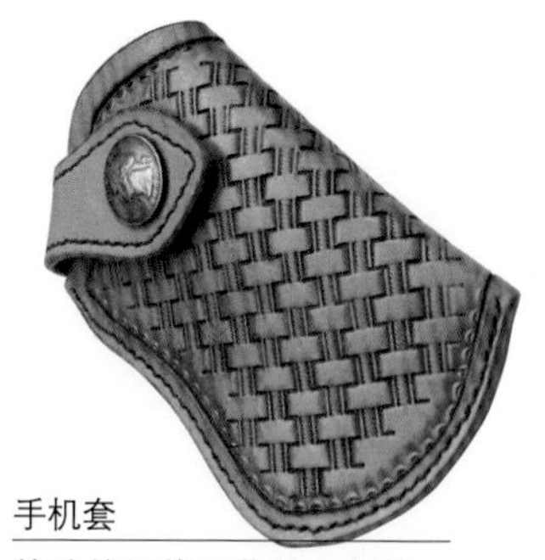

手机套

简洁的网格印花让人眼前一亮。苹果手机可用，颜色有自然色和棕褐色。

皮雕坐垫

表面饰有精美皮雕图案的自行车专用坐垫，能使自行车看上去更高级。

原创名片夹

时髦且高级的名片夹。精美的印花细致入微，成品十分好看。

斯特吉斯皮雕钥匙包

用手工雕刻的图案装饰的钥匙包。色泽艳丽，使用的是最高级的白绫皮。

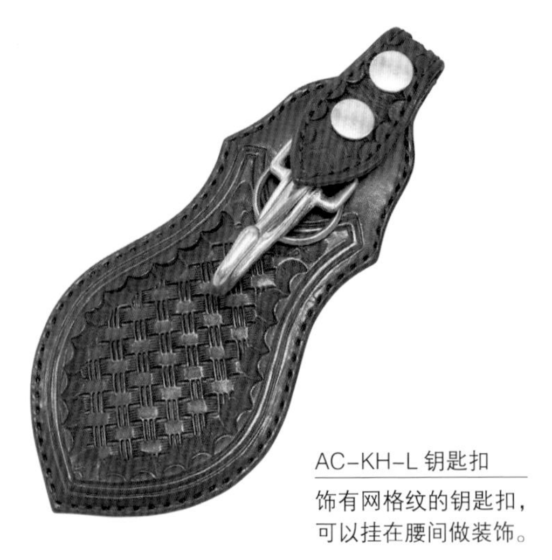

AC-KH-L 钥匙扣

饰有网格纹的钥匙扣，可以挂在腰间做装饰。

原创皮雕皮带

狂野又细腻的皮雕使皮带更有品质感。皮带扣是用黄铜制成的。

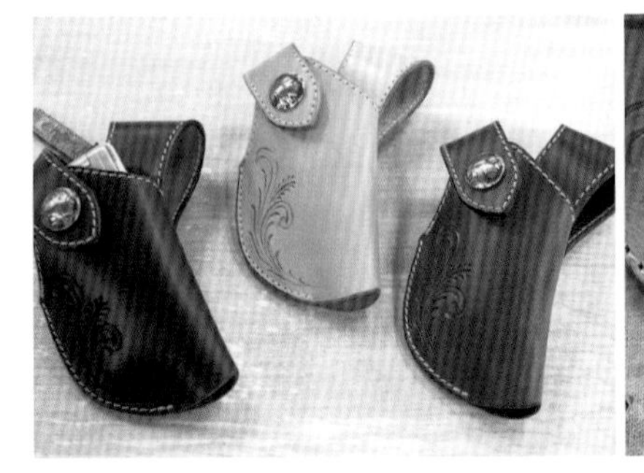

斯特吉斯皮雕小手机套

用最高级的单宁鞣制皮制成的手枪套式手机套。纽扣是用旧 5 美分硬币制成的，品质非凡。有黑色、原色和棕色三种颜色。

网格纹皮夹套

吊绳和扣带搭配网纹的皮夹套。运用拷边增加厚实感。

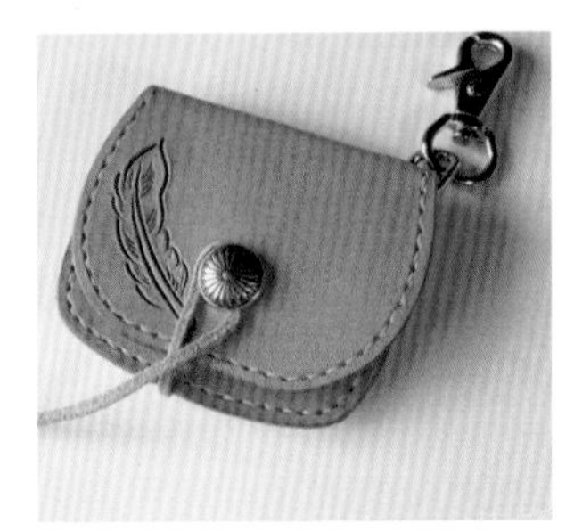

硬币夹（含钥匙扣）

饰有羽毛皮雕的简洁硬币夹。可用作钥匙扣。

老鹰羽毛项链

使用的是赫尔曼橡树皮革公司生产的皮革，纯手工镂空工艺，羽毛各自独立。

工具包（皮革定制豪华工具包）

5 处雕有花朵，中间、背部和盖子由一张皮革制作而成，豪华耐用，打开和合上时只需轻按按钮即可。

Tom 佩带包

包身、盖和佩带上都有皮雕饰纹，豪华精美。灵感来自传统的马鞍包。

Jean 钥匙包

谢尔丹风格皮雕配网格纹，非常有存在感的作品。边缘处理得也十分精美。

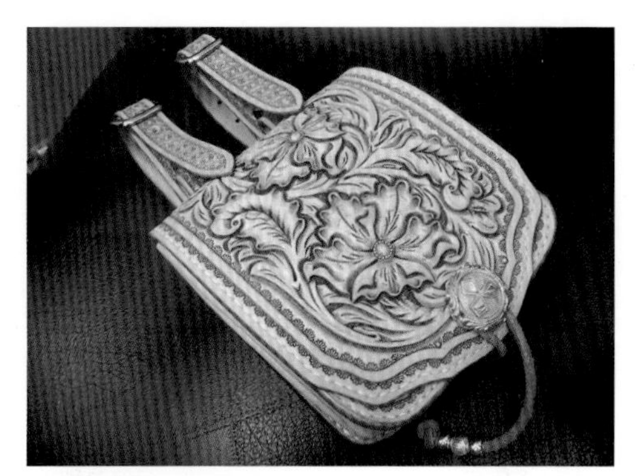

谢尔丹风格便携小包

定制款按钮开关式便携小包。里面镂空设计，背带可调节。

皮夹尺寸长包（SS 特别定制）

包的大小正好可以容下一个皮夹。里面镂空，背部网格纹，从各个角度看都可谓独具匠心。

皮夹套

可以将长皮夹佩带于腰间的皮夹套。内侧饰有网格印花。

Original Japanese edition published by STUDIO TAC CREATIVE CO., LTD.
This Simplified Chinese language edition is published by arrangement with STUDIO TAC CREATIVE CO., LTD.

著作权合同登记号　图字：01-2016-2140

图书在版编目（CIP）数据

手工皮雕基础 /（日）高桥创新出版工房编著；
周以恒译. —北京：北京科学技术出版社，2016.7（2021.4 重印）
ISBN 978-7-5304-8389-3

Ⅰ. ①手… Ⅱ. ①高… ②周… Ⅲ. ①皮革制品 – 雕刻（印花） Ⅳ. ① TS563 ② TS194.37

中国版本图书馆 CIP 数据核字 (2016) 第 101238 号

策划编辑：李雪晖
责任编辑：樊川燕
封面设计：潜龙大有
图文制作：天露霖文化
责任印制：张　良
出 版 人：曾庆宇
出版发行：北京科学技术出版社
社　　址：北京西直门南大街 16 号
邮　　编：100035
电　　话：0086-10-66135495（总编室）
0086-10-66113227（发行部）
网　　址：www.bkydw.cn
印　　刷：北京印匠彩色印刷有限公司
开　　本：720mm × 1000mm　1/16
字　　数：100 千字
印　　张：10.5
版　　次：2016 年 7 月第 1 版
印　　次：2021 年 4 月第 5 次印刷
ISBN 978-7-5304-8389-3

定　　价：59.00 元

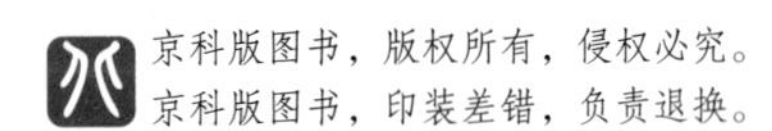